# 花卉生产综合实训教程

王伟　江胜德◎主编

中国农业大学出版社
·北京·

## 内 容 简 介

伴随着农业经济结构的调整，花卉产业成为一项新兴的朝阳产业，各级地方政府把花卉产业视为新的经济增长点，花卉产品正向专业化、标准化和商品化方向发展。花卉产业对实用型、应用型技术人才的需求正在快速增长，这为职业院校相关专业的毕业生提供了良好的就业机会。

本教材是温州科技职业学院与虹越花卉股份有限公司共同编写的校企合作教材，全书共分为五部分，包括新进职员篇、技工篇、管理者篇、各论和附件等内容。本教材从生产实际和工作过程角度构建内容体系，注重创新性、互动性、实用性和可操作性。各项目的内容紧密结合花卉生产职业技术岗位标准所需的知识要求和操作要求。

**图书在版编目（CIP）数据**

花卉生产综合实训教程/王伟，江胜德主编. —北京：中国农业大学出版社，2019.7
ISBN 978-7-5655-2234-5

Ⅰ.①花…　Ⅱ.①王…②江…　Ⅲ.①花卉-观赏园艺-高等职业教育-教材　Ⅳ.①S68

中国版本图书馆CIP数据核字（2019）第131278号

**书　名**　花卉生产综合实训教程
**作　者**　王　伟　江胜德　主编

**策划编辑**　张　玉　张　蕊　　**责任编辑**　张　玉　郭建鑫
**封面设计**　郑　川
**出版发行**　中国农业大学出版社
**社　　址**　北京市海淀区圆明园西路2号　　**邮政编码**　100193
**电　　话**　发行部 010-62733489，1190　　读者服务部 010-62732336
编辑部 010-62732617，2618　　出　版　部 010-62733440
**网　　址**　http：//www.caupress.cn　　**E-mail**　cbsszs@cau.edu.cn
**经　　销**　新华书店
**印　　刷**　涿州市星河印刷有限公司
**版　　次**　2019年7月第1版　　2019年7月第1次印刷
**规　　格**　787×1 092　16开本　14.5印张　360千字
**定　　价**　53.00元

# 编委会


- **主　编**　王　伟（温州科技职业学院）
　　江胜德（虹越花卉股份有限公司）
- **副主编**　邵红霞（龙游县职业技术学校）
　　卢　珊（温州科技职业学院）
　　杨　翔（湖州市现代农业技术学校）
- **参　编**　徐双双（温州科技职业学院）
　　陈家龙（温州科技职业学院）
　　占流英（龙游县职业技术学校）
　　鲁小青（龙游县职业技术学校）
　　黄国义（龙游县职业技术学校）
　　王海萍（湖北生物科技职业学院）
　　桑　文（华南农业大学）

# Prefaces

# 前言 PREFACES

伴随着农业经济结构的调整，花卉产业成为一项新兴的朝阳产业，各级地方政府把花卉业作为新的经济增长点，花卉产品正向产业化、专业化、标准化和商品化方向发展。花卉产业对实用型、应用型技术人才的需求正快速地增长，从而为职业院校相关专业毕业生提供了良好的就业机会。

本书是温州科技职业学院与虹越花卉股份有限公司合作出版的校企合作教材。本教材从花卉生产实际、工作过程和职业生涯发展角度构建内容体系，注重创新性、互动性、实用性和可操作性。各项目的内容紧紧结合花卉生产职业技术岗位标准所需的知识要求和操作要求。全书共分为五部分内容，包括新进职员篇、技工篇、管理者篇、各论和附件等内容。其中，新进职员篇，主要是让被学生了解花卉产业化生产相关基础知识；技工篇，主要培训花卉产业化生产相关技术技能；管理者篇，主要培训学生在花卉产业化生产中的管理和统筹能力，以及相关技能的综合运用能力。本教材可以独立设置为一门实训课程讲授和训练，也可以作为专业理论教材的辅助实训教材。

本教材由中高职院校骨干教师及虹越花卉股份有限公司行业专家共同编撰完成。王伟、江胜德负责制定编写提纲，并编写项目 1～4 部分内容；邵红霞、徐双双、占流英负责编写项目 1 部分内容；杨翔、陈家龙、鲁小青负责编写项目 2 部分内容；江胜德、卢珊、黄国义、桑文负责编写项目 3～4 部分内容；王海萍负责附录部分。全书由王伟统稿。

在本书的编写过程中，为方便学生对花卉产业化生产有更清晰的认知，引用了许多单位及各位专家学者的著作、论文、教材以及图片，在此一并致以诚挚的谢意！

本教材在编写过程中，力求做到内容实用、丰富、翔实、资料新、技术新。由于作者水平有限，教材中多有疏漏，敬请读者批评指正。

编　者

2019.2

# 目录 CONTENTS

◆ Project 1

# 项目1 花卉生产要素

01

# 任务 1.1　花卉生产中的花卉种子

## 实训目标

1. 掌握花卉生产中花卉种子的分类方法；
2. 了解花卉种子的寿命及贮藏条件；
3. 掌握影响花卉种子萌发的因素；
4. 掌握如何读取种子包装的相关信息。

## 任务描述

小李是一名自己创业的学生，她 8 月份刚刚开办了一家花卉生产企业。为了生产一批年宵花，她从种子种苗公司购买了花种，请你帮助小李把这批种子的具体信息汇总并传达给生产部；若该种子的一部分需留作来年“五一”劳动节用花，请你再帮助小李拟定一份花卉种子贮藏方案。

## 职场体验

1. 教师讲授本任务实训的内容及其相关知识要点；
2. 把全班同学分为 6 组，每组 6 ～ 8 人，以小组为单位进行实训；
3. 将不同类型的种子分发给各组，请各组同学汇总种子信息；
4. 各组派代表汇报种子信息读取情况，其他各组给予评分；
5. 教师考核，考核评分标准如表 1–1–1 所示。

## 实训材料

各类花种包装，花种样品（大、中、小、微粒种子，种子形状，预发芽种子、脱化种子、精选种子、丸粒化种子、多粒种子、包衣种子）。

## 成绩考核

**表 1–1–1　花卉种子信息识别考核评分标准**

姓名：＿＿＿＿＿＿＿　　班级：＿＿＿＿＿＿＿　　时间：＿＿＿＿＿＿＿

| 项目 | 考核内容 | 考核标准 | 标准分值 | 实际得分 | 综合评价 |
|---|---|---|---|---|---|
| 花卉种子信息识别 | 实训态度 | 实训认真，积极主动，团队协作默契，不浪费实训材料 | 20 | | |
| | 种子的类型 | 准确地识别大中小粒种子、包衣种子、精选种子、蜕化种子、预发芽种子 | 20 | | |
| | 种子的贮藏 | 准确地掌握种子贮藏条件 | 10 | | |
| | 种子包装的识别 | 通过花种包装读取必要信息 | 25 | | |
| | 种子的萌发 | 根据种子信息，准确地掌握萌发最佳条件 | 25 | | |
| 合计 | | | 100 | | |

考评教师（签名）：＿＿＿＿＿＿＿

## 知识点拨

### ◆ 1 花卉种子的分类

#### 1.1 按粒径大小分类（以种子长轴为准）

（1）大粒种子：粒径在 5.0 mm 以上者，如万寿菊、金莲花、羽扇豆、香豌豆、紫茉莉；
（2）中粒种子：粒径在 2.0 ～ 5.0 mm，如一串红、紫罗兰、矢车菊；
（3）小粒种子：粒径在 1.0 ～ 2.0 mm，如三色堇、长春花、鸡冠花；
（4）微粒种子：粒径在 1.0 mm 以下，如四季海棠、矮牵牛、大岩桐。

图 1-1-1 为部分花卉的花种粒径。

图1-1-1　部分花卉的花种粒径

#### 1.2 按种子形态分类

球形（紫茉莉），卵形（金鱼草），椭圆形（四季海棠），肾形（鸡冠花），披针形（孔雀草、万寿菊），半月形（金盏菊），以及线形、舟形、扁平形（铁炮百合）等。图 1-1-2 至图 1-1-9 为部分不同形状的花卉种子。

图1-1-2　波斯菊

图1-1-3　彩叶草

图1-1-4　贝壳花

图1-1-5　翠菊

图1-1-6　旱金莲

图1-1-7　花烟草

图1-1-8　金盏菊

图1-1-9　孔雀草

### 1.3　按种子的生产方式分为常规种和杂交种

常规种未经过父母本的杂交，下一代的性状与亲本相同，较常用的有香雪球、鸡冠花、波斯菊、彩叶草等。常规种生产虽然不需要杂交过程，但也要有非常严格的质量管理体系来保证。

杂交种是父本与母本杂交产生的种子，具备父母本的优良性状，最常用的花种多数为杂交一代（F1），代表性的有四季海棠、仙客来、石竹、天竺葵等。

### 1.4　按种子的处理方式分类

#### 1.4.1　未经处理的普通种子

顾名思义，指采收后未经过处理的种子。

#### 1.4.2　包衣种子

（1）丸粒化种子。有些颗粒比较小，多数连肉眼也难以辨别，经过丸粒化后，颗粒增大变成圆形，大小均匀，适应播种机快速播种。丸粒化种子易碎，多采用充气包装或者小塑料瓶包装。

（2）多粒种子包衣种子。指的是一个丸里有多粒种子，即在包衣时将多粒种子包在一起。它的优点是在播种时能迅速地将多粒种子播到同一个穴孔中，也是适应某些种类花卉一个孔穴播多粒种子的需要。如：观赏棉花、六倍利、半支莲等。

（3）包膜种子。该类种子通常形状不规则，经处理后形状、大小整齐，种子加厚变圆，表面光滑，加色，便于播种。处理时使种子颜色鲜艳，播种时便于检查，可提高穴盘播种的准确度。

#### 1.4.3　精选种子

指经过清洁、分级、刻划及其他处理的种子。处理后，能有效地提高种子的质量及播种后的表现。常清洁处理的种子有：千日红、勋章菊、补血草等；常刻划处理的种子有羽扇豆、文竹、鹤望兰等。

#### 1.4.4　脱化种子

脱化主要有脱毛（番茄）、脱翼（花毛茛）、去尾（万寿菊）等。脱化处理使此类种子便于播种机的准确播种。

#### 1.4.5　预发芽种子

经过一定的预发芽处理后，种子内部的发芽过程已经开始，种子刚好处在胚根长出之前的状态。此类处理过的种子发芽迅速，发芽率高，发芽整齐。此类处理的种类不多，较常见的是三色堇。因为其贮藏时间短，购买时间必须与种子播种时间衔接好。

### 1.5 按萌发时对光的需求分类

（1）喜光种子：秋海棠、非洲菊、洋凤仙、洋桔梗、矮牵牛、报春花、金鱼草；
（2）嫌光种子：仙客来、福禄考、长春花；
（3）不敏感种子：孔雀草、万寿菊、贝壳花。

## ◆ 2 花卉种子的贮藏

花种的贮藏除了取决于种子自身寿命长短外，还取决于种子的形成和成熟过程，以及休眠贮藏等各个阶段。

贮藏条件方面，种子安全贮藏的含水量以在 8%～10% 较适宜，贮藏湿度为 35%～40%，适宜且较经济的贮藏温度为 5～10℃。通常贮藏条件要求低温、低湿、非密封包装，使种子的生命活动维持在较微弱的状态下，可延长种子的寿命。贮藏时可以根据华氏温度[华氏度（℉）=32+ 摄氏度（℃）×1.8]和湿度之和小于 100 来大致掌握贮藏条件。而对于密封包装的方法仅适用于不打算长期贮藏的售前种子。部分花卉种子寿命时间表见表 1-1-2，花卉种子冷库见图 1-1-10。

表 1-1-2 部分花卉种子寿命时间表

| 名称 | 年限 | 名称 | 年限 | 名称 | 年限 | 名称 | 年限 |
|---|---|---|---|---|---|---|---|
| 藿香蓟 | 2～3 | 矢车菊 | 2～3 | 薰衣草 | 2 | 蜀 葵 | 3～4 |
| 瓜叶菊 | 3～4 | 六倍利 | 4 | 香雪球 | 3 | 醉蝶花 | 2～5 |
| 羽扇豆 | 4～5 | 雁来红 | 4～5 | 波斯菊 | 3～4 | 紫罗兰 | 4 |
| 耧斗菜 | 2 | 大丽花 | 5 | 猴面花 | 4 | 四季海棠 | 2～3 |
| 飞燕草 | 5 | 虞美人 | 3～5 | 雏菊 | 2～3 | 石 竹 | 3～5 |
| 矮牵牛 | 3～5 | 羽衣甘蓝 | 2 | 毛地黄 | 2～3 | 福禄考 | 1 |
| 荷包花 | 2～3 | 天人菊 | 2 | 桔梗 | 2～3 | 金盏菊 | 3～4 |
| 非洲菊 | 1 | 松叶牡丹 | 3～4 | 翠菊 | 2 | 古代稀 | 3～4 |
| 报 春 | 2～3 | 风铃花 | 3 | 满天星 | 5 | 一串红 | 1～4 |
| 日日春 | 2 | 千日红 | 3～5 | 万寿菊 | 4 | 美人蕉 | 3～4 |
| 向日葵 | 3～4 | 美女樱 | 2 | 鸡冠花 | 3～4 | 凤 仙 | 5～8 |
| 三色堇 | 2 | 香豌豆 | 2 | 地肤 | 2 | 百日草 | 3 |

图1-1-10 花卉种子冷库

## ◆ 3 种子的品质

种子是育苗的基础，优良的种子是育苗工作顺利开展的保障。优良的种子除具备品种的优良特性外，还应当具有较高的发芽势、发芽率、较高的纯度和净度、无病虫害等。其特征有：①种粒大而重，发育充实饱满；②富有生活力，发芽率高（= 规定条件和时间内长成的正常幼苗数 / 供试种子数 ×100%），发芽势高（= 规定条件下发芽高峰期长成的正

常幼苗数 / 供试种子数 ×100%，此项数据高则出苗整齐，生长一致）；③品种正确，纯净度高。

## ◆ 4 种子包装及购买后注意事项

① 专业园艺花卉种子包装特征（图 1-1-11）：a. 包装量较大。b. 包装上除公司和品牌外还应有种名、品种名、颜色、数量、批号、发芽率、种子来源、属于进口种子的应有进口审批号等。c. 一般都不是彩色包装。

② 凡是彩色有图包装或每袋包装量较少的花卉种子（图 1-1-12），虽然也由正规种子公司供应，但销售对象为园艺爱好者，不宜作为生产用种子。

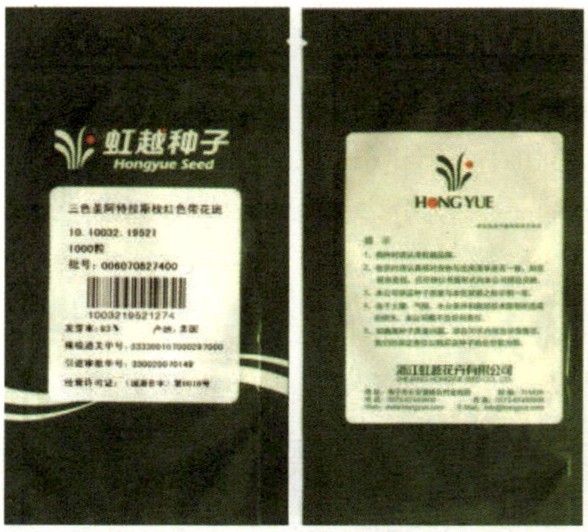


图1-1-11　专业园艺装花卉种子包装（左正面，右背面）

图1-1-12　非专业园艺装花卉种子包装

③ 收到种子时，要认真核对标签和订单，确保与所订种子一致。

④ 拆封的种子最好一次性播完，如果播不完的应在保证种子未受潮的前提下，仍然密封并冷藏。

⑤ 具备条件的，购种后可自己做发芽试验，尤其是用种量较大时。

⑥ 美国的 Pan-American、Goldsmith、Bodger，德国的 Benary，荷兰的 Novartis，英国的 Colegrave, 丹麦的 Daehnfeldt 均为产品质量优良的花卉制种公司。

# 任务 1.2　花卉栽培基质

## 实训目标

1. 掌握花卉生产中常用无土栽培基质的特性；
2. 掌握如何根据花卉生产实际情况进行基质的选择与配制。

## 任务描述

为了提高花卉观赏品质，使花卉生长得更好，小李的花卉生产企业准备进行花卉无土栽培，但是通过调查与走访发现，不同的企业用到的基质种类及其混合比例各不相同，基质的品牌及其价格也是大相径庭，请你帮助小李综合分析并确定采购方案。（小李生产的花卉种类较多，有仙客来、长寿花、垂吊矮牵牛、花坛用矮牵牛等，同时还帮附近几家企业进行播种育苗。）

## 职场体验

1. 教师讲授本任务实训的内容及其相关知识要点，并进行示范；
2. 把全班同学分为 6 组，每组 6～8 人，以小组为单位进行实训；
3. 将实训相关基质样品分发给各组，请各组同学识别各类基质；
4. 各组配制长春花播种基质，并消毒；
5. 教师考核，考核评分标准如表 1–2–1 所示。

## 实训材料

东北泥炭、进口泥炭、珍珠岩、松鳞、蛭石、兰石、鹿沼土、水苔、陶粒、赤玉土、铁锹、塑料布、多菌灵、推车等。

## 成绩考核

**表 1–2–1　花卉栽培基质考核评分标准**

姓名:____________ 班级:____________ 时间:____________

| 项目编号 | 考核内容 | 考核标准 | 标准分值 | 实际得分 | 综合评价 |
|---|---|---|---|---|---|
| 花卉栽培基质 | 实训态度 | 实训认真，积极主动，操作仔细，认真记录 | 20 | | |
| | 栽培基质识别 | 掌握常用栽培基质种类及其特性 | 20 | | |
| | 栽培基质选用 | 可根据具体栽培情况选择适宜的基质种类 | 25 | | |
| | 栽培基质配制原则 | 可根据具体情况，拟定栽培基质配制方案 | 25 | | |
| | 栽培基质混合与搅拌 | 掌握基质混合搅拌的技术要点 | 10 | | |
| 合计 | | | 100 | | |

考评教师（签名）:____________

## 知识点拨

农业之始，都是使用土壤栽培作物，但由于土壤生产的可控性不强，不能很好地满足植物生长的需要，因此，随着现代园艺技术的发展，无土栽培这个概念被提出，且该技术已被广泛应用。

## ◆ 1 基质概念及基本特性

基质是指用于支撑植物生长的材料或几种材料的混合物，花卉栽培基质主要具有支撑植物、保水透气和缓冲等作用。作为栽培基质需具备以下特性：

① 保水能力强，通透性好，达到饱和吸水量后，尚能保持大量空气孔隙，且过多的水分容易疏泄，不致发生湿害；

② EC 值低，能够持续提供植物生长所需的各种营养元素；

③ 材料性状一致，无有毒物质、病虫害、杂草种子等，没有令人难闻的气味和难看的色彩，不会招诱昆虫和鸟兽；

④ 尽可能接近理想基质（固相 50%、气相 25%、液相 25%）标准；

⑤ 适于栽培多种类型的植物，适于植物各个生长阶段；

⑥ 粘在手上、衣服上、地面上极容易清洗；不会污染土壤，本身就是一种良好的土壤改良剂，并且在土壤中含量达到 50% 时也不出现有害作用；

⑦ 日常管理简便，价格经济；

⑧ 容重轻，便于搬运。

例如：以加拿大 sunshine（阳光）泥炭产品（图 1–2–1）宣传介绍为例来说明商品基质的基本特性。

① 已经全面消毒处理，使用时无须再消毒；

② 添加了湿润剂，能使基质充分、快速湿润；

③ 添加了营养启动剂——一种水溶性的营养剂，能保证在最初使用的 7 ～ 14 d 内供给种子和种苗早期生长所需的协调营养；

④ 含水量为 35% ～ 55%，理想的微量元素比例和 pH；

⑤ 压缩比例为 ≤ 5.5 立方英尺（约 155.7 L）及以下，压缩包装为 2∶1；

⑥ 包装为牢固聚乙烯材料包装；

⑦ 有纯泥炭、育苗专用泥炭、花卉栽培用泥炭等类型。

图1-2-1 sunshine泥炭

## ◆ 2 常用栽培基质种类

用于花卉无土栽培的基质很多，主要根据基质的形态、成分、形状来划分。基质主要分为液体基质和固体基质两大类，而固体基质又包括无机基质（如沙、陶粒、珍珠岩、岩锦等）、有机基质（如泥炭、锯末、树皮、稻壳等）、各种无机基质与有机基质相互混合使用的混合基质 3 类。目前国内常用作无土栽培的基质有：

① 蛭石：蛭石是由云母类矿质加温到 745 ～ 1 000℃时形成的。它是铝、镁、矽的复合物。其特点是属于性状稳定的惰性物质，具有良好的透气性、吸水性、缓冲能力及一定的持水能力；质地很轻，便于运输，绝缘性好，使根际温度稳定；无病虫危害。因其易碎、不耐压力，施压会将其原有的物理性破坏，导致孔隙变小，通透性降低，因此适宜短期生产使用，如：种苗生产和播种基质及其覆盖物，都应选用较大粒级的蛭石。见图 1–2–2。

图1-2-2 不同粒级蛭石

② 珍珠岩：珍珠岩为含硅物质的矿物筛选后，经 1 200℃高温焙烧而成。直径为 15 ～ 30 mm 膨胀疏松的颗粒体，其特点是容重小，理化性质稳定，易排水，通透性好，pH 中性或微酸，无缓冲作用，质轻，常与其他基质混合使用，主要用来增加基质的通气量，一般 2 ～ 4 mm 的粒径适合在花卉生产中使用。见图 1–2–3。

图1-2-3 不同粒级珍珠岩

③ 陶粒：陶粒是由黏土经人工焙烧而成的褐色球形的无土栽培基质。其特点是内部为蜂窝状的孔眼构造，保水，蓄肥能力适中；表面积大，透气性好，有助于花卉的根系进行气体交换；很少滋生病菌虫害；化学性质稳定，孔隙度大，对温度的骤变缓冲性较差。见图 1–2–4。

图1-2-4 陶粒

④ 泥炭：是许多国家公认为的最好的无土栽培基质，现代工厂化育苗均采用以泥炭为主的混合基质。泥炭是由苔藓、苔草、芦苇等水生植物及松、赤杨、杂草等陆生植物在水淹、缺氧、低温和泥沙掺入等条件下未能充分分解而堆积形成的。所以它由未完全分解的植物残体、矿物质和腐殖质三者组成。优质的泥炭具有保水性、通气性好，保肥性能力强，清洁、无病虫害及杂草种子，再分解困难，pH 偏酸，没有肥分等特点，可单独作基

质，亦可与其他基质混合使用。见图 1-2-5。

图1-2-5　泥炭及泥炭块

⑤ 树皮：树皮的性质与锯末相近，但通气性强而持水量低，并较难分解。用前要破碎，并最好堆积成熟。一般与其他基质混合使用，用量占总体积的 25%～75%。也可单独使用，树皮栽培地生性兰科植物，由于通气强，必须十分注意浇水和施肥。图 1-2-6 为不同粒级松鳞树皮。

图1-2-6　不同粒级松鳞树皮

⑥ 兰石：兰石是栽培兰花用多孔石质材料的统称，有天然形成的，也有人造的。包括塘基石、浮水石、植金石、火山岩等。普遍具有多孔性，具较强的吸水保水性；又因为其呈颗粒状，堆放时颗粒间有很大间隙，所以又有相当好的透气性。用兰石栽培兰花不易烂根，干净美观，是比较理想的基质。

⑦ 赤玉土：赤玉土由火山灰堆积而成，是高通透性的火山泥，暗红色圆状颗粒；无有害细菌，pH 呈微酸，其形状有利于蓄水和排水。一般与其他物质混合的百分比是 30%～35%。见图 1-2-7。

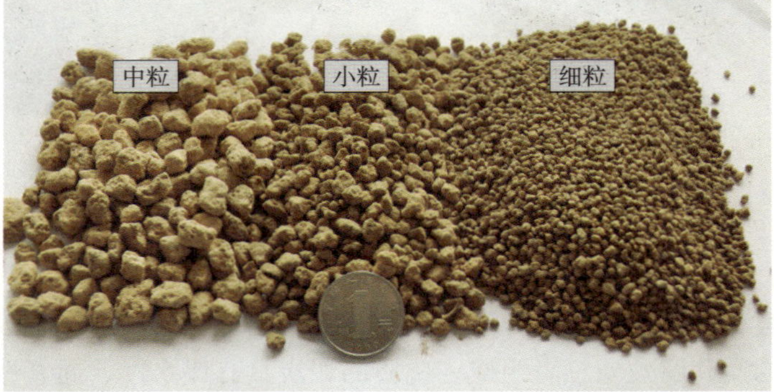


图1-2-7　不同粒级赤玉土

⑧ 鹿沼土：鹿沼土产于火山区，是由下层火山土生成，呈火山沙的形式，多孔眼，pH 呈酸性，有很高的通透性、蓄水力和通气性。与赤玉土相比，硬度上初期鹿沼土要比赤玉土软很多，但使用 1 年后，鹿沼土反而较不易碎；鹿沼的 pH 大于赤玉土；鹿沼土保水性较差，易干；鹿沼土多孔、透气适用于根系弱的多肉品种。见图 1-2-8。

图1-2-8 不同粒级鹿沼土

⑨ 水苔：水苔是一种天然的苔藓，广泛用于各种兰花的栽培，为纯天然产品，材料干净，极少发生病虫害，保水及排水性能好，具有极佳的通气性能，且不易腐败。见图 1-2-9。

图1-2-9 水苔

## ◆ 3 基质配制的原则

每种基质都有自身的特点，其 pH、微量元素含量、分解速度（有的则不分解）各不相同。使用单一的基质就不可避免地存在一些问题，而复合基质由于组分的互补性，可使各个性能指标达到要求标准。配比合理的复合基质具有优良的理化性质，有利于提高栽培效果。生产上一般以 2～3 种基质相混合为宜。通常在花卉生产中，种苗生产一般科采用草炭 4～5 份、珍珠岩 1 份的混合基质，成品花采用草炭 3～4 份、珍珠岩 1 份的混合基质生产。此外，不同种类、不同时期的植物基质配制要求是不同的。总的来说，混合后的基质需达到下列要求：

① 保水保肥能力强，透气性、排水性好，要有一定的固着力，容重在 0.2～0.8 $g/cm^3$，气水比 1 :（2～3），有良好的缓冲性能；

② 性质稳定，pH 在 5.5～6.5，EC 值不能过高，特别是播种、扦插育苗基质 EC 值要

小于 0.5 ~ 1，具有一定的阳离子交换能力；

③ 再湿性好，可添加适当的湿润剂；

④ 无污染，材料选择标准一致，不含有毒物质，无病菌、害虫及杂草种子等；

⑤ 尽可能达到或接近理想基质的固、气、液相标准；

## 4 基质处理

为了使基质不含有任何有害物质，通常会在使用前进行筛选、去杂质、清洗或必要的粉碎、浸泡等前期处理，可去除可溶性矿物质、过量的酸或碱以及影响栽培和操作的异物。

对于多次使用的基质，其中会夹杂病虫害，为了更好地重复利用，需要对其进行消毒处理。

① 蒸汽消毒：凡是用蒸汽给温室加温，配有蒸汽锅炉的，都可以采用这种方法。若基质数量少，可将基质装入消毒箱内进行蒸汽消毒；若是生产面积大，可将基质堆成 20 ~ 30 cm 高的条形，盖上防水高温布，然后通入蒸汽，在 70 ~ 90℃条件下，消毒 1 h 即可杀死致病菌。

② 太阳能消毒：太阳能消毒是近年来温室栽培中应用较普遍、便宜、安全、简单实用的基质消毒法。在夏季高温季节，在温室或塑料大棚中，把基质堆成 20 ~ 30 cm 厚的条形，用水淋湿基质，使其含水量超过 80%，然后盖上塑料薄膜，密闭温室或大棚，暴晒 10 ~ 15 d，消毒效果良好。

③ 甲醛（HCHO）消毒：能有效杀灭基质中的大多数昆虫、根结线虫、杂草籽和部分真菌。将基质铺成高 20 ~ 30 cm，宽 1 m 的条状，用洒水壶将药 100 ~ 150 倍的药剂基质中，随即用塑料薄膜覆盖密封 5 ~ 7 d，使用前晾晒 7 ~ 10 d 即可。

④ 溴甲烷（$CH_3Br$）消毒：能有效杀灭基质中的大多数昆虫、根结线虫、杂草籽和部分真菌。将基质堆起，用塑料管将药剂灌注入基质中，每立方米基质可用药 100 ~ 200 g，随即用塑料薄膜覆盖密封 5 ~ 7 d，使用前晾晒 7 ~ 10 d 即可。

⑤ 氯化苦（$CCl_3NO_2$）消毒：能有效杀灭根结线虫、昆虫和一些杂草籽以及具有抗性的真菌。氯化苦熏蒸时的适温为 15 ~ 20℃。在基质消毒前，先把基质堆放成 20 ~ 40 cm 厚，用注射器每隔 30 ~ 40 cm 向基质内 10 ~ 20 cm 深度注入氯化苦 5 ~ 10 mL，然后在该层基质上堆同样厚度的第二层基质，注药，共堆 2 ~ 3 层，最后覆盖塑料薄膜密封，熏蒸 7 ~ 10 d，使用前晾晒 7 ~ 8 d 即可。

⑥ 硫黄粉消毒：在翻耕后的土地上，按每平方米 25 ~ 300 g 的剂量撒入硫黄粉并耙地进行土壤消毒，或每立方米培养土施入硫黄粉 80 ~ 90 g 并混匀。用硫黄粉进行土壤消毒，既可杀死病菌，又能中和土壤中的盐碱，使其呈酸性反应。因此，多在北方偏碱性土壤中使用。

⑦ 多菌灵消毒：每立方米基质施 50% 多菌灵粉剂 40 g，拌匀后用塑料薄膜覆盖 2 ~ 3 d，揭去薄膜后待药味挥发掉后使用。

⑧ 代森锌消毒：每立方米培养土施 65% 代森锌粉剂 60 g，拌匀后用塑料薄膜覆盖 2 ~ 3 d，揭去薄膜后待药味挥发掉后使用。

⑨ 搅拌式基质消毒机：主要用于基质的种植前消毒，可完全杀死基质中的各类杂草、真菌、线虫等，能有效解决土传病害及重茬问题。见图 1-2-10。

图1-2-10　搅拌式基质消毒机

图1-2-11　移动式蒸汽基质消毒机

⑩ 移动式蒸汽基质消毒机：动力为电动发动机，产生蒸汽的水来自外接的管道，由于为蒸汽消毒，因此消毒后基质无残留物，是目前最环保的消毒方式。在消毒完毕后可立即进行栽苗工序，而无须再次进行松土工作。见图 1-2-11。

## 任务 1.3　花卉生产用水

### 实训目标

1. 掌握花卉生产用水的相关知识；
2. 掌握水质对花卉生产的影响、水质指标的测量和调整。

### 任务描述

小李的花卉生产企业，生产了一批八仙花，八仙花需要酸性水质，请你帮助小李调整生产用水的水质。

### 职场体验

1. 教师讲授本任务实训的内容及其相关知识要点，并进行相关示范；
2. 把全班同学分为 6 组，每组 6 ～ 8 人，以小组为单位进行实训；
3. 将实训相关器材分发给各组，请各组同学检测智能温室中水培区、生产区等区域的水质（pH、EC 等）；各组针对生产花卉品种查阅资料，判断温室中的生产用水是否符合要求，若不符合应如何调整（调酸过程具有一定危险性，老师需进行标准示范）；
4. 教师考核，考核评分标准如表 1-3-1 所示。

### 实训材料

便携式 pH 检测仪，便携式 EC 检测仪，硝酸。

## 成绩考核

**表 1-3-1　花卉生产用水考核评分标准**

姓名:________　　班级:________　　时间:________

| 项目 | 考核内容 | 考核标准 | 标准分值 | 实际得分 | 综合评价 |
| --- | --- | --- | --- | --- | --- |
| 花卉生产用水 | 实训态度 | 实训认真，积极主动，操作仔细，认真记录，团队协作默契，不损害实训器材，按要求操作仪器 | 20 | | |
| | 水质的调整 | 能够准确测量花卉生产用水的 pH、EC | 40 | | |
| | | 能够准确调整花卉生产用水的 pH | 40 | | |
| 合计 | | | 100 | | |

考评教师（签名）:________

## 知识点拨

### 1　水质概述

水是花卉种苗生产中最重要的因素，水质因地域不同而各异，每个地区因水源不同，其水质差异也很大。

劣质的水会造成以下不良影响：①影响栽培基质结构，阻碍基质的透气性和透水性；②对叶和根系产生直接的危害；③导致元素中毒症；④导致缺素症；⑤改变栽培基质的 pH，降低植物对肥料的吸收能力，从而造成不同程度的营养缺乏症；⑥招致和传播真菌、细菌病害；⑦导致植株发育不良、植株萎黄、花朵发育不良等。

因此，作为花卉生产者，需要对所用水质每年进行 2 ～ 3 次检测，或当环境有剧烈变化时均需检测。水质检测项目主要有 pH、EC（可溶性盐浓度）等。

### 2　pH 和 EC 的检测及调整

#### 2.1　花卉生产用水若无特殊要求，一般要求

① pH 应调节在 5.5 ～ 6.5，在此酸度下多数化学元素、化学物质（如生长调节剂、杀菌剂、杀虫剂等）是可溶的。利用 pH 计检测。

② 花卉生产用水的可溶性盐浓度 EC 值（不含肥料）应低于 0.8 mS/cm。可利用电导率计（EC 计）检测（可溶性盐总浓度是指单位溶液内所有可溶性离子的总量，包括肥料，是生产用水、种植基质、肥料中可溶性离子的总和）。

图 1-3-1为便携式酸度计、电导率计。

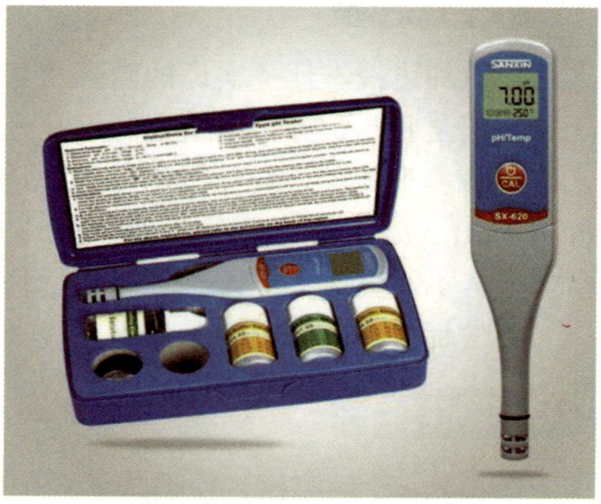

图1-3-1　便携式酸度计、电导率计

### 2.2 水的调整与处理

（1）花卉半成品苗或穴盘苗可溶性盐分过高，将导致可溶性盐过敏（如新几内亚凤仙过敏症状为新叶蜷缩扭曲），为避免此类情况发生，可选用疏松、透水性好的基质栽培，增加 5%～10% 的浇水量，并且沥去多余盐分等方法控制；同时还需避免栽培基质过于干燥，否则植株根系局部地方可溶性盐的浓度会高达原来的 3～4 倍。

（2）注酸法：如硫酸、磷酸、硝酸。最近还有加有机酸如草酸等方法。有机酸较为安全，不会产生叶斑，但能力弱，使用费用高。加酸时需要注意：

① 使用强酸时请务必缓慢地将强酸加到水中，同时进行搅拌，千万不要把水加到强酸中。操作时务必穿好防护衣及面罩。

② 磷酸用量不应超过 109 mL/1 000 L 的水，否则会束缚铁离子。若为硫酸也不可超过 109 mL/1 000 L 水，否则会束缚钙离子。

③ 所有的酸都具有极强的腐蚀性，尤其是硫酸和硝酸。因此操作时要使用 PVC 塑料管道和装配件，以防腐蚀。

④ 加酸与配肥同时操作时，一定要先加酸后施肥，切勿把两种浓缩液混合到一起。

⑤ 加注酸后，要在水管出口处抽样检测水的碱度和 pH，确保酸碱度在正常范围内。

## ◆ 3 蓄水

蓄水池：温室内可建造水泥蓄水池 8 $m^3$（2 m×2 m×2 m）一个，可供 3 栋温室的浇水量。要求：①需铺塑料布衬底，防止渗漏；②需定期清洗，因静止的水含有过多营养成分，有利于藻类的生长；③用水可选用地下水或自来水；④为避免发生病害，可在注水管中注入少量氯气（每升水中 1～2 mL）。

PE 储水罐：根据场地需求，可以在市场上购买 PE 储水罐。其特点为：无须土建水池，造价低廉，施工快，卫生轻便，安装方便。具有无焊接、不渗漏、无毒性、重量轻、抗老化、抗冲击、耐腐蚀、寿命长等优点。

# 任务 1.4 肥料

### 实训目标

1. 掌握花卉生产中常用营养液配方；
2. 掌握营养液的配制原则和方法；
3. 掌握叶面肥的喷施方法。

### 任务描述

小李的花卉生产企业培育了一批蝴蝶兰，为了让温室中的蝴蝶兰长得更好，观赏价值更高，她准备开始引进各种肥料，请你帮助小李选购肥料。

## 职场体验

1. 教师讲授本任务实训的内容及其相关知识要点，并进行相关示范；
2. 把全班同学分为 6 组，每组 6～8 人，以小组为单位进行实训；
3. 将实训相关肥料分发给各组，请各组同学识别各类肥料；
4. 各组在药品室称量化学药品，按照配肥要求配制，并溶解为营养液；
5. 各组同学为温室花卉进行叶面施肥；
6. 教师考核，考核评分标准如表 1–4–1 所示。

## 实训材料

PE 储水桶（50～100 L），四水硝酸钙，硝酸钾，硝酸铵，硫酸钾，磷酸二氢钾，七水硫酸镁，硫酸亚铁，四水硫酸锰，五水硫酸铜，七水硫酸锌，硼酸，四水钼酸铵，EC 计，pH 计，水溶性肥（20–20–20），背式喷雾器，电子秤。

## 成绩考核

**表 1–4–1　花卉生产施肥考核评分标准**

姓名：＿＿＿＿＿＿＿＿　　班级：＿＿＿＿＿＿＿＿　　时间：＿＿＿＿＿＿＿＿

| 项目编号 | 考核内容 | 考核标准 | 标准分值 | 实际得分 | 综合评价 |
|---|---|---|---|---|---|
| 花卉生产施肥 | 实训态度 | 实训认真，积极主动，操作仔细，认真记录 | 20 | | |
| | 肥料选择 | 能够根据具体生产选择不同肥料；可根据不同生产目的选择叶面肥料 | 20 | | |
| | 水溶性肥料称量 | 根据实际需求，能够准确熟练称量水溶性肥料 | 10 | | |
| | 配方肥的配制溶解 | 根据实际需求，能够按操作要求准确配制配方肥，能够准确熟练溶解配方肥 | 20 | | |
| | 叶面施肥 | 掌握叶面喷肥要点，喷雾均匀，叶片无积水，选择喷肥时间适当，喷施植物部位合适 | 30 | | |
| 合计 | | | 100 | | |

考评教师（签名）：＿＿＿＿＿＿＿＿

## 知识点拨

植物需要的营养元素是施肥理论的基础。合理施肥应按照植物营养原理和植物营养特性，结合气候、介质和栽培技术等因素进行综合考虑。

### ◆ 1　植物营养元素的作用

① 构成植物活体的结构物质和生活物资；

② 在植物代谢过程中起催化作用；

③ 对植物具有特殊的功能，如能调节细胞膜的透性，增强抗逆性等。

## ◆ 2 植物对养分的吸收途径

① 基质中的养分向根的表面迁移：一方面是根与养分的直接接触，另一方面是养分不断地向根表面迁移。具体方式为截获、扩散、质流。

② 植物对无机养分的吸收：一种为被动吸收，主要通过离子交换进行；另一种为主动吸收，通常是由载体学说来解释的。

③ 植物对有机养分的吸收，主要是分子量小、结构比较简单的有机物。

## ◆ 3 影响植物吸收养分的环境条件

① 根系吸收养分要求的适宜基质温度为 15 ～ 25℃。

② 光照充足，光合作用强，吸收的能量多，养料吸收也多。

③ 基质通气性良好，有利于养料的吸收。

④ 基质溶液的酸碱度常影响植物吸收养料，适宜 pH 应在 5.5 ～ 6.5。

⑤ 基质含水量适宜，其中的养分扩散速率高，能提高养分吸收的有效性；过于干燥时，无机养分浓度提高则影响吸收；而含水量过高则会造成根系缺氧。

⑥ 适宜浓度范围内，养分浓度越高，质流中的离子浓度越高，基质与根系间离子浓度梯度越大，扩散速率增加，根系与离子接触的机会增多，有利于植物对养分的吸收。

⑦ 离子间的拮抗作用与协同作用。

## ◆ 4 常用肥料

与花卉生产密切相关的，通常有水溶性肥料（速效性肥料）和控释性肥料。

（1）水溶性肥料。

优点：适合短期植物生长；水溶性肥料分布均匀；较易控制植株生长；为配方肥，无须添加微量元素。

缺点：不适于生长期很长的植物；水溶性肥料在土壤中使用效果不如在基质中好；施用水溶性肥料需较高技术，且费工；易从生长介质中流失，造成浪费和污染。

花卉生产中常用的水溶性肥料：花宝“HYPONeX”、花多多速效肥（Peters Professional）。见图 1–4–1，表 1–4–2。

图1-4-1 花宝样品

**表 1-4-2　花多多种类**

| 品名 | 规格（N：P：K） | 适用对象 | 备注 |
|---|---|---|---|
| 花多多 1 号 | 20–20–20 | 通用 | 目前全球使用范围最广、销量最大的配方 |
| 花多多 2 号 | 10–30–20 | 开花、促根 | 与其他肥料交替使用，避免因磷肥的累积，降低微量元素的有效性 |
| 花多多 3 号 | 15–20–25 | 高磷钾 | Mo 元素含量是其他肥料的 5～14 倍，使一品红苞叶更加艳丽 |
| 花多多 8 号 | 20–10–20PL | 无土栽培 | 磷含量不高，是全球最佳的无土栽培配方 |
| 花多多 9 号 | 20–10–20PL | 凤梨专用 | 无硼，凤梨使用时应适当添加钾肥 |
| 花多多 10 号 | 30–10–10 | 生长期专用 | 24.63% 的尿素，利于叶面吸收；促进营养生长；但不能长时期使用 |
| 花多多 11 号 | 5–11–26 | 兰花专用 | 低 N 配方，红掌类植物使用广泛 |
| 花多多 12 号 | 15–10–30 | 盆栽专用 | 磷钾比例 1∶2，适宜于盆栽作物；60% 的硝态氮含量，利于作物吸收、快速生长和叶色浓绿 |
| 花多多 13 号 | 15–0–15–15CaO | 育苗专用 | 专门针对育苗的配方 |
| 花多多 15 号 | 9–45–15 | 高磷肥料 | 促进生根和花芽分化；移植后促根；增强斑叶植物颜色 |
| 花多多 20 号 | 21–7–7 | 杜鹃专用 | 不含硝态氮，能酸化水质；提高了 Mg、Fe 的含量，有利于解决碱性土、硬水环境引起的黄化问题 |
| 花多多 23 号 | 15–5–15–7CaO–3MgO | 结果期及软水区专用 | 70% 的硝态氮，钙、镁及微量元素含量高，是无土栽培的理想配方 |
| 花多多 36 号 | STEM | 微肥 | 硫、铁、锰的含量高，补充微量元素 |

（2）控释性肥料。

控释性肥料是为生长期长而经济价值高的植物设计的，其特性是能长期缓慢地释放养分。它利用聚合物膜将肥料包被，靠基质水分流入膜内将其溶解再缓慢释放。

特点：使用时，可预先将肥料掺入基质中，或撒于基质表面；控释肥都标有控释时间（22℃的控释速度），温度越高释放速度越快；缺点是控制植物生长效果较差，见效慢。

花卉生产中常用的控释肥：OSMOCOTE（奥绿肥，树脂为膜原料，吸水后膜会膨大变薄）、APEX（爱贝施，Polyurethane 为膜原料，采用 Polyon 渗透释放技术）。见图 1-4-2。

图1-4-2 爱贝施缓释肥产品介绍

## ◆ 5 营养液的配方及配制原则

表 1-4-3 为三种营养液配方。

**表 1-4-3 营养液配方**

| 成分 | 1 L 中的含量 /（mg/L） | 400 L 中的含量 /g | 种类 |
|---|---|---|---|
| 四水硝酸钙 | 472 | 188.8 | A |
| 硝酸钾 | 202 | 80.8 | |
| 硝酸铵 | 80 | 32 | |
| 硫酸钾 | 174 | 69.6 | B |
| 磷酸二氢钾 | 100 | 40 | |
| 七水硫酸镁 | 246 | 98.4 | |
| 硫酸亚铁 | 27.8 | 11.12 | C |
| 四水硫酸锰 | 2.13 | 0.852 | |
| 五水硫酸铜 | 0.08 | 0.032 | |
| 七水硫酸锌 | 0.22 | 0.088 | |
| 硼酸 | 2.86 | 1.144 | |
| 四水钼酸铵 | 0.02 | 0.008 | |

配肥方法：

A 液：以钙盐为中心，凡不与钙盐产生沉淀的化合物均可以放置在一起溶解；

B 液：以磷酸盐为中心，凡不与磷酸盐产生沉淀的化合物均可以放置在一起溶解；

C 液：将微量元素以及稳定微量元素有效性（特别是铁）的络合物放在一起溶解。

注：配液时水泵保持运转，确保水池内的水循环，并且至少搅拌 30 min 以上，配合调酸进行。

## ◆ 6 施肥频率

通常根据花卉不同时期选用不同配方的花多多、花宝、花无缺等肥料。施肥次数：3～5 次肥 1 次水，浇水是为了洗盐，降低基质内的 EC 值；炎热时一天 1～2 次或更多，不可等萎蔫再浇；阴天下雨可 3 d 浇水一次，但天放晴时必须浇水；普通时节 2 d 一次；若无特殊要求，叶面肥可选用花多多 20–20–20。

## ◆ 7 叶面喷肥营养液

叶面肥施用量少，效果迅速明显，提高了肥料的利用率，是一种既经济又效果好的施肥措施，特别是一些微量元素叶面施用更有独到之处。但我们也发现，叶面施肥工作比较麻烦，花费劳动力比较多，同时易受气候条件影响，还因作物种类和生育期不同，导致叶面施肥效果差异较大。因此，必须在根部施肥的基础上，正确应用叶面施肥技术，才能充分发挥叶面肥的增产、增收作用。

叶部吸收养分的形态与机制与根部类似，通常认为养分是从叶片角质层和气孔进入，最后通过质膜而进入细胞内。主要特点为：

① 可直接被植物体吸收，避免养分（磷、铁、锌等）在基质中固化和转化；

② 叶部对养分吸收转化比根部快，可及时满足植物需要；

③ 叶部吸收养分直接影响植物的体内代谢；

④ 经济效益高，节省肥料。

叶面施肥喷施工具如下图 1-4-3 所示：

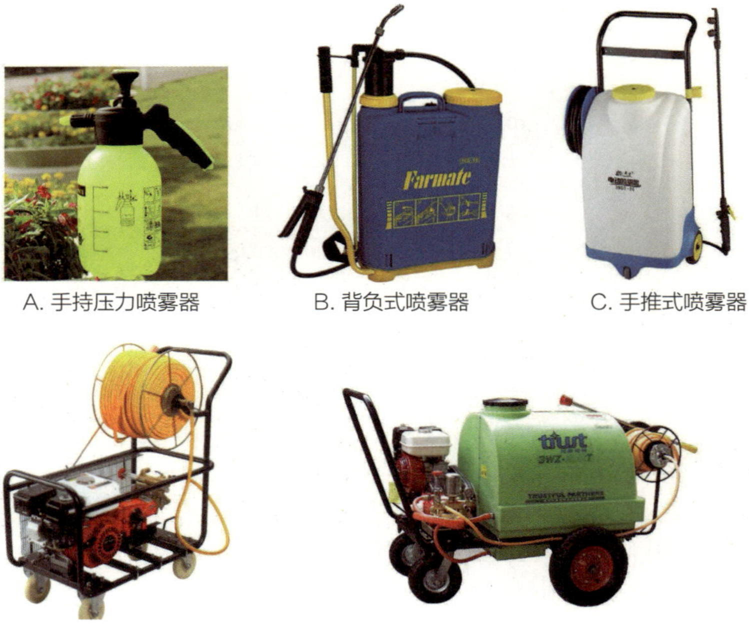


A. 手持压力喷雾器　B. 背负式喷雾器　C. 手推式喷雾器

D. 无容器电动喷雾器　E. 有容器电动喷雾器

图1-4-3　各式叶面肥喷施工具

叶面施肥喷施要点：

① 叶面肥溶液养分的组成取决于叶面追肥的目的。

② 叶面施肥浓度直接关系到喷施的效果，在一定浓度范围内，营养物质进入叶片的速度随浓度的增加而增加，因此在不受害的情况下，要适当提高喷施浓度。但若溶液浓度过高，喷洒后易灼伤作物叶片。如果浓度过低，既增加工作量，又达不到补充作物营养的目的。

③ 选择适当的喷施方法。配制溶液要均匀，喷洒雾点要匀细，不可凝结为水珠；喷

施次数看需要，通常每隔一定时期连续喷洒的效果好于一次喷洒的效果。

④ 掌握好喷施时期。叶面施肥的时期要根据各种作物不同生长发育阶段对营养元素的需求情况而定，选择作物营养元素需要量最多也最迫切的时期进行喷施，才能达到最佳的效果。

⑤ 选择适当的喷施时间。叶面施肥效果的好坏与温度、湿度、风力等均有直接关系，进行叶面喷施最好选择无风阴天或湿度较大、蒸发量小的上午 9 时以前，最适宜的是在下午 4 时以后进行，如遇喷后 3 ～ 4 h 下雨，则需进行补喷。

⑥ 选择适当的喷施部位。植株的上、中、下部的叶片、茎秆由于新陈代谢活力不同，对外界营养物质的吸收能力强弱差异较大，要选择适当的喷施部位。

⑦ 溶液湿润叶片时间的长短与喷施效果有一定关系，一般湿润时间在 30 ～ 60min，吸收量大且速度快，余下未被吸收的部分可被叶片逐步吸收利用。此外，喷施时可增添“湿润剂”，可提高肥液在植物叶片上的黏附力，降低溶液表面张力，增大溶液与叶片的接触面积，促进肥料的吸收。

⑧ 与土壤施肥相结合。因为根部比叶部有更大更完善的吸收系统，对量大的营养元素如氮、磷、钾等，据测定叶面施肥要 10 次以上才能达到根部吸收养分的总量。因此叶面施肥不能完全替代作物的根部施肥，必须与根部施肥相结合。

⑨ 喷施较难移动的元素时，需增加喷施次数，同时注意喷施部位，如铁肥需喷施在新叶上。

图 1–4–4 为叶面施肥及喷施效果。

图1-4-4　叶面施肥及喷施效果

**思政花园**

## 寒夜

宋代：杜耒

寒夜客来茶当酒，竹炉汤沸火初红。
寻常一样窗前月，才有梅花便不同。

# 任务 1.5　花卉生产病虫害防治

## 实训目标

1. 掌握花卉生产中温室内病虫害防治的技术要点；
2. 掌握不同类型农药的特点和施用方法。

## 任务描述

小李生产的新几内亚凤仙和仙客来发生了蓟马虫害，她希望能够采用生物防治方法。小李听说黄板对虫害可以起到有效的防治作用，于是购买了一批黄板，但结果却不尽如人意，黄板对蓟马基本没有作用。请你帮助小李分析她错在了哪里，并解决她现在的问题。

## 职场体验

（1）教师讲授本任务实训的内容及其相关知识要点；
（2）把全班同学分为 6 组，每组 6 ～ 8 人，以小组为单位进行实训；
（3）将不同类型的病虫害防治药剂分发给各组，请各组同学汇总药剂的信息，并按照农药名称、剂型、防治对象、作用特点、使用方法等信息内容汇总成表；
（4）各组派代表汇报药剂信息读取情况；
（5）调查温室内花卉病虫害情况，并根据药剂信息判断施用药剂种类及方法等；
（6）施用药剂（背式喷雾器施药、百菌清烟雾剂熏棚，需要教师进行标准示范）；
（7）教师考核，考核评分标准如表 1-5-1 所示。

## 实训材料

无纺布、遮阳网、泡沫板、发烟剂、敌敌畏、百菌清（发烟剂、可湿性粉剂）、多菌灵（发烟剂、可湿性粉剂）、杀灭菊酯、毒死蜱、黄板、铁丝、钳子、剪刀、手套、背式喷雾器、口罩、护目镜。

## 成绩考核

**表 1-5-1　花卉生产病虫害防治考核评分标准**

姓名:________________　　班级:________________　　时间:________________

| 项目编号 | 考核内容 | 考核标准 | 标准分值 | 实际得分 | 综合评价 |
|---|---|---|---|---|---|
| 花卉生产病虫害防治 | 实训态度 | 实训认真，积极主动，操作仔细，认真记录，操作正确，符合安全要求 | 20 | | |
| | 药剂的分类及使用 | 能够掌握不同类型的药剂特点 | 10 | | |
| | | 能够准确掌握喷药方法及药剂配制 | 20 | | |
| | | 能够根据植物的具体病症用药、施药 | 20 | | |
| | | 能够正确做到日常病虫害预防 | 20 | | |

续表 1-5-1

| | | | | | |
|---|---|---|---|---|---|
| 花卉生产病虫害防治 | 物理防治 | 能够根据花卉类型、预防对象选择正确颜色、尺寸及型号的彩色板 | 10 | | |
| 合计 | | | 100 | | |

考评教师（签名）：______________

## 知识点拨

一般来说，温室花卉生产中对于病虫害应“预防为主，以治为辅，综合治理”。具体应做到以下几点：

### ◆ 1 选用无病虫害种苗

① 选用抗病虫品种。不同的花卉品种对于同一种病虫害的受害程度并不一致。② 选用无病虫害侵染的育苗基地的种苗。③ 从健康母株上采种或插穗等。④ 花卉组培苗需经过脱毒处理。⑤ 加强育苗管理，育苗前严格对种子、种苗、插穗、种球、外植体进行检疫。⑥ 新进品种需隔离观察一段时间才可进入生产温室。

### ◆ 2 加强栽培管理

（1）隔离防治。断绝外界昆虫的进入，大棚入口处应有缓冲间（图 1-5-1），防止冬季冻害以及鸟虫兽的侵入；温室内地面用无纺布、遮阳网、泡沫板等平铺，防止地下虫害的入侵以及杂草对花卉的危害（图 1-5-2）；通风透气部位安装防虫网（40～60 目）（图 1-5-3）。

图1-5-1 温室缓冲间

图1-5-2 温室内铺设地布

图1-5-3 防虫网

（2）药剂防治。

① 常用药剂分类如下：

按性质分：化学农药（有机农药，如敌敌畏；无机农药，如硫黄），微生物农药（白僵菌），植物性农药（鱼藤、烟草、除虫菊）。

按用途分：杀虫、杀鼠剂（按作用方式分为胃毒剂、触杀剂、熏蒸剂、忌避剂、拒食剂等）；杀菌剂（按对病原微生物作用方式分为保护性杀菌剂、治疗性杀菌剂、铲除剂）；除草剂（按性能和作用方式分为触杀型和内吸传导型）。

按形态分：可湿性粉剂、颗粒剂、水剂、乳油、悬浮剂、熏蒸剂等。

② 防治方法：易发病期（夏季高温高湿季节，冬季高湿不通风季节）应每 10 d 喷百菌清等广谱杀菌剂一次，每 2 周用敌敌畏熏棚一次。若发现染病植株，病状轻者针对症状进行治疗，病状重者则进行销毁处理。具体如下：

熏蒸剂：温室可成为封闭状态，采取烟剂熏蒸防治大棚的病虫害，较喷雾省力、省工、省药，效果好。烟剂散发均匀，不增加温室的湿度，可配合多种药剂使用，通过烟雾细小颗粒沉降附着在植株表面，可更好地发挥药效。温室内每 25 m2 可放置 1 个烟剂，在温室中释放烟剂不必考虑天气条件，通常选择晴天傍晚将烟剂在温室中按一定面积布置均匀，由专门人员点燃引信后撤出温室，关闭温室所有的通风设施，4 ～ 6 h 后再打开，等温室内的药烟慢慢释放完毕即可。见图 1–5–4。

喷施农药：注意检查喷雾器各部位是否漏水，防止药水流到人身上。电动喷雾器应详细检查动力是否有问题；打药时必须按要求佩戴眼镜、手套、口罩等，避免药物中毒；注意农药复配是否产生化学反应，且配药时，一定要先配成母液再加水；要弄清农药的成分，以免重复配药而增加了药量，造成浪费；施药时间一般在上午 10 时以前、下午 4 时以后；手动喷雾器使用时要顺风打药，人应倒退侧身，喷雾器“之”字摆动；机动喷药和喷洒除草剂时，应采取平行推进喷雾方式；选用雾化性能好的喷雾器，使其均匀喷雾，尽量不要有药液下滴；要根据所针对的病害、虫害发生部位选择正确的打药方式；注意小苗或花卉对药剂的拮抗作用；药剂配制必须按规定种类、浓度操作；打药时必须周到细致，不得漏打；除特殊情况外，开花期不宜喷药；了解主要病虫害的发生、发展规律，掌握各季节、各种花卉易发生的病虫害的原因。图 1–5–5 为采用背式喷雾器喷药。

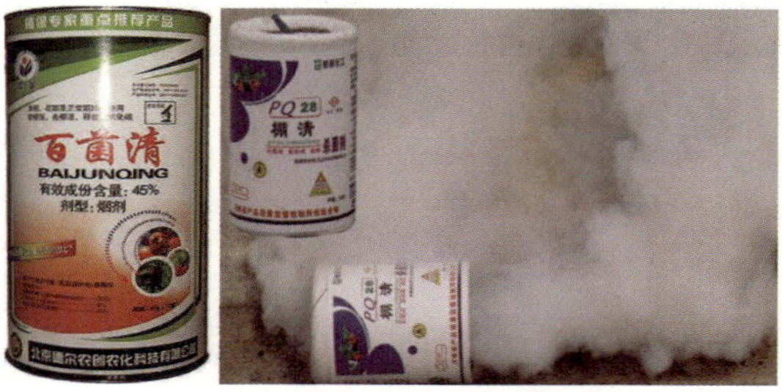


图1-5-4　发烟剂

图1-5-5　采用背式喷雾器喷药

（3）生物诱捕。

利用趋光性诱捕：这是一种物理防治技术。（趋光性昆虫的视网膜上有一种色素，它能够吸收某一特殊波长的光，并引起光反应，刺激视觉神经，通过神经系统指挥运动器官，从而引起昆虫翅和足的运动，趋向光源。）常用方式有：

① 捕虫板：用捕虫板杀虫是利用昆虫喜欢的颜色进行捕杀。常用的有如下几种。

黄板：烟粉虱、白粉虱、黄曲条跳甲、潜叶蝇、蚜虫、蓟马、斑潜叶蝇、梨茎蜂、黑翅粉虱、茶小绿叶蝉及多种双翅目害虫。

蓝板：蓟马、蚜虫、叶甲、盲蝽、蚊、蝇、菜粉蝶、小菜蛾。

红板：蚜虫、叶甲、隐翅甲、盲蝽、蚊、蝇、叶蝉、小菜蛾。

青板：蚜虫、叶甲、隐翅甲、盲蝽、蚊、蝇、叶蝉、小菜蛾。

白板：蚜虫、叶甲、隐翅甲、盲蝽、蚊、蝇、叶蝉、小菜蛾、蝗蝻、潜叶蝇。

黑板：蚜虫、叶甲、隐翅甲、盲蝽、蚊、蝇、叶蝉、小菜蛾。

绿板：蚜虫、叶甲、隐翅甲、盲蝽、蚊、蝇、叶蝉、小菜蛾、划蝽。

灰板：蚜虫、叶甲、隐翅甲、盲蝽、蚊、蝇、叶蝉、小菜蛾、尺蛾科。

粉板：蚜虫、叶甲、隐翅甲、盲蝽、蚊、蝇、叶蝉、小菜蛾、芫菁。

紫板：蚜虫、叶甲、隐翅甲、盲蝽、蚊、蝇、叶蝉、小菜蛾、蝗蝻、菜粉蝶。

悬挂方法：可根据不同作物的生长季选择不同色板用来防治不同的害虫，也可根据不同环境选择不同色板；使用时将铁丝或绳子穿入色板的两个孔中，悬挂在支撑物或枝干等物体上即可；悬挂高度建议高于植物顶端 15 ～ 30 cm，或挂于温室中上部；每亩用量，大型 15 ～ 20 片，中型 30 ～ 40 片，小型 60 ～ 120 片；用于监测时，每亩标准棚悬挂 5 片；悬挂数量和高度需根据实际情况增减，如蓟马飞行能力弱，飞行高度低，因此每亩用量要增加，且悬挂高度与植物发病部位平齐为宜。见图 1–5–6。

图1-5-6 捕虫板补充前后对比

② 黑光灯：紫外灯又名黑光灯（图 1–5–7），大多数趋光性昆虫喜好 330 ～ 400 nm 的紫外光波和紫光波，特别是鳞翅目和鞘翅目昆虫对这一波段更敏感。

（4）搞好温室的环境卫生工作，剪除病叶、枯叶和杂草，并及时销毁处理，减少病虫栖息源（图 1–5–8）。

图1-5-7　黑光灯

图1-5-8　清理温室枯叶、病叶

（5）花木种植或摆放时密度不宜过大，并及时通风、炼苗，控制幼苗徒长，提高种苗的抗逆性，发现病株随时清除。

（6）加强肥水管理，不仅能使花卉植物健壮地生长，而且能增强花卉植物抵御病虫的能力。

（7）改善环境条件，如调节温室的光照、温度及湿度等环境因素。

（8）每天巡视栽培区域，要细致周到。出现病虫害时，认真分析发生原因，判断病虫害种类。针对病因和病虫害种类，制订控制或防治的综合措施。

# 任务 1.6　穴盘

## 实训目标

使学生掌握穴盘的规格和材质，在育苗中能够根据具体生产情况选择不同穴盘。

## 任务描述

小李开办的花卉生产企业，准备自己播种育苗生产仙客来，但在采购育苗器材时发现穴盘的样式非常多，难以选择，请你帮助她选择合适的穴盘进行种苗生产。

## 职场体验

1. 教师讲授本任务实训的内容及其相关知识要点，并进行相关示范；
2. 把全班同学分为 6 组，每组 6～8 人，以小组为单位进行实训；
3. 将不同穴盘样品和种子样品分发给各组，请各组同学正确识别穴盘，并可根据不同花卉种子的特点选择合适的穴盘；
4. 组间互评，教师指导并考核。考核评分标准如表 1-6-1 所示。

## 实训材料

穴盘样品：聚苯泡沫穴盘（EPS 盘），塑料穴盘（聚苯乙烯、聚氯乙烯、聚丙烯盘），

32、50、60、72、98、128、200、288、512、800穴盘，深色盘和浅色盘，不同孔穴深度穴盘，不同孔穴形状穴盘，不同粒径的种子。

## 成绩考核

**表 1-6-1　穴盘应用考核评分标准**

姓名:________　　班级:________　　时间:________

| 项目 | 考核内容 | 考核标准 | 标准分值 | 实际得分 | 综合评价 |
|---|---|---|---|---|---|
| 穴盘 | 实训态度 | 实训认真，积极主动，操作仔细，认真记录，不损害实训器材 | 20 | | |
| | 穴盘的识别 | 能够准确描述穴盘的规格和材质 | 20 | | |
| | 穴盘的应用 | 能够准确描述各种穴盘在生产中的作用及使用注意要点 | 20 | | |
| | 穴盘的选择 | 能够根据具体生产情况选择不同穴盘 | 20 | | |
| | 穴盘的清洗 | 掌握清洗穴盘的正确方法 | 20 | | |
| 合计 | | | 100 | | |

考评教师（签名）:________

## 知识点拨

目前我国所使用的穴盘来源比较广泛，有从欧美引进的，有从韩国引进的，也有国内企业制造的。长期反复利用的耐用性穴盘，要求抗老化性能好，保质期长。国内企业制造的穴盘由于过分强调低成本，往往抗老化性能不够。与北美企业制造的穴盘相比，欧洲穴盘的穴孔较大。

### ◆ 1　穴盘分类识别

#### 1.1　按制造材料分类

聚苯泡沫穴盘（EPS盘）：外形尺寸 67.8 cm × 34.5 cm，见图 1-6-1。美国多用于蔬菜育苗，欧洲也用于观赏植物育苗。因可反复使用，欧洲的穴盘生产商会将旧穴盘回收，以做他用。

塑料穴盘：分为聚苯乙烯、聚氯乙烯、聚丙烯盘。尺寸通常为 54 cm × 28 cm，聚苯乙烯、聚丙烯盘常用于观赏植物生产。见图 1-6-2。

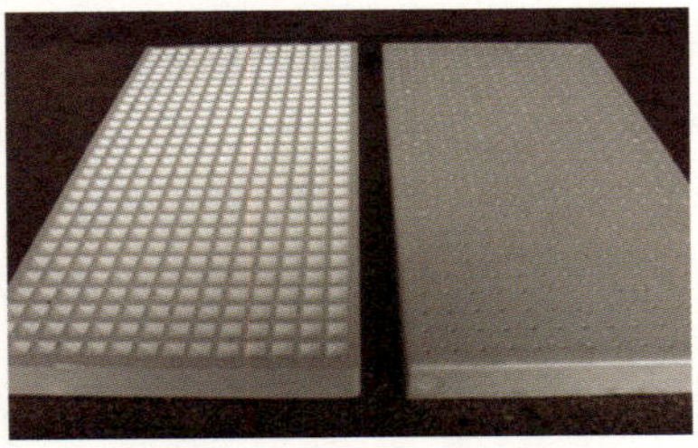

图1-6-1　聚苯泡沫穴盘

图1-6-2　塑料穴盘

#### 1.2　按孔穴数量分类

泡沫盘有200、242、338、392穴，常用的是前两种。塑料盘有32、50、60、72、98、

128、200、288、512、800 等，其中 72、128、200、288 穴盘常用。见图 1-6-3。

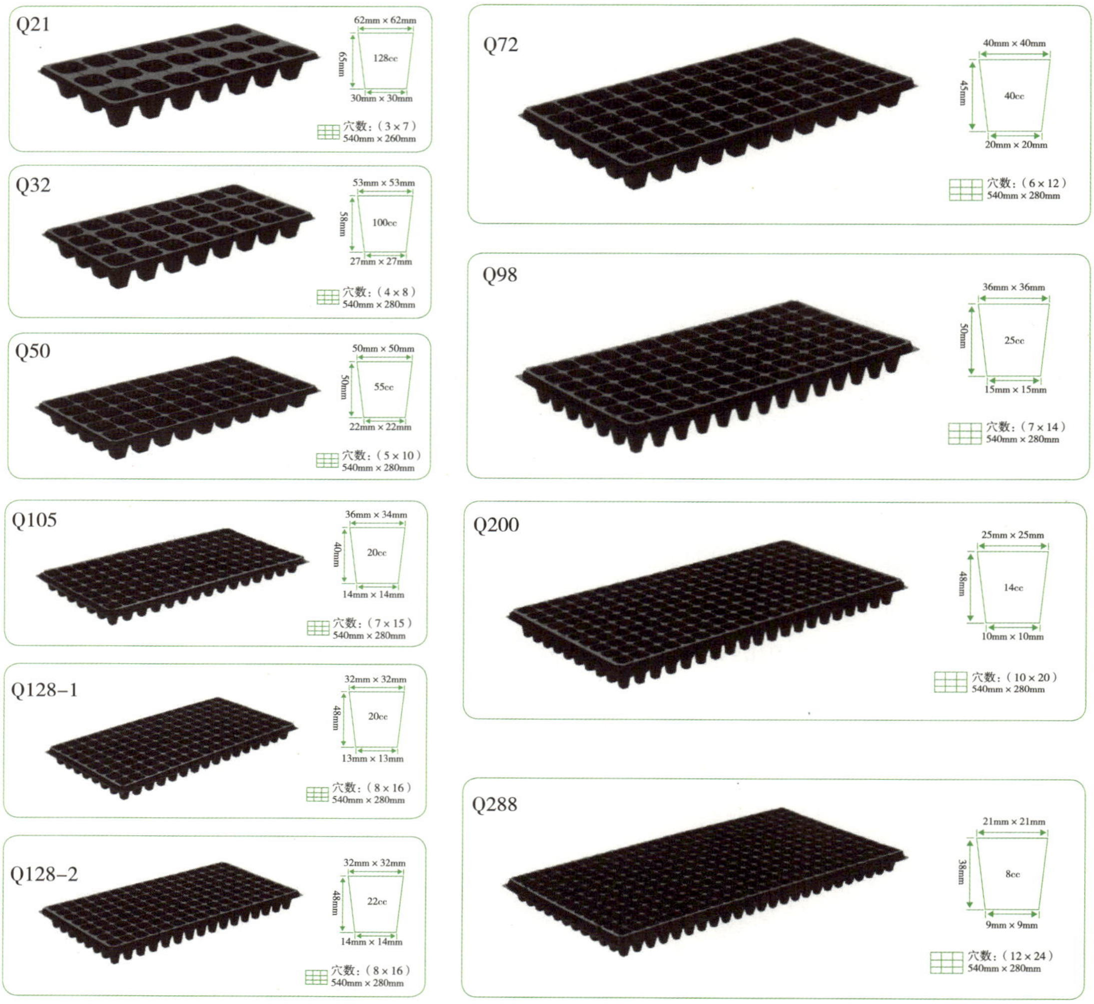


图1-6-3 不同孔穴数量的穴盘

### 1.3 按颜色分类

分为深色盘和浅色盘。泡沫盘几乎都为白色，保温性好，反光性也好；塑料盘有白色、灰色和黑色等，常用黑色盘，尤其是在冬季和春季生产中，黑色盘吸光性好，光能更多地转换成热能对种苗根部的发育更有利。

### 1.4 其他

因穴盘生产商不同，规格也各有特色。不同品牌的穴盘的穴孔间距离、穴孔大小、深度、孔底部的排水孔、穴孔斜面的倾斜度、穴孔形状、孔壁厚度、穴盘质地和整个盘面的大小都会不同。

## ◆ 2 穴盘的选择

（1）要与播种设备配套（播种机、移苗机、补苗机等）。

（2）根据自身育苗温室面积、客户对种苗的要求，以及种子的大小、形状、类型选择不同规格的穴盘。

① 孔穴越小，容积越小，要求管理水平越高，孔穴内的环境条件稍有波动就会对小苗产生影响。孔穴小的穴盘苗，基质量少，不耐长途运输，极易挤苗，但可节省生产空间，提高温室利用率。孔穴大的穴盘苗可容纳较多基质，更耐胁迫，生长更迅速，可在更短时间内培育出品质良好的成品花。

② 生产组合盆栽用苗时，可选择穴孔较小一些的穴盘；生产用于带盆摆放的花卉种苗时，可选择穴孔稍大一些的穴盘。生产花坛布置用苗时（较小时直接种植在地里，观赏期长），可用穴孔稍小一些的穴盘。

③ 穴孔较大的盘为每株苗提供的空间也大，种苗长得也更大。春季生产选用较大的穴盘，以便加快成品花的生产速度。在北方较寒冷地区，早春育苗最好用 288 穴盘以提高温室利用率。

④ 多汁植物（秋海棠、非洲凤仙）及移植前需要较长生长期的植物（多年生植物、切花、盆栽花卉等）适合在孔穴较大的穴盘中栽培；生长迅速的植物在孔穴较小的穴盘里生长较好。有些花卉（如银莲花、飞燕草）由于根系的缘故更喜欢穴孔较深的穴盘。仙客来、非洲菊等部分多年生植物开始阶段一般使用穴孔较小的 288 穴盘，然后再移栽到较大的 128 穴盘中。

⑤ 若客户要求用较大一些的种苗，也可以考虑使用稍大规格的穴盘。

⑥ 大粒种子不适于播在小孔穴盘内。

⑦ 穴盘规格越小，生产成本越低。

（3）孔穴深度。市场上的穴盘目前多为 4～5 cm 深。因引力作用的影响，穴孔越深，其进入的氧气量就越大，越有利于种苗生长。

（4）穴孔形状。圆形、方形、六棱形、八棱形、星形等。目前常用的为坡形穴盘。方孔盘比圆孔盘的介质量多 30%，使用这种穴盘种苗根系会得到更加充分的发育。方孔穴盘内水分分布更加均匀。六棱形、八棱形、星形穴盘介质容量更大，单苗介质成本更高。见图 1–6–4。

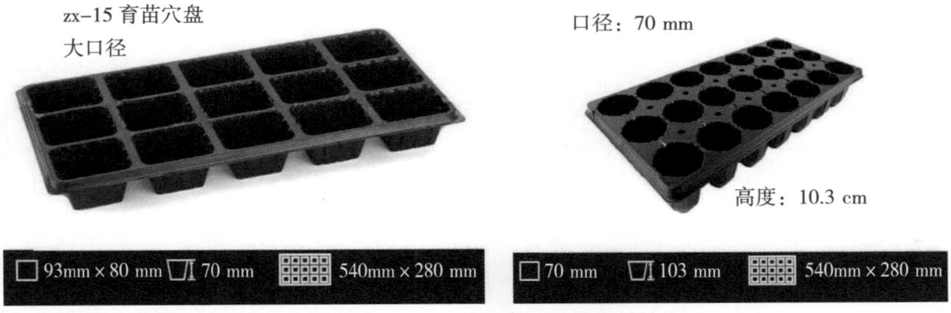


图1–6–4　不同孔穴形状的穴盘

作为穴盘育苗的补充，也可采用育苗盘（图 1-6-5）播种，主要针对一些很难用穴盘来生产的种苗，如不包衣的四季海棠、大岩桐、矮牵牛等极细小种子，以及一些发芽率较低的种子。播种时一般采用泥炭、珍珠岩、蛭石等材料配比的基质，填好基质后浇透水再进行播种。通常每盘播种 400 ～ 800 粒。

图1-6-5　育苗盘

## ◆ 3　穴盘使用注意事项

（1）对使用过的穴盘进行挑选，取出老化、破损的。对于质地较薄的穴盘，重复使用次数不宜超过 2 ～ 3 次，穴盘底部碎裂会导致栽培基质损失。

（2）不建议使用漂白剂清洗，因为塑料穴盘可吸收漂白剂中的氯，并发生反应，形成有毒的化合物，进而影响种苗的质量。彻底清洗后，可用季铵盐（如“physan20”“绿盾”）浸泡 15 ～ 20 min 进行消毒。建议使用触杀性杀虫剂，如托布津、多菌灵等浸泡消毒。消毒后的盘使用前必须彻底洗净晾干。如果穴盘在高温下不致融化（泡沫穴盘若密度较高也可以），可考虑用蒸汽消毒法进行消毒。

**思政花园**

环境就是民生，青山就是美丽，蓝天也是幸福。要着力推动生态环境保护，像保护眼睛一样保护生态环境，像对待生命一样对待生态环境。

——2015 年 3 月 6 日，习近平在参加江西代表团审议时强调

# 项目体验

## 体验一 考一考

### 判断题

1. 影响种子质量的关键因素有遗传因素、种子生产、收获后的处理和萌发条件。(　　)
2. 合适的储藏条件是延长种子活力的关键，温度和种子的含水量都是种子储藏的最重要因素，对所有种子来说，应把温度维持在 5℃，相对湿度 25% ～ 35%。(　　)
3. 生产用水可随意选择水源，无须考虑水质，不同水源的水质无差异。(　　)
4. 好的基质应该具有良好的保水性和透气性，若基质孔隙率低于 2%，就会造成蓄水太多，限制了根系的充分发育。(　　)
5. 穴盘苗的许多病害是由于浇水过多、通风不良、温室湿度高、卫生差、杂草过多造成的。(　　)
6. 第一次使用杀虫剂或杀菌剂时，可以根据经验配制和喷施，无须按标签说明操作和进行小范围试验。(　　)

答案：1.（√）2.（×）3.（×）4.（√）5.（√）6.（×）

## 体验二 想一想

新几内亚凤仙嫩叶扭曲

1. 小李生产的新几内亚凤仙出现了幼叶、嫩叶叶片窄小而卷曲，不伸展，颜色深绿的症状，随着叶片的长大，该症状消失，但新生出的叶片仍卷曲。请你帮助小李分析该状况是何种病虫害导致的，应当如何解决。

**答：**此病症主要是由于基质盐害导致，可将肥水施用方案改为“一肥一水”，症状即可消失；为避免该状况发生，应当每施肥两周浇水一次，或根据肥料浓度、基质的实际情况制定肥水方案，将 EC 值（可溶性盐浓度）控制在 1.3 mS/cm 以下；注意调整缓释肥和微肥施用量。

2. 小李打算通过调节肥溶液 pH 生产粉色和亮蓝色的八仙花，但是开花后发现，花色基本都为过渡色。请你帮助小李分析这是什么原因导致的，该如何解决?

**答：** 绣球花的颜色是由一种属于花青素类的色素——飞燕草色素来控制的。它与其他种类的花青素不同，它与强酸性环境中的铝元素能够结合，而且不易被强酸侵蚀，恰好该作用有利于蓝色的形成，因此当铝元素不足时将出现过渡色，而非明亮的蓝色。

粉色、过渡色、亮蓝色八仙花

基质中铝元素充足的情况下，pH 降低，土壤酸性增加时，根系对铝的吸收变得更可利用，pH 小于 5.5 时可形成蓝色花，pH 为 6.5 时可形成粉色八仙花；高磷、高氮条件在开花期间可促成粉色花，而提供高钾、低磷、低氮可促使形成蓝色花。

## 体验三 练一练

不论是理论上还是实际中，肥料浓度仅用氮肥浓度来表示。那么，用 20–10–20 肥料调配浓度为 200 mg/kg 的溶液 1 000 kg 需要肥料用量多少？用 1 kg 14–0–14 肥料调配的浓度为 200 mg/kg 的溶液需要加水多少?

答：肥料浓度（mg/kg）= [ 肥料用量（kg）× 氮含量 ] / 溶剂重量（kg）$\times 10^6$

① 1 000 × 200 ÷（$10^6$ × 20%）=1（kg）

②（1 × $10^6$ × 14%）÷ 200=700（kg）

## 体验四 赛一赛

假如你开设一家花卉生产公司，拥有一座面积为 3 800 $m^2$ 的智能温室，库房面积 50 $m^2$，高 5 m，请根据本章所学内容，列出仓库基质、肥料、植保药剂、穴盘的采购清单。

要求：

① 把全班同学分为 6 组，每组 6 ~ 8 人，以小组为单位进行练习；

② 列出本公司预育苗的花卉品种及数量；

③ 制作预算表（项目有货品名称、单位、单价、采购数量、总额、采购公司、备注、合计等）；

④ 项目评分。

**项目评分**

| 项目<br>组别 | 根据花卉品种及育苗数量进行预算 | | | | | | |
|---|---|---|---|---|---|---|---|
| | 育苗数量与实际生产面积（15分） | 基质采购量及种类（15分） | 肥料采购量种类（15分） | 植保药剂采购量及种类（15分） | 穴盘采购量及种类（15分） | 采购物品与仓库容纳量（15分） | 预算表制作（10分） |
| 1 | | | | | | | |
| 2 | | | | | | | |
| 3 | | | | | | | |
| 4 | | | | | | | |
| 5 | | | | | | | |
| 6 | | | | | | | |

**思政花园**

## 社会主义核心价值观

富强　民主　文明　和谐
自由　平等　公正　法治
爱国　敬业　诚信　友善

◆ Project 2

# 项目 2

# 技工篇

02

# 任务 2.1 花卉生产的水分管理

## 实训目标

使学生学会在花卉生产中判断正确的浇水时间；学会简易水阀的制作方法。

## 任务描述

小李的花卉生产企业在夏季生产了一批新几内亚凤仙，所用基质为草炭与珍珠岩的混合基质。她按照某些家庭养花书籍中“干透浇透，不浇拦腰水”的做法进行水分管理，结果发现这批新几内亚凤仙总是萎蔫，且生长状态越来越差，这是什么原因导致的？请同学们帮助她分析。

## 职场体验

（1）教师讲授本任务实训的内容及其相关知识要点，并进行相关示范；

（2）把全班同学分为 6 组，每组 6～8 人，以小组为单位进行实训；

（3）各组判断各个生产区域的花卉是否需要浇水，并说明需要浇水的原因；

（4）分组组装可控水量的简易水阀，并为花卉浇水；

（5）教师考核，考核评分标准如表 2-1-1 所示。

## 实训材料

软管护箍 12 个，喷头 6 个，单向阀门 6 个，PVC 管 12 m，铁丝，钳子，打火机，潜水泵。

## 成绩考核

**表 2-1-1 花卉生产水分管理考核评分标准**

姓名：________ 班级：________ 时间：________

| 项目 | 考核内容 | 考核标准 | 标准分值 | 实际得分 | 综合评价 |
|---|---|---|---|---|---|
| 花卉生产水分管理 | 实训态度 | 实训认真，积极主动，操作仔细，认真记录，团队协作默契，不损害实训器材，按要求操作 | 20 | | |
| | 基质湿度判断 | 根据实际情况准确判断基质干湿程度及是否应浇水 | 40 | | |
| | 水阀的组装 | 能够准确组装浇水用具，无漏水，无尖刺，PVC 水管长度适宜 | 10 | | |
| | 浇水设施的识别 | 可准确描述各种温室浇水系统 | 10 | | |
| | 生产浇水 | 浇水方法准确，水量合适，叶面积水少，无漏浇，无拦腰水，无倒伏 | 20 | | |
| 合计 | | | 100 | | |

考评教师（签名）：________

## 知识点拨

在温室内浇水是最重要的任务，不应该指定一个没有经验的人去操作。浇水需要很多的知识和经验。栽培者必须清楚植物、根部基质和环境的相互关系，才能有效地管理各种因素，以达到理想效果。

——艾伦·海默

### 1 花卉生产中主要的浇水方式

① 人工浇水，特点为机动性强，但作业量大，浇水不匀，适用于半成品、成品花生产（图 2–1–1）。

图2–1–1 人工浇水与水管整理

② 喷灌式浇水系统，特点为基质通常较湿，浇水均匀，机动性差，常用于种苗和扦插生产。图 2–1–2 为自走式浇水系统。

图2–1–2 自走式浇水系统

③ 滴灌系统，是利用塑料管道将水通过直径约 10 mm 的毛管上的孔口或滴头送到作物根部进行局部灌溉。它是目前干旱缺水地区最有效的一种节水灌溉方式，水的利用率可达 95%。滴灌较喷灌具有更高的节水增产效果，同时可以结合施肥，提高肥效一倍以上。可适用于果树、蔬菜、经济作物以及温室大棚灌溉，在干旱缺水的地方也可用于大田作物灌溉。其不足之处是滴头易结垢和堵塞、设备造价高。见图 2–1–3。

图2–1–3　滴灌系统

## ◆ 2　生产浇水管理

（1）要想知道向基质中浇多少水，什么时候浇，怎么浇，首先需要了解以下几点：①生产的花卉种类；②所处环境；③栽培容器规格及样式；④花卉生长阶段。

（2）浇水量对植物的影响：①当植物缺水时，会出现萎蔫，光合作用减弱，植物生长迟缓，幼嫩细胞的寿命缩短，叶片小、茎短、植株表皮坚硬，情况严重时，叶缘出现灼伤，并向内部延伸直到整片叶，在基质湿度极低时，根部周围的可溶性盐可增加三四倍，有时植物会脱落位置较低的叶片；②浇水次数较多时，新生茎叶容易长得大而弱，植物倾向于徒长而变得过高，此时若将其置于强光和干燥的环境下很容易萎蔫，不便于运输和储存，且浇水太频繁，减少了基质透气性，会对根系造成破坏，并引发病害。

（3）栽培者需了解基质湿度、温度、光照、空气湿度和养分等条件的相互作用：①高温和强光会导致水分的蒸发和蒸腾作用加快，加速基质变干；②在因低温、多云或通风差等造成的高湿环境下，基质干得慢，若此时光合作用还很活跃且水分充足，幼苗可能会徒长；③施肥应根据每次浇水时淋洗的量、是否用清水、使用化肥的次数以及化肥的类型做相应的调整；④当穴盘苗的根系完全发育好时，植物将快速吸收更多的水分，因此，基质要比预计的干得快，若再加上晴天天热，花卉几乎每天都会出现萎蔫的现象。

（4）栽培者判断基质干湿程度的方法：①基质表面的颜色由深变浅，表示已开始变干；②用手接触基质表面，并把手指插进基质里，感觉基质的湿度；③可挖出一部分下层基质判断湿度；④ 用手拎起容器感受重量。

（5）浇水方法及注意事项：

① 浇水时间一般应在基质温度与水温相近时进行。尤其应注意，露地生产的花卉在因基质缺水导致萎蔫时，要立即浇水，而不应以任何理由延误。

② 浇水时必须掌握适当大小的水流，尤其要避免因大水冲击造成幼苗倒伏、基质流失、根系裸露。刚上盆的小苗，植株还不稳定，基质疏松，浇水时水流一定要小，以不冲

起基质为宜。

③ 基质必须保持良好的干湿循环，过分干燥或水分饱和都不可取。通常，当基质表层干燥深度达到盆径 1/10 时必须浇水，浇水必须浇透，严禁基质干透或长期水湿。要尽量创造浇“齐水”的条件（注：“齐水”指的是在一定生产区域内的花卉可统一浇水的情况），减少浇水的次数，有规律的干湿循环有利于花卉的生长，也便于养护。浇水量过少易导致基质过干，造成新根的损伤，或基质与栽培容器产生过大空隙；浇水量过多不利于根系生长，造成烂根烂球；日常也可以通过观察基质颜色或用手掂一下盆的重量，积累辨别是否该浇水的经验。此外，植物在小苗时由于根系都在基质中上部，切忌不要让基质干得过深，一般土表 1.5 ～ 2 cm 缺水就要浇水了。发现新根长到盆壁时就可以浇施肥水了，肥水的 EC 值随着生长可逐渐增加；阴雨天时，除非必要，一般不进行浇水作业。

④ 浇水时水管头贴近基质表面，然后正反向均匀地各转一圈，在转的过程中注意水管不要损伤叶片，水不要浇到芽点、花和叶片上。到了冠幅盖满盆叶片较多时，基质已经被根系固定牢了，可以加快水流量提高浇水的速度，这时水管转动的角度可以在 90° ～ 120°，当水流量适宜时，只要水面达到盆沿即可。

⑤ 在夏季温室花卉生产中，有时即使基质仍未干至需要浇水的程度，可能一天也要浇水 2 ～ 3 次。这是由于花卉吸收水分的方式主要有主动吸收、水分渗透和被动吸收等。主动吸收和水分渗透主要发生在慢速蒸腾的植物上，而被动吸收则发生在快速蒸腾的植物上，但是被动吸收常常滞后于蒸腾作用。因此，当夏季温度过高而导致蒸腾速率大于水分吸收速率时，湿基质中植物也会发生萎蔫的现象。

⑥ 穴盘育苗时，根据具体情况可选用薄雾喷头（50 ～ 100 μm）、淋洗喷头等。

图 2-1-4 至图 2-1-7 为不同规格的浇水喷头。

图2-1-4　Dramm育苗细雾喷头

图2-1-5　Dramm 170目浇水喷头

图2-1-6　Dramm 400目浇水喷头

图2-1-7　Dramm 1 000目浇水喷头

### ◆ 3 浇水管的自制组装

① 准备软水管、阀门、扎带、PVC 管；

② 阀门两端连接软水管，出水口的软水管在 20 cm 长即可；

③ 进水端的软水管可连接水龙头或者潜水泵出水端口；

④ 阀门出水端的软水管连接 PVC 水管；

⑤ 将所有连接处用扎带固定；

⑥ 把连接好的 PVC 管出水端在距离出水口 10 ～ 15 cm 处用火烤一下，将其做成 30° ～ 45° 的弯头，便于控制浇水方向，使水更容易浇入盆中。见图 2-1-8。

图2-1-8 可调式浇水管组装材料及效果

# 任务 2.2 花卉穴盘播种技术

## 实训目标

1. 掌握花卉生产育苗中播种的方法，基质的配制，播后管理；

2. 了解花卉播种相关设备。

## 任务描述

小李目前在进行种苗生产，员工是从附近村庄中临时聘请的阿姨，她们认为花卉播种与玉米早春穴盘育苗差不多，因此小李就没有再去咨询或查阅花卉穴盘播种技术。结果种子发芽后，总是出现出苗不齐、一穴多苗的现象。请你帮助小李整理一套可行的花卉穴盘播种技术要点。

## 职场体验

1. 教师讲授本任务实训的内容及其相关知识要点；
2. 把全班同学分组，每组 6～8 人，以小组为单位进行实训；
3. 将不同类型的种子分发给各组，请各组同学汇总种子信息后开始播种；
4. 教师考核，考核评分标准如表 2–2–1 所示。

## 实训材料

50# 穴盘、128# 穴盘、大水桶、铁锹、草炭、珍珠岩、万寿菊（大粒）、观赏椒（嫌光）、天竺葵（嫌光）、千日红（嫌光）、长春花种子（直立、垂吊）（嫌光）、番杏科种子（微粒）、牙签、育苗用细雾喷头（Dramm1000 目的红色喷头）、报纸、手持式播种机、保鲜膜、打孔器与起苗器。

## 成绩考核

考核表见表 2–2–1。

**表 2–2–1　花卉穴盘播种考核评分标准**

姓名：________________　　　　班级：________________　　　　时间：________________

| 项目编号 | 考核内容 | 考核标准 | 标准分值 | 实际得分 | 综合评价 |
|---|---|---|---|---|---|
| 花卉穴盘播种 | 实训态度 | 实训认真，积极主动，操作仔细，认真记录，不浪费和损坏材料 | 20 | | |
| | 播种准备 | 掌握营养土配方，熟练操作 | 5 | | |
| | | 基质的消毒、洗盐 | 5 | | |
| | | 穴盘消毒、清洗 | 5 | | |
| | 填料 | 紧实有度，盘面干净 | 5 | | |
| | | 穴盘码放方式正确 | 5 | | |
| | 打孔 | 深浅适中 | 5 | | |
| | 播种方法 | 根据不同种子粒径选择播种方式 | 10 | | |
| | | 种子处于穴中央，无漏播、多播 | 5 | | |
| | | 覆料均匀，厚度适中 | 5 | | |
| | | 细雾浇水，浇透且出水量大小适中 | 5 | | |
| | | 贴标签无漏贴、错贴，内容正确 | 5 | | |
| | | 覆膜，放置，穴盘间距离一指 | 5 | | |
| | 出苗率 | 出苗率调查 | 5 | | |
| | 苗期管理 | 正确掌握苗期肥水管理和苗期主要病虫害的防治 | 10 | | |
| 合计 | | | 100 | | |

考评教师（签名）：______________

## 知识点拨

### ◆ 1 影响花卉种子萌发的外界因素

（1）水分：不同种子萌发时对水分的要求有所差异。例如，秋海棠种子萌发时需要水分较多；美女樱、金盏菊、飞燕草等种子萌发时需水量较少。

（2）温度：喜温或夏季植物的最适发芽温度为 25～35℃，耐寒或冬季植物最适发芽温度为 15～25℃。如：花毛茛最适发芽温度为 15℃，不宜超过 18℃；三色堇、报春花的最适发芽温度为 18～20℃。土温过高会导致多数花卉种子不能萌发；土温过低会降低萌发速度，导致不能按时萌发或不萌发，且土温过低萌发时间长还容易错误地估计浇水量，造成浇水过多。

表 2-2-2 为穴盘苗在发芽期需要的土温。

表 2-2-2 穴盘苗在发芽期需要的土温

| | |
|---|---|
| 19℃ | 三色堇、福禄考、罂粟、报春花、花毛茛（15℃）、角堇，有些多年生草花要求 15℃ |
| 22℃ | 翠菊、金盏菊、康乃馨、菊花、金鸡菊、波斯菊、雏菊、石竹、大丽花、银叶菊、羽衣甘蓝、勋章菊、天竺葵、洋桔梗、万寿菊、三色堇、虞美人、紫罗兰、百日草、番茄、金鱼草、角堇、罂粟 |
| 25℃ | 大花藿香蓟、香雪球、秋海棠、长管弯头花、鸡冠花、彩叶草、嫣红蔓、半边莲、烟草花、辣椒、松叶牡丹、一串红、美女樱、长春花、矮牵牛（＜25.6℃）、非洲凤仙花（＜25.6℃） |

（3）气体：种子萌发时需要氧气（含氧量 21%），若种子覆料过深或基质中水多氧少，限制了氧气的供应，发芽可能会受阻。

（4）覆盖：很多种子只有在覆盖的条件下才能萌发得更好，此类种子包括：①颗粒大的种子，覆盖可增加湿度；②嫌光种子；③只有覆盖后根才开始伸向基质底部的种子。

（5）光照。

① 喜光种子：即在有一定光照的条件下才能正常发芽的种子，如秋海棠、非洲菊、洋凤仙、洋桔梗、矮牵牛、报春花、金鱼草等。

② 嫌光种子：即在黑暗的条件下才能正常发芽的种子，如仙客来、福禄考、长春花等。此类种子需覆盖粗蛭石、沙子或基质，制造足够暗的环境或暗的催芽室才能使其正常萌发。

③ 不敏感种子：多数花卉种子发芽势对光照不敏感。

### ◆ 2 花卉穴盘育苗种苗生长四阶段

第一阶段：发芽期——播种至胚根出现。此时期需要较高且较均衡的基质湿度，宜选用喷雾喷头（50～100 μm）浇水。

第二阶段：过渡期——从胚根出现到子叶完全展开，第一片真叶长出。基质湿度较上阶段较低，使基质略干燥后再浇水有利于根系的生长，此阶段选用喷雾喷头（50～100 μm）浇水。

第三阶段：快速生长期——从子叶完全展开，第一片真叶长出，到种苗长出 4～6 片真叶可移植为止。基质平均湿度较上阶段低，干湿变化范围较大，此阶段选用水流较粗的淋洗喷头浇水。

第四阶段：符合标准大小的种苗进行运输或移植前的炼苗。此阶段可进行“蹲苗”操作，选用水流较粗的淋洗喷头浇水。

图 2-2-1 为种苗生长发育过程。

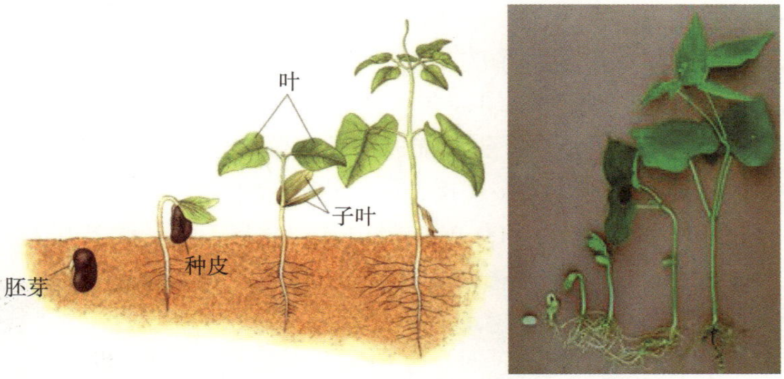


图2-2-1 种苗生长发育过程

## ◆ 3 花卉穴盘播种

### 3.1 人工播种

方法：若为大粒、中粒种子，可直接用手将种子放置于穴盘穴孔中心；若为小粒、微粒种子，则应利用牙签蘸水，而后利用牙签尖端一次粘取一粒种子放入穴盘穴孔中心进行点播，需要注意，若播种到一半需要停手时，则可将牙签插入将要播种的孔穴基质中，避免遗忘之前播种的最后位置（图 2-2-2）。

图2-2-2 牙签播种

### 3.2 手持管式播种机

特点：结构简单、价格低廉，适宜较少量播种时使用。见图 2-2-3。

结构：

① 播种管：根据需要可选用 512、288、128 等规格穴盘的播种管。管下方有接口，每个接口可连接一个针头。管的上方有一圆孔，用手指将其封住或放开，可以起到吸取和释放种子的作用。

② 针头：播种管配有多套针头，常用的有 B、C 两套，每套有不同颜色区分。

③ 种子槽：播种时用来放置种子的装置，一般位于穴盘的左方或右方。

④ 气流调节阀：把调节阀的一端接在播种管上，在播种时根据气流对种子的吸附能力，来调节气流的大小，直至每个针头都能方便地吸附 1 粒种子。

⑤ 连接软管：一端和播种管接头连接，一端连接吸尘器。

⑥ 吸尘器：通常配置 800 ～ 1 000 W 的吸尘器，并具备气量调节开关。

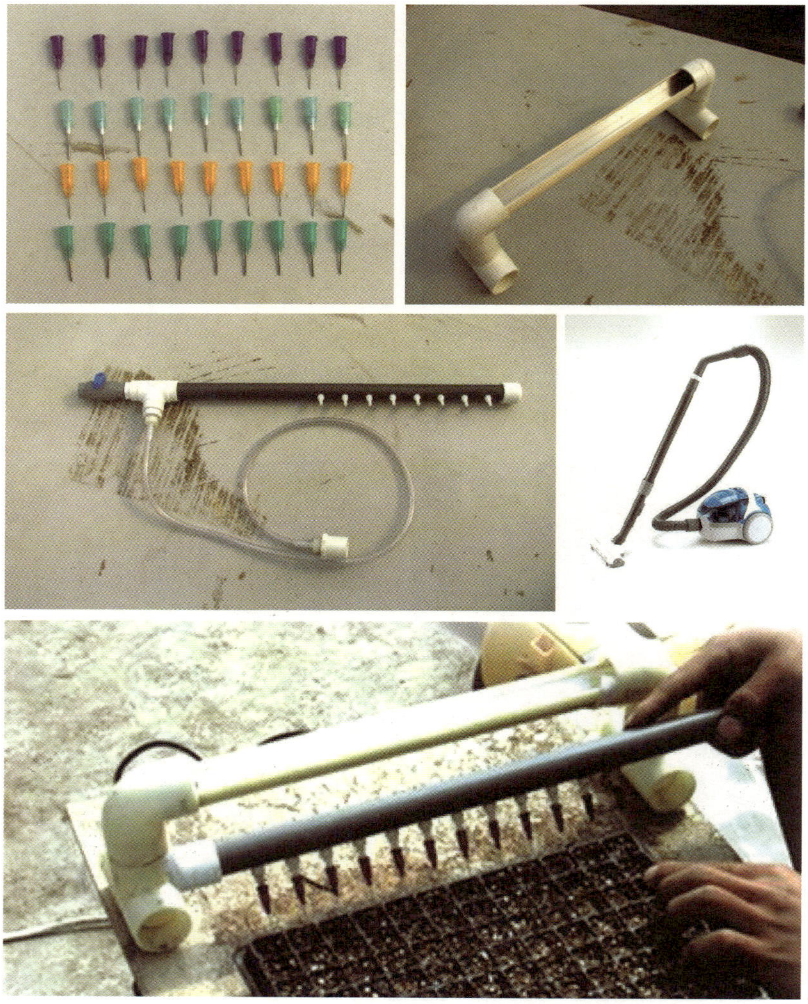

图2-2-3　手持管式播种机

### 3.3 花卉穴盘流水线播种机

花卉穴盘播种流水线主要由填料系统、播种系统（压穴、洒水、气吸式播种等）、覆土系统、传送系统等部分组成（图 2-2-4）。

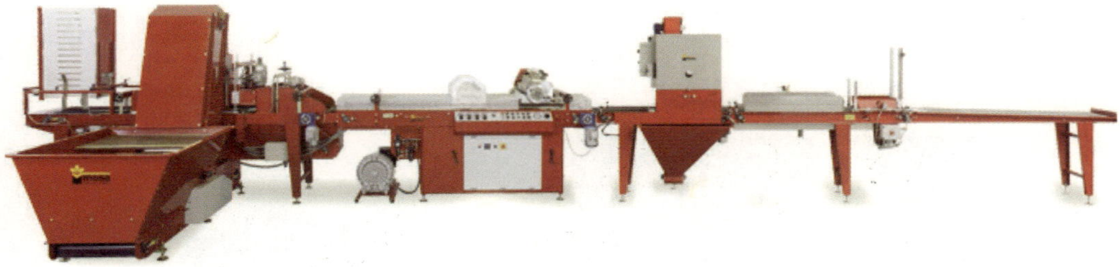

图2-2-4 花卉穴盘流水线播种机

### 3.4 播种方法

（1）确定种子对光照和水分的需求情况，并制定播种养护方案。

（2）品种标识。花卉种苗生产必须对所繁殖的品种加以标识，避免品种混杂，可将信息制作为标签（需用防水耐晒的材料制作，标明种苗种类、品种、系列、颜色、播种时间、操作人），贴于穴盘边侧立面处（图 2-2-5）。另附插牌标签。要注意核对，保证准确无误。

图2-2-5 穴盘育苗标签制作及粘贴位置

（3）填料。

① 播种基质：育苗基质中一般要加入泥炭，当把植株从育苗盘中取出时，泥炭可保证根部基质不脱落。当复合基质中没有泥炭或泥炭含量小于 50% 时，植物根部的基质易脱落。播种基质泥炭与珍珠岩比例为（4～5）：1。

填料前要将基质充分疏松、搅拌，同时将基质初步湿润，尤其是压缩包装的进口泥炭。这不仅便于装盘浇水，同时可避免用太干的基质填料在浇水后出现填料不足的现象。基质初步湿润程度为手握一把基质，没有水分挤出，松开手后，基质会保持原来的形状，再次手指挤压，基质会散开。若基质太湿，则很难被填充到穴盘中；基质太干，则浇水后基质会塌沉。

② 基质的填料要充足，用手指在刚填好料的穴盘料面上轻轻按压，不能出现手指一按料面就下陷很深的现象，尤其在手工填料时，穴盘边缘区域为重点检查对象。

③ 填料要均匀，否则会出现穴盘内基质干湿不一致，造成种子发芽时间不一以及种苗生长不齐的后果。

④ 基质粗细均匀，若为机播，则防止同批基质在填料机中反复循环，以免基质颗粒大小出现明显差异。

⑤ 需要覆料的品种，基质不能填得过满，以便留出足够的空间覆料。

⑥ 已经填料的穴盘不能垂直码垛在一起（图 2-2-6），应交叉堆码（图 2-2-7）或直接放到发芽架上，以免下层的穴盘基质压结。

图2-2-6　穴盘错误码放方式

图2-2-7　穴盘正确码放方式

（4）打孔。打孔的目的是让基质在穴孔内略微凹下，播种时可让种子平稳地停在穴孔中间，并有足够的空间覆料以及浇水。凹下的程度视种子形状和大小而定，长形种子其凹下部分越平越好。

打孔设备：利用打孔机、相同规格的穴盘（图 2-2-8）或打孔器（图 2-2-9）进行基质打孔。

图2-2-8　穴盘打孔及其效果

图2-2-9　打孔器打孔及其效果

（5）播种。手工点播或机播。对不能用机播或手工点播的微粒种子，可采用撒播方式在育苗盘中育苗，待出苗后移入相应的穴盘。尽量避免漏播或多播（图 2–2–10）。

图2-2-10　种苗一穴多播的错误做法

（6）覆料。对已播种子的覆料，可以保持种子周围的空气湿度，有利于发芽，对于嫌光种子可为其提供黑暗萌发环境。注意水分不可过多，要给种子萌芽留出呼吸的余地。覆料还有利于胚根顺利扎入基质中，起到固定植株的作用。

粒径较大的如天竺葵、万寿菊等需要覆料保持湿度，而微粒种子尽量不覆料。

可覆盖的材料有粗蛭石、珍珠岩和沙。粗蛭石保湿效果好，但不易判定何时浇水，而细蛭石会导致种子窒息，珍珠岩和沙则不易引起浇水过量，但保湿效果差。播种基质也可作为覆料，但通气性相对较差。覆料厚度应与种子粒径相当，以看不到种子为度，不可覆盖太少、太多（导致出苗不稳定或死亡）或不均匀（导致出苗不齐）。

（7）淋水。通常在生产线上完成播种后，流水作业会自动完成喷水工作。淋水要均匀，水滴大小、流水速度都可以控制。

若人工浇水，应选用每小时出水量为 1 加仑左右的育苗用喷头，或 Dramm1000 目的红色喷头。浇水过多、过猛种子容易流失。第一次要浇透水，看到穴盘底孔有水滴出视为水已浇透。

若种子在苗床上萌发，应在移至苗床后再浇透水（图 2–2–11）；若种子在催芽室萌发，则需要在移入催芽室前浇透水。

（8）种子的覆盖。为了使种子萌发保持较高的温度和湿度，需要覆盖塑料薄膜（图 2–2–12），需要注意的是开始时浇水不要太多，因为水分难以散发；若为嫌光种子可用报纸、无纺布等进行遮光覆盖；覆盖过程中，尽量减少掀开薄膜检查发芽状态的次数，避免引起病害率；萌发结束时需要去除薄膜。

图2-2-11　穴盘浇透水时底孔滴水

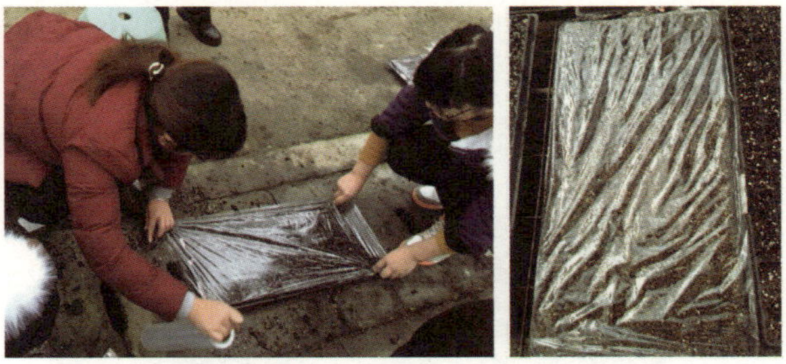

图2-2-12　穴盘覆膜

（9）移入苗床或发芽室催芽，若在发芽室催芽，需在胚根长出后及时移出，避免徒长。

（10）后期管理。

肥水管理：①需用育苗喷头浇水，不可等基质完全干燥后再浇水，否则水分会顺着间隙直接流失。②穴盘苗的根主要位于基质的外部和穴的底部，中央很少，这主要是由于穴盘壁和基质间可以得到较多的空气；若浇水量小且次数少或浇水量大，都会导致根位于孔穴上半部分；若根毛发达，表示水分管理好，若浇水过度则会导致根细长且缺少根毛。③在穴盘苗第一生长阶段，发芽完成后，可施用 20～25 mg/kg 的 20–10–20 肥料。④在穴盘苗进入第二生长阶段后，子叶可进行光合作用，施肥应交替施用 50 mg/kg 的 20–10–20 与 14–0–14 肥料。⑤在第三阶段，植物快速生长，应提高肥料浓度，交替施用 50 mg/kg 的 20–10–20 与 14–0–14 肥料。⑥第四阶段，要降低湿度，减少养分，尤其是铵态氮，此时宜多用硝态氮与钙肥使植株健壮、茎矮、叶厚，适合移植和运输。⑦施肥频率通常为每周一次，在冷天低光时尽量不用或少用铵态氮的 20–10–20 肥料。⑧水溶性肥料需要含有微量元素。⑨在炼苗期应施用 50 mg/kg 的 14–0–14 肥料。

光照管理：夏季育苗须有遮阳网遮阴，避免灼伤。

植保管理：①若无特殊情况尽量避免施用药剂和植物生长调节剂。②穴盘摆放应互相距离一指左右（图 2–2–13），否则较易通过浇水传播病害。③若植株“脱帽”不良，应人工取“帽”。

图2–2–13　穴盘的摆放（左：错误；右：正确）

补苗：第三阶段后期，应对种苗进行整理，去掉孔穴基质、病株和不整齐的苗，并进行补苗。

生长调控：为了保证种苗品质和生长进度，需不断调整温度、光照、供水、通风等环境条件，必要时可使用植物生长调节剂，如施用矮壮素来控制幼苗的徒长。

成品穴盘苗：①当穴盘苗根部完全包裹住基质（图 2–2–14、图 2–2–15），甚至部分根系生长出穴盘底孔（图 2–2–16），植株可完整起出时，即可上盆或销售。②若穴盘苗苗龄

图2–2–14　根系发育良好的矮牵牛穴盘苗

图2–2–15　根系发育良好的一串红穴盘苗

过大或栽培过程中受到过环境胁迫，则会导致出现花芽或开花，即“小老苗”，此类产品则视为废品或不合格穴盘苗。③穴盘移动过程中，应一手握住穴盘短边缘，一手张开撑住穴盘底部，切忌两手同时握穴盘短边缘，否则会造成穴盘断裂（图 2–2–17）。

图2-2-16　根系伸出穴盘底孔

图2-2-17　穴盘正确拿握方式

炼苗：种苗出圃前应进行炼苗，主要是为种苗的移栽或包装、运输做准备，经过炼苗的穴盘种苗具有整齐度好、根系活力强、耐长途运输、抗逆性强、缓苗期短等优点。炼苗时应加强光照和通风，对水肥进行适度的控制，尽量让种苗干一些，以控制种苗的株高，防止挤苗，提高种苗抗性，但有些品种不能用控水的方法进行炼苗，如鸡冠花，会导致其小苗开花形成“小老苗”；增加通风频率和通风量，炼苗时间 1 ～ 2 周；若为夏季育苗，还要逐渐缩短遮阴时间，减低遮阴强度，让种苗适应强光照等自然条件。

种苗生产中常见问题及解决方法见表 2–2–3。

**表 2–2–3　种苗生产常见问题及解决方法**

| 常见问题 | 原因及诊断 | 常见品种或情况 | 建议解决办法 |
|---|---|---|---|
| 不发芽 | 水分过多，介质缺氧、种子腐烂 | 金盏菊、美女樱等 | 选择合格可靠的介质，根据不同种子的水分要求供给合适水分 |
| | 种子萌动后断水、胚根死亡 | 四季海棠、五星花、洋凤仙等 | 选择合格可靠的介质，根据不同种子的水分要求供给合适水分 |
| | 嫌光性种子反给强光、需光性种子在黑暗中 | | |
| | 种子被工人私下截留、意外丢失 | | 加强工人管理 |
| | 介质 EC 值和 pH 不当 | 进口纯泥炭未经 pH 校正，不能直接用于播种 | 选择 EC 值和 pH 适宜的介质 |
| | 不合理的浸种 | 包衣类种子，如四季海棠、矮牵牛、五星花等 | 不能浸种，现代花卉种子均不用浸种后再播种 |
| | 种子被老鼠或鸟类等动物吃掉 | 一串红等 | 做好防鼠防鸟工作 |
| | 极小粒种子发芽浇水时流量过大 | | 加强工人管理、采用细雾喷头浇水 |
| | 种子储存不当 | | 尽量不要自己贮存种子 |
| | 种子拆包后未播完、储存不当吸潮或其他 | | 应在低温干燥环境中保存 |

续表 2-2-3

| 常见问题 | 原因及诊断 | 常见品种或情况 | 建议解决办法 |
| --- | --- | --- | --- |
| 发芽率低 | 水分过多或介质黏性重、介质氧气不够 | 金盏菊、美女樱等 | 选择合格可靠的介质，根据不同种子的水分要求供给合适水分 |
| | 水分过少或基质沙性重、发芽水分不足 | 四季海棠、五星花、洋凤仙等 | 选择保水性好的基质，根据不同种子的水分要求供给合适水分 |
| | 发芽温度太高 | 主要出现在反季节育苗，如花毛茛、三色堇、报春花、大岩桐、蒲包花等 | 做好降温措施，保证在适宜的介质温度条件下发芽 |
| | 发芽温度太低、部分种子不适宜发芽 | 主要是在冬季育苗，如百日草、鸡冠花、孔雀草等 | 做好加温或保温措施，提高温度至适宜的播种温度 |
| | 拌种或播种后覆盖过厚、需要见光发芽的种子覆盖过厚 | 四季海棠、五星花、大岩桐等 | 不能拌种，根据种子需要选择覆盖与否 |
| | 播种后没有覆盖、需要黑暗条件下发芽的种子没有覆盖 | 仙客来、百日草等 | 根据种子需要选择覆盖与否，用黑色材料遮光覆盖 |
| | 放置基肥、引起盐分过高或带来病菌 | | 播种尽可能不用基肥 |
| | 种子没有播进穴盘、掉到穴盘以外 | 尤其是一些较细小种子如四季海棠、大岩桐等 | 加强播种管理和工人管理 |
| | 种子被工人私下截留、播种数量减少 | | 加强工人管理 |
| | 基质 EC 值和 pH 不当 | 进口纯泥炭未经 pH 校正，不能直接用于播种 | 选择 EC 值和 pH 适宜的基质 |
| | 移出发芽室时间过早，使未发芽的种子很难发芽 | 洋凤仙、长春花等 | 根据不同种子发芽标准，调整移出发芽室时间 |
| | 种子被老鼠或鸟类等动物吃掉 | 一串红等 | 做好防鼠防鸟工作 |
| | 播种后浇水冲掉种子 | | 加强工人管理、采用细雾喷头浇水 |
| | 种子购买后没有播种，储存条件差 | | 尽量不要自己储存种子 |
| | 种子拆包后未播完、储存不当吸潮或其他 | | 应在低温干燥环境中保存 |
| | 播种后工人没有及时浇水 | | 加强工人管理，做好种子保湿工作 |
| 成苗率低 | 病害 | 鸡冠花、一串红、百日草、金盏菊等猝倒病，早春时的孔雀草疫病等 | 介质消毒，控制水分 |
| | 烂根 | 浇水过多 | 注意干湿交替浇水 |
| | 移出发芽室后湿度不够，脱帽不好 | 长春花、美女樱等 | 保持合适的湿度 |
| | 虫害 | 尤其是夜蛾类幼虫蚕食 | 加强虫害防治 |
| | 肥害、药害 | | 合理施肥、施药 |
| | 浇水时，水流过大，使苗倒伏，最终死亡 | | 采用细喷头浇水 |
| | 除草剂药液残留 | | 仔细清洗喷药工具或使用专用喷药工具 |
| | 浇水不及时，缺水死苗 | | 注意浇水 |

续表 2-2-3

| 常见问题 | 原因及诊断 | 常见品种或情况 | 建议解决办法 |
|---|---|---|---|
| 僵苗或小老苗 | 早春温度过低 | 万寿菊、鸡冠花、秋海棠、一串红、百日草、彩叶草等 | 注意保温 |
| | 矮壮素过量 | 部分品种苗期施用矮壮素 | 注意施用浓度、苗期应以低浓度为宜 |
| | 矮壮素药液残留 | | 仔细清洗喷药工具或专用喷雾器 |
| | 缺肥 | | 根据需要适当施肥 |
| | 经常缺水 | | 注意浇水 |
| 早花 | 环境恶劣 | 鸡冠花、一串红、孔雀草 | 控制各种适宜的环境条件 |
| | 缺肥 | | 根据需要适当施肥 |
| | 缺水 | | 及时浇水 |
| | 挤苗 | | 及时移苗 |
| | 苗龄过长 | | 及时移苗 |
| 徒长 | 氮肥过多 | | 平衡施肥 |
| | 挤苗 | | 适时移苗 |
| | 光照不足 | | 缺光时补充光照 |
| | 水分过多、过湿 | | 合理控制水分、湿度 |
| 种苗质量不好 | 氮肥过多、挤苗、光照不足、徒长 | | 干湿交替浇水 |
| | 光照过强，焦尖 | | 适当遮阳 |
| | 虫害，植株残缺 | | 注意防虫 |
| 顶芽死亡 | 蓟马和其他的幼小昆虫吸食生长点，造成生长点坏死 | 鸡冠花 | 防虫 |

# 任务 2.3 花卉种苗上盆与换盆

## 实训目标

掌握花卉生产育苗中的穴盘苗上盆和半成品苗换盆的方法和技术要点。

## 任务描述

小李已成功培育了新几内亚凤仙半成品苗（盆径 9 cm，栽培基质为泥炭、珍珠岩、蛭石比例为 6 : 3 : 2），现在可以换盆（盆径 14 cm）作为成品花进行生产。换盆时为了节约成本，小李决定去除原基质配方中的蛭石，而其他比例不变，新盆径为 14 cm。结果发现，上盆后幼苗生长缓慢，且根系很难扎入新基质中。请你帮助小李分析其中原因，并提供解决方案。

## 职场体验

1. 教师讲授本任务实训的内容及其相关知识要点；
2. 把全班同学分组，每组 6～8 人，以小组为单位进行实训；
3. 将待上盆或换盆的苗分发给各组，请各组同学进行上盆或换盆操作；
4. 教师考核，考核评分标准如表 2-3-1 所示。

## 实训材料

12～16 cm 生产用盆、大水桶、铁锹、泥炭、珍珠岩、膨化鸡粪或有机肥、专用浇水管、遮阳网、实训用苗（扦插苗、播种苗、半成品苗根据课程选择用苗种类）、运苗车、方形苗盘、起苗器或筷子。

## 成绩考核

**表 2-3-1　花卉种苗上盆与换盆考核评分标准**

姓名：________________　　班级：________________　　时间：________________

| 项目编号 | 考核内容 | 考核标准 | 标准分值 | 实际得分 | 综合评价 |
|---|---|---|---|---|---|
| 花卉上盆换盆技术 | 实训态度 | 实训认真，积极主动，操作仔细，认真记录、不浪费损坏实训材料，团队配合度高，分工合理 | 20 | | |
| | 选盆 | 选盆大小、材质适宜 | 10 | | |
| | 装填基质 | 基质装填紧实有度，基质选用正确、配比合理，底肥加量适中、选用合理 | 15 | | |
| | 起苗 | 起苗方法正确，未伤幼苗植株和根系 | 15 | | |
| | 整理 | 准确去除穴盘苗、半成品苗基质表面的青苔和枯叶、病叶、死叶 | 5 | | |
| | 种植 | 种植深度合理并留有“沿口”，种植速度≥ 1 盆 /min | 15 | | |
| | 浇水 | 浇水出水量大小适中并浇透 | 10 | | |
| | 摆放 | 摆放整齐美观，且符合管理规划 | 5 | | |
| | 分级 | 能够根据具体生产对花卉进行分级、规划、分区、归类 | 5 | | |
| 合计 | | | 100 | | |

考评教师（签名）：______________

## 知识点拨

### ◆ 1　基本概念

花卉生产中上盆通常指由穴盘实生苗或扦插苗成苗后，由穴盘中起出并栽入盆中的过程。

换盆指当花卉半成品苗生长到一定程度，根系与地上部分比例失调，营养供给困难，美观程度降低，此时需要将花卉换到更大的栽培容器中进行栽培养护的过程。

## ◆ 2 技术要点

（1）选择栽培容器。根据生产目的（半成品花、成品花、组合盆栽、观赏盆栽等）选择合适的容器类型及盆径大小；栽培前需要对栽培容器进行清洗和消毒（多菌灵 600～1 000 倍浸泡清洗）。

需要注意的是，栽培容器类型与基质持水能力关系密切，同样容积、基质相同的情况下，高的容器因受重力关系排水量大、失水较快，矮的容器排水量小、失水较慢；这同时也直接影响了基质中的空气孔隙，因为这两个因素是相互影响的（大多数商业基质装在 15 cm 盆内时，至少有 20% 的空气孔隙，但如果把同样的基质装入 288 穴盘中时，空气孔隙降低到 2%～4%）。这里可以把基质比作海绵，吸水后的海绵水平放置时，从底面流出的水很少（图 2-3-1A）；若将海绵的一边朝下，排水量增加（图 2-3-1B）；把海绵垂直竖起来，这时底面单位面积水柱达到最高，排水量最多（图 2-3-1C）。

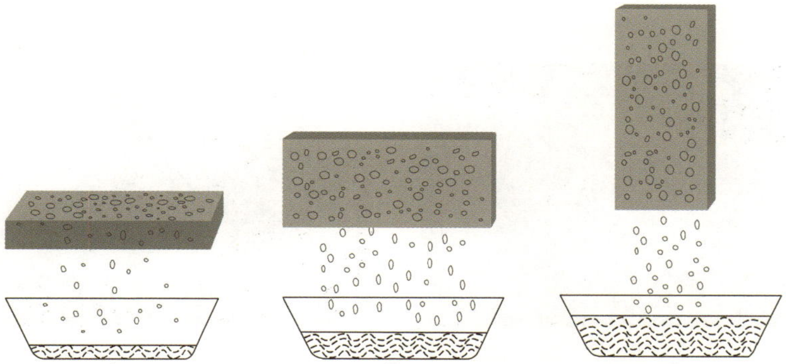


图2-3-1 重力对海绵排水性影响的演示
（摘自：Fonteno, Know your media, Grower Talks.）

（2）基质。根据生产花卉的需求和生产实际情况确定基质配方［本实训中可选用较为经济且效果较好的泥炭、珍珠岩比例为（3～4）：1 的配方，其中需添加有机肥，肥料添加量根据使用说明添加］。为使新旧基质浇水后不会产生空气隔层，而造成无法浇透水的情况，需要将基质提前湿润；若为人工搅拌基质，最好将不同基质分层堆叠后再搅拌，如此容易混合均匀（图 2-3-2）。

图2-3-2 不同基质分层堆叠

（3）选取种苗。

上盆的种苗应选择整齐度好、根系活力强、耐长途运输、抗逆性强、缓苗期短的优质穴盘苗，这是生产高品质成品花最根本的保证。优质穴盘苗的标准如下：

① 种苗植株健壮，茎叶无黄斑、褐斑或黑色斑点，无病虫害。

② 种苗植株颜色正常，一般呈深绿色。若植株本身呈淡绿色或其他色泽，其颜色要正。

③ 同品种同批次的穴盘苗的高度相差不能超过 10%，高度一般不应高于 4 cm。

④ 根系白净，无黑褐斑点，并且要充满整个穴孔，即不论何种大小的穴盘，苗的根部要把穴孔内的基质包满。

⑤ 苗的茎要粗壮，整个植株要硬，不能太软。

⑥ 子叶健壮，颜色为绿色。

⑦ 一般种苗应有 4 ～ 6 片的真叶。

⑧ 顶芽正常，除四季海棠、洋凤仙等少数种类外，一般种苗都不能带有显色花苞。

⑨ 种苗要经过炼苗期。

（4）起苗（适用于穴盘苗）。当穴盘苗根系盘满基质外侧表面时即可起出（图 2–3–3）；在起苗前一天如无特殊情况最好不要浇水，否则基质过湿种苗很难完整起出；起出的穴盘苗不可堆放挤压在一起，否则会造成根系损伤、基质散落（图 2–3–4），应将起出的穴盘苗同一朝向并排侧放于方形育苗盘内（图 2–3–5）；可以利用起苗器（图 2–3–6）、木棒或筷子从穴盘底孔将穴盘苗起出，尽量不要直接将苗拔出或挤捏穴盘底部；起出的苗当天必须全部上盆。

图2-3-3　可起苗上盆的穴盘苗

图2-3-4　穴盘苗错误摆放

图2-3-5　穴盘苗的正确摆放方法

（5）脱盆（适用于半成品苗）。将需要换盆的半成品小苗从容器中取出，先用手轻捏容器的四周和底部，使其内部基质与盆分离，用力一定要适当均匀，避免容器内土团散开或根系受损，然后用手指轻捏根茎处，匀速匀力、缓慢地将苗体提出；为减少病原，提高品质，应及时摘除植株上的黄病叶、枯叶、死叶，并集中处理。

（6）上盆与换盆。

① 去除穴盘苗或半成品苗基质表面的青苔及板结部分（图 2-3-7）。

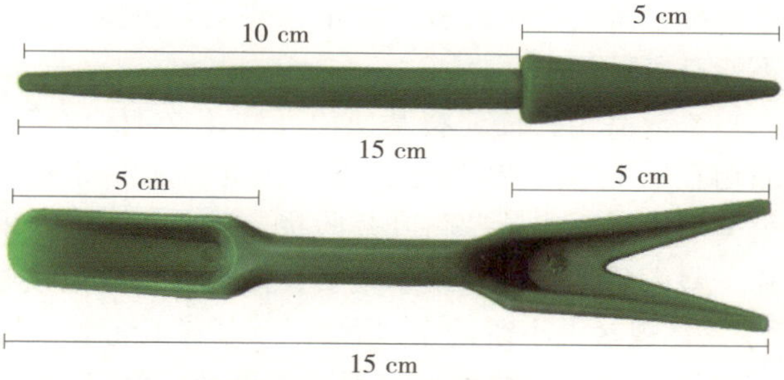


图2-3-6 起苗器与打孔器

图2-3-7 去除青苔

② 将植株置于盆的中央（图 2-3-8）。

图2-3-8 植株位于栽培容器中央

③ 种植深浅适度，一般与原表面齐平即可，不得过深掩埋苗基部分枝部位，或过浅导致苗摇晃倒伏。栽好后需适度压实基质，使基质与根系紧密结合，若过于紧实则会影响基质透气性，若过于松散则基质会在浇水后塌沉，浇水时也易将基质冲出。

穴盘苗：在花盆基质中央用工具打开一个穴（一盆多苗则按栽培需求开栽培穴），容积与所要移栽穴盘苗的根部相符，然后将穴盘苗端正地栽入其中，要求不窝根，苗体移出和移入过程均要轻夹根茎处，不能折损叶片，更不能拿捏根系部位，以免造成根部土团的散落和根系的受损，栽入后根部要全方位接触盆内基质，中间不能有可见间隙。

半成品苗：需先将基质填充到花盆 1/3 位置，然后将半成品苗摆放其中，要求高度适中、苗体地上部分端正，而后填土，填土时要求手掌将叶片收拢，避免折损叶片和基质污染叶片，栽入后需将新基质压紧实，使根部全方位接触盆内基质。

④ 视盆大小留适当“沿口”，以利于浇水。“沿口”深度需根据盆器大小、植物大小而适当调整；“沿口”过深易造成幼苗接受光照少、通风不良、生长缓慢、徒长等状况，过浅则无法进行正常的肥水管理；通常生产用盆都会留有深度较为合适的沿口标记（盆沿以下最突出的位置）（图 2–3–9）。

图2-3-9 生产用盆沿口

（7）换盆后浇透水。刚上盆的小苗，植株还不稳定，盆土疏松，浇水时水流量一定要小，以不冲起基质为宜，需浇水两次。浇水时水管头贴近盆土表面，然后正反向均匀地各转一圈。到了植株冠幅盖满盆时或叶片较多时，基质已经被根系固定牢了，可以加大水流量，提高浇水的速度，这时水管转动的角度在 90° ～ 120° 之间，当水流量适宜时，只要水面达到盆沿即可。浇后应检查基质是否有塌沉、种苗是否倾斜或被掩埋，若有则需及时进行相应处理。

（8）摆放。

① 在搬动、运输、摆放的过程中，可采用运苗车运输，尽量避免基质撒漏，花盆倾倒，而造成种苗损伤、盆中基质量不均匀和生产资料的浪费。见图 2–3–10、图 2–3–11。

图2-3-10 方形苗盘作为半成品苗搬运容器

图2-3-11 运苗车

② 盆栽间距的调整，必须遵守保证生长空间、充分利用空间的原则。不可拥挤而造成徒长，也不可过大而浪费温室空间，降低单位面积产量。当调整间距需要的空间不足时，应上报有关领导决定。垂吊花卉需盆底垫高，并适当拉大间距（图 2–3–12）。

③ 花卉摆放应整齐美观，间距适度，便于管理。如高矮不齐时，应内高外低，摆成拱形的冠面。

④ 品质分级：对于各种因素造成的花卉品质差异，应及时调整，将不同品质的花卉分类集中，便于日常管理和销售分级。

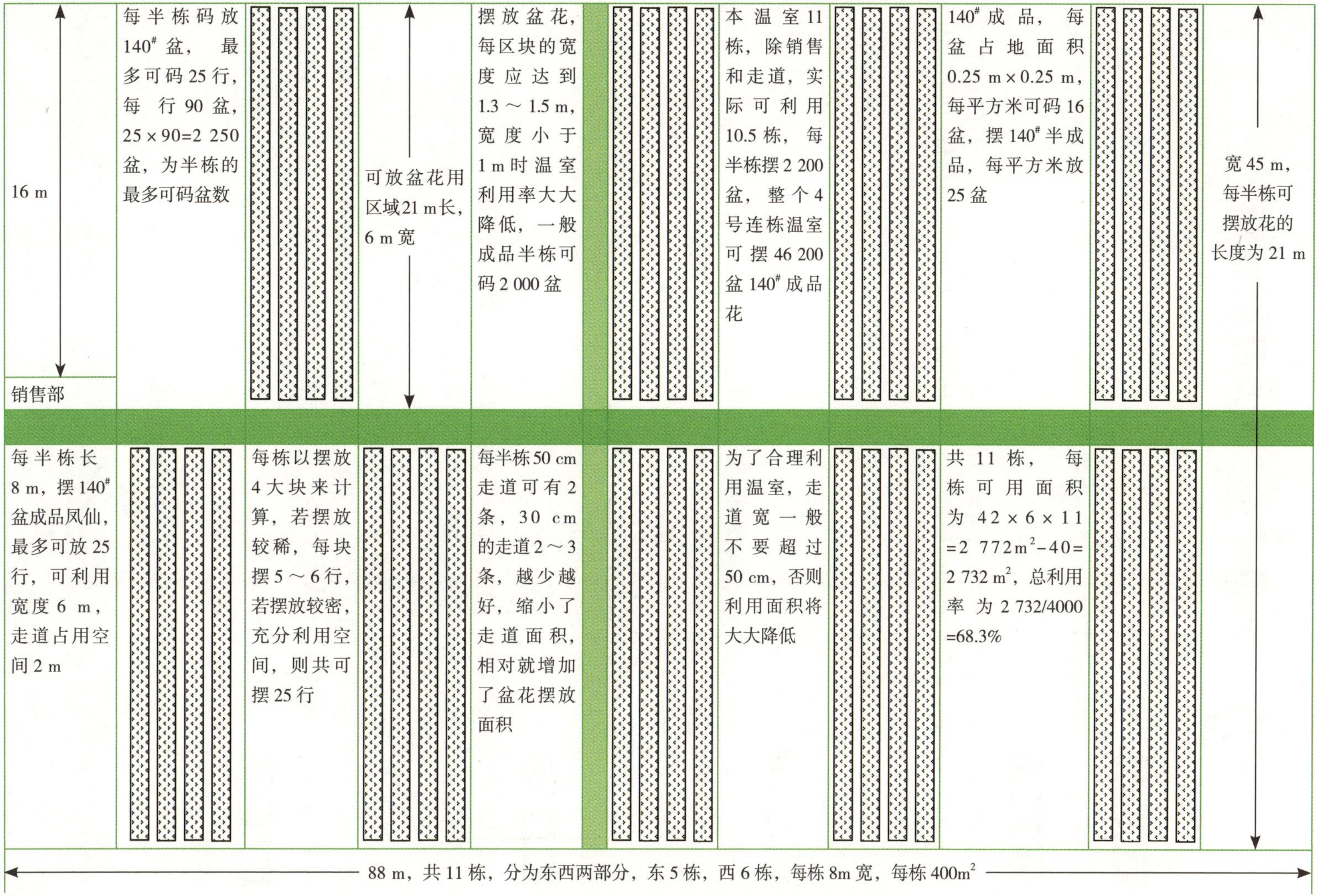


图2-3-12　温室花卉摆放规划表

# 任务 2.4　花卉扦插育苗

## 实训目标

掌握花卉生产中扦插育苗的方法和技术要点。

## 任务描述

小李 10 月份接到一份新订单，为某公司在 12 月份前一次性生产出 2 万株新几内亚凤仙扦插穴盘苗，使用 128 孔穴盘进行扦插生产，扦插成活率为 95%，请你帮助小李制定详细的扦插方案和资材采购方案（基质、穴盘、药剂、工具等）。前提条件：小李已拥有足够量新几内亚凤仙母株供采集插穗；有配备喷雾设施的温室及生产空间；有足够量临时工进行采穗及扦插生产。

## 职场体验

1. 教师讲授本任务实训的内容及其相关知识要点；
2. 把全班同学分组，每组 6 ～ 8 人，以小组为单位进行实训；
3. 将待扦插的母株分发给各组，请各组同学进行扦插操作；
4. 学生后期养护，1 个月后统计成活率；
5. 教师考核，考核评分标准如表 2–4–1 所示。

## 实训材料

128 孔穴盘、50 孔穴盘、10 L 水桶、铁锹、草炭、珍珠岩、多菌灵、手术刀、剪刀、可喷雾的扦插床或沙床、塑料薄膜、细雾喷头、遮阳网、医用酒精、一次性硬塑料杯、育苗盘、生根剂、标签、起苗器或筷子。

典型实训花卉种类：常规（长春花、小菊、紫鸭跖草、鹅掌柴）、多浆类 / 肉质茎（新几内亚凤仙、重瓣长寿花、蟹爪兰、豆瓣绿、碰碰香、木本马齿苋）、藤本（金鱼藤、口红、绿萝、锦屏藤、西番莲、常春藤）、蕨类（翠云草）、木本（六月雪、金雀花、迷迭香）。

## 成绩考核

评分标准见表 2–4–1。

**表 2–4–1　花卉扦插育苗考核评分标准**

姓名:________________　　班级:________________　　时间:________________

| 项目编号 | 考核内容 | 考核标准 | 标准分值 | 实际得分 | 综合评价 |
|---|---|---|---|---|---|
| 花卉扦插技术 | 实训态度 | 实训认真，积极主动，操作仔细，认真记录 | 20 | | |
| | 插穗的选择 | 能正确选取优质插穗，长短适中 | 10 | | |

续表 2-4-1

| 项目编号 | 考核内容 | 考核标准 | 标准分值 | 实际得分 | 综合评价 |
|---|---|---|---|---|---|
| 花卉扦插技术 | 插穗的剪切和处理 | 剪切伤口小，损伤少，且对工具进行了及时消毒，插穗符合扦插要求 | 10 | | |
| | 生根剂的处理 | 生根剂的种类选取正确，剂量和处理时间适当 | 5 | | |
| | 基质准备 | 根据花卉种类选择不同的扦插基质 | 10 | | |
| | | 穴盘填料紧实有度 | 5 | | |
| | 扦插 | 根据花卉种类选择不同的扦插方式 | 10 | | |
| | | 扦插位置准确，深度适中 | 5 | | |
| | | 生根部位与基质紧密接触 | 5 | | |
| | 淋水，放置 | 水量适中、出水强度适中，放置有序、位置合理 | 5 | | |
| | 扦插后的管理 | 扦插后温度、光照、水肥、湿度等因素控制合理 | 5 | | |
| | 扦插成活率 | 扦插成活率（根据扦插材料难易程度评判） | 10 | | |
| 合计 | | | 100 | | |

考评教师（签名）：______________

## 知识点拨

### ◆ 1 基本概念

扦插：属于无性繁殖，是指利用植物的营养器官（根、茎、叶等）进行扦插进而形成独立植株的繁殖方法。

扦插的生根方式：愈伤组织生根（图 2-4-1）、皮部生根（图 2-4-2）、混合型等。

图2-4-1 愈伤组织生根

图2-4-2 皮部生根

### ◆ 2 技术要点

（1）确定花卉相关信息：① 花卉品种、颜色等；② 扦插前需要根据预扩繁花卉的生根方式制定扦插方案。

（2）品种标识：花卉种苗生产必须对所繁殖的品种加以标识，避免品种混杂，可将信息制作为标签（需用防水耐晒的材料制作，标明种苗种类、品种、系列、颜色、扦插时间和操作人），贴于穴盘边侧立面。另附插牌标签，要注意核对，保证准确无误；若为扦插床繁殖，不可不同品种混插，应分区扦插，并设立品种标识牌。

（3）选择扦插容器：根据生产目的及材料选择穴盘或扦插床；穴盘需要进行清洗和消毒（多菌灵 600～1 000 倍浸泡清洗）；苗床可用高锰酸钾消毒液等提前消毒。苗床消毒的具体方法为：将 50% 多菌灵粉剂 50 g 均匀拌入 1 $m^3$ 基质内，用薄膜覆盖 3～4 d，揭膜 1 周后可用；在扦插前用 25% 多菌灵可湿性粉剂 500 倍液浇灌苗床消毒，24 h 后扦插；用 0.5% 的高锰酸钾溶液 50 mL/$m^2$ 加水稀释喷洒，塑料薄膜覆盖密封 3～5 h。

（4）基质：扦插基质需排水透气性良好，清洁无菌。扦插基质泥炭与珍珠岩比例为（3～4）：1；扦插育苗中基质不可施用基肥，尤其是有机肥。

（5）填料：技术要求与穴盘播种育苗填料一致，请参考任务 2.2。

（6）打孔：利用打孔器打孔（扁孔或圆孔），一般孔深度应达穴盘深度的 2/3，但还根据具体扦插材料的长度、形状、习性等进行调整（图 2–4–3）。

图2-4-3　打孔器及其打孔效果

（7）采穗：① 母株是扦插繁殖材料的来源，保留母株必须明确分清品种；② 保留母株的栽培条件应严格按照技术要求，保持旺盛的营养生长状态，不可进入生殖生长状态，以保证提供优质插穗；③ 保留母株在栽培中应严格控制病虫害的发生，以提供健康插穗；④ 插穗采自当年生的、发育充实而尚未木质化的半成熟枝条，一般选取枝梢部分做插穗，其组织以成熟度适中为宜；⑤ 插穗应随采随插，如需大批采集时，必须用湿布或者麻袋包裹，置冷凉处，避免失水萎蔫；⑥ 采穗工具要求使用锋利的刀片或剪刀，且采穗时为了避免病菌交叉感染，每采一株需用医用酒精消毒一次；⑦ 肉质茎的花卉（如新几内亚凤仙等），采穗工具最好选用手术刀或美工刀片，避免将切口部位的组织挤烂而失去活性；⑧ 用整形修剪下来的枝条扦插，插穗的剪取也要分级：嫩些的枝条视为同一级，木质化高些的视为同一级；⑨ 同一个批次的扦插穗条要选择木质化程度相同，生长部位相近的枝条，不同花卉品种的具体剪取长度也应不同，应根据实际经验进行剪取。

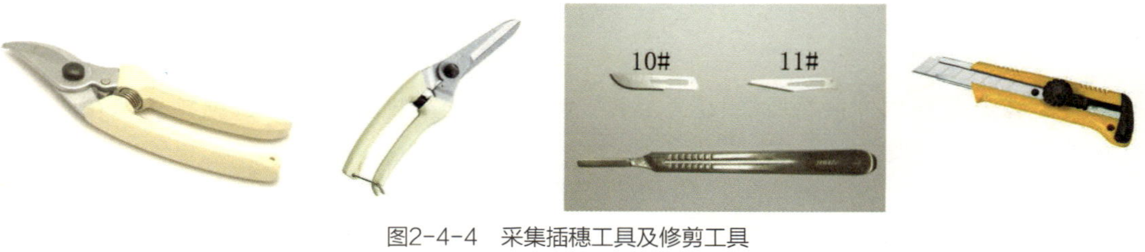


图2-4-4　采集插穗工具及修剪工具

（8）插穗修剪：① 每个插穗一般长度 8～10 cm，保留 1～3 个成熟叶片，叶片过大时剪除部分；② 插穗顶端剪为平口，距离第一片叶片 1～1.5 cm（避免茎秆干枯或病害损伤芽体），插穗底端若为木本则留为斜口，草本植物则留为平口；③ 多余叶片应剪掉，可留部分叶柄在插穗上，插穗生根后叶柄会自行脱落，切忌不可拽下叶片，否则容易造成不必要的伤口而增加病害侵染的可能性；④ 修剪插穗时，请注意插穗上下朝向；⑤ 很多花卉都易在节部生根，因此插穗下端应在节下剪，每个插穗至少保证有 1 个节可埋入基质中；⑥ 插穗较多时，可每 50～100 个插穗扎成一捆，便于移动和药剂处理；⑦ 修剪插穗时需及时利用医用酒精消毒；⑧ 在空气湿度大的条件下，可保留较多叶片，而在空气干燥的情况下，应减少叶片。

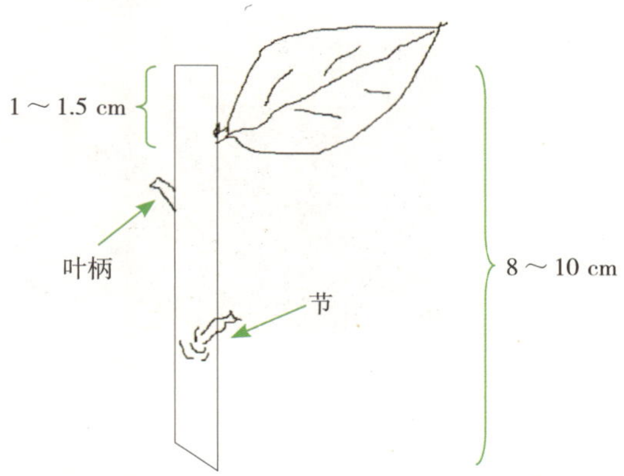

图2-4-5　插穗示意图

（9）激素处理：为促使生根，扦插时应用激素对插穗进行基部速蘸处理或浸泡插穗处理。激素种类、浓度必须按照要求配制，不得随意更改。教学中一般采用“国光生根剂”。要根据插穗的木质化程度、生根部位和方式确定生根剂浓度及浸泡时间。通常插穗木质化程度越低，浸泡时间越短，使用的生根剂浓度也越低。

（10）扦插：插入基质的深度以插穗能稳定直立为度，应注意疏密适当，尽量使叶片朝向整齐一致，不要让叶片遮蔽顶芽，或叶片互搭（图 2-4-6）；需要用工具事先打孔，避免插穗损伤；若为愈伤组织或皮部生根，则使伤口与基质紧密接触；若为节部生根，则应使插穗最下面的节部埋入基质中；插穗插入基质后应将基质轻压，保证插穗与基质紧密接触（图 2-4-7），若轻压后基质下沉过大则需补充（图 2-4-8）；扦插完成后根据花卉品种贴好标签，注明扦插日期、扦插人、品种名称、颜色等。

图2-4-6　扦插时叶片朝向（左：正确，朝向一致，叶片无遮挡；右：错误，叶片互相遮挡）

**思政花园**

春风先发苑中梅，樱杏桃梨次第开。荠花榆荚深村里，亦道春风为我来。

——唐代：白居易《春风》

图2-4-7　使基质与插穗紧密接触

图2-4-8　补充基质

（11）水分管理：扦插成活的关键是尽可能给予插穗饱和空气湿度，避免枝叶失水。当发现叶片萎蔫时，应立即以喷雾方式补充水分。尤其要注意，过高的基质湿度会使插穗基部缺氧，导致腐烂，因此需定时观察生长状态。扦插完成后移至扦插床，开喷灌设施为扦插苗浇透水（图 2-4-9），注意不可水流过大造成插穗倒伏或被冲泡。多肉多浆类植物扦插后 7～10 d 不可浇水或喷水，扦插前应提前将基质湿润。扦插好的穴盘整齐摆放于扦插床上后，利用塑料膜制作小棚，保温保湿，若在夏季扦插需遮盖遮阳网。部分花卉（如长寿花、豆瓣绿）生根速度快，不需要塑料棚膜。

图2-4-9　绿萝扦插喷水

（12）植保。由于在扦插过程中的高温高湿条件下极易病害发生，需要高度重视扦插基质、容器、工具（剪刀、刀片）的消毒，并在操作过程中保持清洁，避免再度污染。扦插后要经常巡视，及时清除病叶和腐烂植株，防止病害蔓延。

（13）温度。最适扦插基质的温度为 22～24℃，空气温度为 21～23℃，如果温度过低，生根就会过于缓慢。

## ◆ 3　特殊扦插方式

（1）翠云草扦插：由于翠云草的特殊性，需先将翠云草在育苗盘中扦插，待扦插成活后再上盆。将翠云草剪成 8～10 cm 的插穗，浸泡生根剂，然后一层基质一层插穗倾斜扦插于育苗盘中（图 2-4-10、图 2-4-11），20 d 左右即可分块上盆。

图2-4-10 翠云草及其插穗

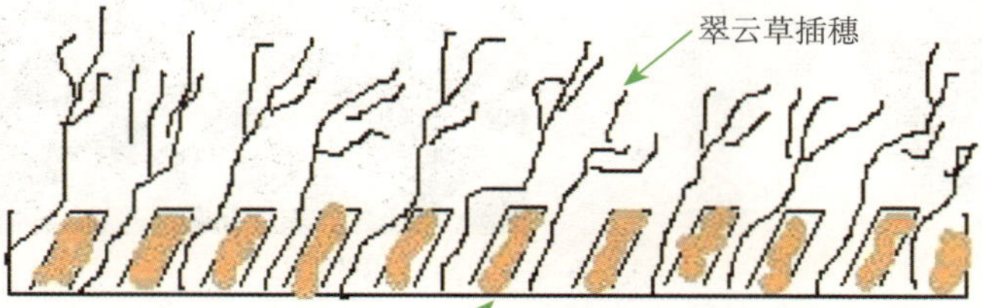


图2-4-11 翠云草扦插示意图

（2）多肉叶插。

① 挑选叶片：可自叶生芽的多肉叶片；叶片要选成熟健康、发育充实且无病虫害的，枯叶、黄叶、嫩叶不可选；摘取叶片前需对植株控水几日，待植株稍变软时再摘取较为容易，且成活率较高；摘叶子时用手捏住叶片，然后转一个圈，叶子自然会完整落下。

② 可用于多肉叶插的基质种类和配方较多，常用的有泥炭、蛭石、珍珠岩、赤玉土等；叶插前，基质表面要平整，可稍润湿。

③ 扦插：多肉叶插，是将叶子平放在基质上，叶片弓面朝上（图 2–4–12）。

图2-4-12 叶片弓面朝上平放

④ 插后管理：叶片扦插完毕需尽量不要直晒阳光，应置于通风好的地方；此期间尽量不要浇水，否则叶片容易腐烂。

⑤ 因品种不同，叶片萌发时，有的品种先长植株后发育根，有的品种则相反；生根后，可适当用基质将根部掩埋，以促进根系发育，但不可掩埋过深；母叶给予新芽营养，没有母叶的新芽往往长得很慢，因此在母叶枯萎前不可摘除；当母叶枯萎时即可上盆；待有根长出后即可开始适量浇水，以促进植株生长发育。见图 2–4–13、图 2–4–14。

图2-4-13　叶插效果图

图2-4-14　母叶枯萎

# 任务 2.5　花卉整形修剪

## 实训目标

能够根据不同花卉特点及成品花要求进行整形处理，并能够结合去蕾、扦插等工作进行。

## 任务描述

小李生产的新几内亚凤仙已经由 9 cm 盆换入 14 cm 盆 1 个月，现在已经开花旺盛，但是冠径生长较为缓慢，仅有 18 cm 左右，而客户要求成品花冠径要达到 25 cm 以上合格。请你分析小李栽培过程中出现的问题，并提出解决方案。

## 职场体验

1. 教师讲授本任务实训的内容及其相关知识要点；

2. 把全班同学分组，每组 6～8 人，以小组为单位进行实训；

3. 将待整形修剪的花卉按区域分发给各组，请各组同学根据花卉特点进行整形修剪操作；

4. 教师考核，考核评分标准如表 2–5–1 所示。

## 实训材料

手术刀 / 剪刀、医用酒精、一次性橡胶指套、一次性纸杯、普通水桶、长春花苗（垂吊、直立）、新几内亚凤仙、小型喷雾器、小垃圾桶、花多多。

## 成绩考核

**表 2–5–1　花卉整形修剪考核评分标准**

姓名:________________　　　　班级:________________　　　　时间:________________

| 项目编号 | 考核内容 | 考核标准 | 标准分值 | 实际得分 | 综合评价 |
|---|---|---|---|---|---|
| 摘心修剪去蕾 | 实训态度 | 实训认真，积极主动，操作仔细，认真记录，不损坏或浪费实训材料，操作完成后将器材归位，垃圾集中妥善处理，处理完的盆栽重新摆放整齐 | 20 | | |
| | 摘心修剪目的确定 | 明确植株整形目的（控制花期、控制株型、美观等） | 10 | | |
| | 摘心修剪方法 | 重度适当 | 10 | | |
| | | 消毒准确及时 | 10 | | |
| | | 熟练使用修剪工具 | 5 | | |
| | | 能够结合扦插进行 | 10 | | |
| | 摘心修剪对象的确定 | 结合摘心修剪去除病枝、枯死枝，有效去除花蕾、竞争枝、密枝，或去除顶端优势促进分枝，以加快种苗、半成品及成品苗的生产 | 20 | | |
| | 修剪技术 | 剪口位置正确 | 5 | | |
| | | 剪口平滑无毛茬、无挤压 | 5 | | |
| | | 留枝量合适 | 5 | | |
| 合计 | | | 100 | | |

考评教师（签名）:______________

## 知识点拨

### ◆ 1　基本概念

整形：指根据植物生长发育特性和人们观赏与生产的需要，对植物施行一定的技术措施以培养出所需要的结构和形态的一种技术。

修剪：指对植物的某些器官（茎、枝、芽、叶、花、果、根）进行部分疏删和剪截的操作。

虽然两者有着不同含义，但实际生产中两者密切联系，是统一于一定栽培管理目的要求之下的技术措施。整形是通过修剪技术来完成的，修剪又是在整形的基础上而实行的。一般在植物幼年期以整形为主，当冠形骨架基本形成后，则以修剪为主，但任何修剪操作都须有整形概念。

## ◆ 2 修剪整形的目的

花卉通过合理的修剪整形，可以使植株造型优美整齐，层次分明，高低适中，枝叶稀密调配适当，从而提高花卉的观赏价值。不仅如此，通过及时剪去不必要的枝条（病枝、弱枝、过密枝叶），可以节省养分，调整长势，改善通风透光条件，借以调整和控制花木生长发育，促使其生长健壮，花多果硕，减少病虫害。

若不及时进行修剪整形，花卉基部容易萌生枝条，而造成营养分散，枝干比例失调，并常易出现顶端枝叶茂盛，下部“光腿”的现象，或花量减少，开花部位移向枝端，影响花卉观赏价值。

图2-5-1 垂吊长春花修剪整形对比图（左：未修剪；右：经修剪）

## ◆ 3 花卉修剪的各种方式

### 3.1 摘心

摘心：是指将植株主枝和侧枝上的顶芽摘除。

摘心目的及注意事项：①均衡各分枝长势，控制高度，以形成紧凑丰满的株型；②促进基部分枝；③增加着花部位和数量；④花期控制，可推迟花期或促使其再次开花，为此进行的作业必须严格按照规定的方法、时间完成，避免花期延误（如：新几内亚凤仙摘心一次延迟3周花期）；⑤管理人员必须细致观察了解，摘心对结果的影响，未达到目的则需再次完善；⑥当扦插苗或播种实生苗真叶有6～8片时，可及时摘心并去除多余的叶片，根据实际苗况留下真叶4～6片，促使分枝，摘心后喷施叶面肥一次；若条件允许，可结合扦插生产进行摘心，摘取顶芽长度6～8 cm。

需要进行摘心的花卉有：白网纹草、冷水花、豆瓣绿、国菊、大丽花、四季海棠、一串红、百日草、翠菊、金鱼草、矮牵牛、倒挂金钟、天竺葵等；但是并非所有种类花卉都需要摘心，如：植株低矮，自然分枝多且紧凑的三色堇、雏菊、石竹等，主茎上着花多且朵大、摘心后会使花朵变小或不能开花的重瓣向日葵、鸡冠花、醉蝶花、凤仙花、虞美人、水仙等，以及要求尽早开花的花卉。

**【案例】**

（1）国庆节开花的一串红，应在 8 月下旬进行最后一次摘心；需在国庆节开花的早菊，要在 7 月上、中旬进行最后一次摘心。

（2）垂吊矮牵牛通常生产中只需摘心一次即可，否则修剪过多会造成中间透气性差，叶片和花变小、“秃头”等状况。

图2-5-2　垂吊矮牵牛正常摘心与摘心次数过多情况对比

（3）长春花摘心：一般长春花 4 ～ 6 对真叶时（10 ～ 12 cm）开始摘心，可发新芽 4 个，新梢长出 2 ～ 3 对叶时（第一次摘心后 15 ～ 20 d）进行第二次摘心，摘心最好不超过 3 次（超过 3 次摘心会影响开花质量）。长春花最后一次摘心直接影响开花期，一般秋季（国庆节用花）最后一次摘心距初花期 25 d，夏季（劳动节、建军节用花）最后一次摘心比秋季提前 3 ～ 5 d。

图2-5-3　长春花第一次摘心生长效果

（4）长寿花摘心：通常是在扦插成活后 1 个月左右，当植株长到 6～8 cm，4～5 对叶片时即可结合扦插摘心，需留 2～3 对叶片，以保证萌发侧枝的数量。

图2-5-4　长寿花摘心效果

### 3.2　抹芽

抹芽：是指剥去过多的腋芽或挖掉脚芽。如菊花、牡丹等。

抹芽能限制枝数的增加、徒长枝的生长或过多花朵的发生，使营养相对集中。

【**案例**】新几内亚凤仙容易在基部萌发枝条，需定期结合扦插生产进行抹芽操作。

图2-5-5　新几内亚凤仙基本萌芽

### 3.3　折梢、捻梢

折梢是将新梢折曲，但仍保持连接，使先端依旧生存。捻梢是指将梢捻转。此类技术均可抑制新梢徒长，促进花芽分化。牵牛、茑萝等常用此方法修剪。

### 3.4　曲枝

为使枝条生长均衡，将长势过旺的枝条向侧方压曲，将长势弱的枝条顺直，即通过对枝条或新梢进行弯曲、缚扎或扶立等措施，控制该枝梢或其上芽的萌发，达到抑强扶弱的效果，也可用来将花木塑造成各种艺术造型。如大丽菊、一品红等。

### 3.5　剥蕾

剥蕾：指去掉植株上的花蕾的操作技术。

剥蕾目的及注意事项：①将侧蕾、副蕾摘除，使营养集中到顶蕾或主花蕾，以保证花朵品质，如芍药、牡丹、菊花等；②延迟或调控花期，促进植株株型更加丰满；③采穗母株的培育，避免花蕾过度消耗植株自身营养；④若苗达不到成品花规格需要进行剥蕾工作，以促进植株营养生长；⑤手经酒精消毒后可直接摘除花蕾，注意要将准备摘除的花蕾去除干净但不可伤到芽体。

**【案例】**当新几内亚凤仙、仙客来等花卉未达到成品花销售规格之前，每 15 ～ 20 d 需要进行剥蕾操作，以促进株型尽快达到成品花规格，达到销售规格后即可不再剥蕾。新几内亚凤仙花蕾全部集中于枝端叶丛中，剥蕾时需注意不可伤到叶片和顶芽（图 2-5-6）；仙客来花蕾全部集中于叶丛下方的球根附近，剥蕾时需注意不可误剥幼叶，不可伤害生长点，过小且不易操作的花蕾可待长大些再去除（图 2-5-7）。

图2-5-6　新几内亚凤仙花蕾位置

图2-5-7　仙客来花蕾位置

### 3.6　摘叶

摘叶是指在植株生长过程中，适当剪除部分叶片，通过摘叶可促进新陈代谢，促进新芽萌发，减少水分蒸腾，使植株整齐美观；有利于植株内部的通风透光和生长，如天竺葵摘除老叶和过密的叶片。

### 3.7　剪除残花

①对不需要结种子的花卉，如：杜鹃、月季、朱顶红等，花开过后需及时摘掉残花，剪除花葶，可节省养分；部分花卉剪除残花可促使萌发侧枝和侧枝的开花，如百日草；②残花会降低花卉观赏价值，则需要剪除；③部分花卉残花不易自行脱落，会增加病虫害

发病概率，尤其是在温室生产时，则需人工及时摘除；④主要观赏叶片（色彩、形态等）的花卉，在出现花序时，要及时摘去，以减少养分的消耗，有利于叶片的生长，如彩叶草、豆瓣绿等；⑤香雪球、金鱼草等花卉剪去残花后，可延长开花的时间；⑥部分花卉花序会发出令人不愉快的气味，出现花序后应及时摘去，如紫鹅绒。

### 3.8 剪根

盆栽花卉换盆时也应将多余的和卷曲的根适当进行疏剪，可促使萌发更多的须根。

### 3.9 修枝

剪除枯枝、病弱枝、交叉枝、过密枝、徒长枝等，分重剪和轻剪两种。重剪是将枝条由基部剪除或剪去枝条的 2/3 部分，轻剪是将枝条剪去 1/3 部分。通过修枝，可促使花木产生更多的中短枝条，使其在入冬前充分木质化，形成充实饱满的腋芽和花芽。花卉冬季休眠期时用重剪方法较多（月季），生长期的修剪用轻剪方法较多。有些花卉在丧失观赏效果，或植株生长势变得衰弱时，需进行重剪更新，如白网纹草、紫叶鸭跖草、冷水花、豆瓣绿等；萌芽力强的植物应多剪，重剪；萌芽力差的应少剪，轻剪；修剪要本着“留外不留内，留直不留横”的原则，剪去病枯枝、细弱枝、徒长枝、交叉枝，剪口处的芽向外侧生长，剪口不能离芽太近，否则芽易失水干枯。

### 3.10 摘果

为了使枝条生长充实，避免养分消耗过多，可将幼果摘除；为了获得大而品质好的果实，可进行疏果；有时为了使花朵能连续开放，也常将果实摘除；容易结实的花卉品种（非洲凤仙、长春花等），为了不影响观花效果，需及时进行摘果。

### 3.11 造型

（1）观叶植物“T”形修剪：所谓“T”式标准株形，是指叶子只生长在主干顶部，主干其他部位（顶部以下）并无叶片生长，植株形成一种伞状的生长势，侧观好似英文字母“T”的形状。对于某些高大的木本类观叶植物，修剪成“T”式株形装饰效果更好，植株显得格外挺拔而潇洒，比如幸福树等。

图 2-5-8 “T”形幸福树

（2）铁丝牵引整姿法：对于匍匐蔓性的植物可用铁丝或绳索等牵引，使之长成形如心形、圆形、角锥形、花篮形以及动物形。其中蔓茎粗细不同的植物适于造型整姿的形状不同，如比较粗壮的造型整姿为塔形或角锥形较为适宜，这样显得壮观；比较细密的则适于造型整姿为心形或花篮形（图 2-5-9）。

（3）编绞主干整姿法：这是一种发挥植物茎干美的造型技巧，并综合运用单干树形整姿技巧，将主干编绞成螺旋干状造型，如垂榕、马拉巴栗（发财树）等（图 2–5–10）。

图2-5-9 铁丝牵引整姿法（左：铁线莲，右：牵牛花）

图2-5-10 编绞主干的发财树

（4）单干式：只留主干，不留侧枝，通过除芽、修枝使顶端只开 1 朵花，此形式仅用于大丽花及菊花的标本菊整形（图 2–5–11）。

图2-5-11 标本菊

（5）多干式：即一棵植株保留数根强弱程度均等的枝条并开出数朵花，如多头菊、大丽花和一品红等（图 2–5–12）。

图2-5-12 多干式造型方式

# 任务 2.6 花期调控

## 实训目标

1. 使学生掌握花卉生产中的花期调控技术；

2. 能够根据不同的花卉确定相应的花期调控方法。

## 任务描述

时间已到 12 月，小李生产的重瓣长寿花，已孕育花蕾，但是小李觉得一年只能销售一季，无法实现利润最大化，她打算来年生产中对重瓣长寿花进行花期调控处理，使其在劳动节、国庆节、圣诞节、春节四个时段上市销售，请你为小李制定一套可行的生产方案和技术措施。

## 职场体验

1. 教师讲授本任务实训的内容及其相关知识要点；

2. 把全班同学分组，每组 6 ～ 8 人，以小组为单位进行实训；

3. 每组分发待进行花期调控的花卉 100 盆，请各组同学根据该花卉的成花条件设计花期调控方案，并进行花期调控操作及后期管理，直至开花；

4. 教师考核。考核评分标准如表 2-6-1 所示；

5. 教学建议：让学生进行花期调控应选择可控性强的花卉品种进行，如一品红（短日照）、重瓣长寿花（短日照）、牡丹（激素）；待调控品种不必进行授课及指导，学生可自行查阅资料制定催花方案；可建议学生进行花期调控时分为对照组和实验组；此项目持续时间长，教师需及时予以关注和指导。

## 实训材料

重瓣长寿花、一品红、牡丹、黑色塑料布、钢架、铁丝、喷雾扦插床、竹片、剪刀、钳子、矮壮素、赤霉素（浓度 200 ～ 500 mg/kg）、喷雾器、美工刀、白炽灯等。

## 成绩考核

**表 2-6-1 花期调控考核评分标准**

姓名：________________ 班级：________________ 时间：________________

| 项目 | 考核内容 | 考核标准 | 标准分值 | 实际得分 | 综合评价 |
|---|---|---|---|---|---|
| 花期调控技术 | 实训态度 | 实训认真，积极主动，操作仔细，认真记录 | 20 | | |
| | 处理方法 | 能够根据具体花卉选择促成或抑制栽培方法 | 20 | | |
| | | 促成栽培前期及过程中肥水管理得当 | 10 | | |

续表 2-6-1

| 项目 | 考核内容 | 考核标准 | 标准分值 | 实际得分 | 综合评价 |
|---|---|---|---|---|---|
| 花期调控技术 | 处理方法 | 1. 需连续处理的促成栽培，如短日照，光照控制方法准确，处理过程中无间断、无失误<br>2. 药剂处理，需浓度合理，涂抹位置合适、涂抹次数可按实际处理效果进行调整<br>3. 若为延迟花期，需摘心去蕾准确，消毒得当 | 30 | | |
| | | 促成栽培过程中温度、湿度等环境因素控制合理 | 20 | | |
| 合计 | | | 100 | | |

考评教师（签名）：______________

## 知识点拨

### 1 概念

花期调控：在花卉栽培中，采用人为措施控制花卉开花的时间的技术，称为促成、抑制栽培，又称催延花期。

### 2 花期调控的意义

可丰富不同季节的花卉种类，并能够满足特殊节日和花展布置的用花要求。

### 3 影响花芽分化的因素

（1）温度：温度的有效调节可打破休眠和莲座化、形成春化作用，并可影响植物生长速度，从而影响开花量及开花的早晚。

（2）光周期：光周期指的是一天中白天与黑夜时数交替，而植物的光周期现象则是植物对光周期的反应。根据成花因素对光周期需求的不同，可分为短日照花卉（一品红、孔雀草、秋菊、蟹爪兰）、长日照花卉（藿香蓟、龙胆）、日中性花卉（月季、香石竹、扶桑）。通过光周期现象调节开花的方法有遮光、补光等。

（3）生长调节物质：生长调节物质可代替低温打破休眠，可代替日照长度促进开花（赤霉素可促进短日照植物在长日照条件下开花），可促进或延迟开花[丁酰肼（比久）处理杜鹃可使花期延迟 10 d；萘乙酸处理菊花可使花期延迟]。

（4）开花前的营养生长，养分供应会对成花造成一定的影响。

（5）水分：高温干旱，常迫使一些花卉进入休眠，这时生长充实的部位就加速进行花芽分化，根据这个原理，可人为地进行干旱处理，调节生长，促使提早休眠，提早进行花芽分化，达到控制花期的目的（干旱胁迫条件下持续 2～3 周，宝巾花分化出花芽）。

### 4 调控措施

#### 4.1 调节温度

（1）增加温度：促进开花，如牡丹。

（2）低温诱导：球根花卉花芽分化需经低温进行春化处理，如铃兰于 10 月底，在 0.5℃下处理 3 周，然后进行 23℃的高温栽培，12 月中旬开花；麝香百合用于切花生产时用冷藏设备贮藏鳞茎，分批栽种，可周年供花。

（3）利用高海拔山地（800 ～ 1 000 m，建立花卉生产基地），如大花蕙兰生产在 6 ～ 10 月，如白天温度高于 30℃，夜间高于 20℃，则花序形成受到影响。而利用高海拔山地的冷凉气候，可达到其最佳成花温度和温差，即白天 20 ～ 25℃，夜间 15 ～ 20℃。

（4）花卉的温度处理要注意以下问题：

① 同种花卉的不同品种间感温性也存在着差异。

② 处理温度的高低，多依该品种的原产地或品种育成地的气候条件而不同。温度处理一般以 20℃以上为高温，15 ～ 20℃为中温，10 ℃以下为低温。

③ 处理温度也因栽培地的气候条件、采收时期、距上市时间的长短、球根的大小等而不同。

④ 温度处理的时期，即决定是在生长期处理还是在休眠期处理，应根据花卉的种类和品种特性来选择。

⑤ 温度处理的效果，因花卉的种类和处理的日数多少而异。

⑥ 多种花卉的花期控制需要同时进行温度和光照的综合处理，或在处理过程中先后采用几种处理措施才能达到预期的效果。

⑦ 处理中或处理后的栽培管理对花期控制的效果也有极大影响。

### 4.2 调节光照

（1）光照处理：长日照花卉在日照短的季节，用人工光源补充光照可提早开花，如长期给予短日照处理则抑制开花；短日照花卉，在长日照季节，进行遮光处理，能促进开花，相反，长期给予长日照处理则抑制开花。春天开花的花卉多为长日照花卉，秋天开花的花卉多为短日照花卉。①通常短日照植物的界限日照时数为 12 ～ 12.5 h，暗处理一般控制在 14 h；②不同花卉或品种处理时间都存在一定差异；③处理时温度一般应在 15℃以上，要求阳光充足、通风良好，若低于 15℃，则生长发育不良，品质下降。

（2）长日照处理：利用人工辅助照明，电照射等，如：①明期延长法（促成栽培）：日落或日出前补光，一般延长 5 ～ 6 h；②暗期中断法（抑制栽培）：在植株上方 1 m，平均 2 $m^2$ 区域挂一盏 60 W 的白炽灯，于夜间 22 时至凌晨 2 时开灯加光约 4 h，即可阻止花芽分化、延迟花期；③颠倒昼夜处理法：使晚上开花的花卉白天开放，如昙花当其花蕾长到 5 cm 以上时，可白天放在暗室中遮光，夜间 7 时到次晨 6 时用 100 W 强光照射，经 4 ～ 5 d 颠倒昼夜处理，就可使其在白天开放；④遮阴延长花开放时间：每朵花开放时间延迟 1 ～ 3 d。

（3）短日照处理：利用苗床或搭设支架，并使用遮光度 100% 的黑布制作暗室，遮光时间严格控制在 14 h，即晚上 8 时至次日 8 时，并连续不断 40 d。通常在花芽分化前一周增加 P、K 肥，降低 N 肥，可用一品红专用花多多 15-20-25 给予充足养分，并且夜温高于 15℃，有利于花芽分化，黑布后 8 ～ 10 周即可销售（一品红、长寿花）。

### 4.3 应用繁殖栽培技术

（1）调节播种期，如于“十一”国庆节上市，下列花卉的播种期如下（表 2-6-2）。

表 2-6-2　国庆节上市花卉播种时间表

| 品种 | 播种期 | 品种 | 播种期 | 品种 | 播种期 |
| --- | --- | --- | --- | --- | --- |
| 百子石榴 | 3 月中旬 | 翠菊 | 6 月中旬 | 万寿菊 | 6 月中旬 |
| 一串红 | 4 月初 | 圆绒鸡冠 | 6 月中旬 | 千日红 | 7 月上旬 |
| 半枝莲（摘心 2 次） | 5 月初 | 美女樱 | 6 月中旬 | 凤仙花 | 7 月上旬 |
| 马利筋 | 5 月下旬 | 银边翠 | 6 月中旬 | 百日草 | 7 月上旬 |
| 鸡冠花 | 6 月初 | 旱金莲 | 6 月中旬 | 孔雀草 | 7 月上旬 |
| 大花牵牛花 | 6 月中旬 | 鸟萝 | 6 月中旬 | 矮翠菊 | 7 月 20 日 |

（2）使用摘心、修剪、摘蕾、剥芽、摘叶、环剥等措施，调节植物生长速度，（如：一串红摘心、新几内亚凤仙摘蕾、长春花摘心等），通常摘心一次花期错后 3 周；同种处理措施对于不同花卉或同种花卉不同品种会产生不同的效果，因此，要根据花卉生长特性、栽培地的气候条件、距上市时间的长短等因素决定最后一次处理时间。

### 4.4　应用植物生长调节物质

如冬季为牡丹、芍药的休眠芽涂抹赤霉素（200 ～ 500 mg/kg），可打破休眠使其在春节开花。

### 4.5　干旱胁迫处理

将预处理花卉，预先精心养护，使植株及早停止营养生长，组织充实健壮。进行干旱处理的时间约在需其开花前 20 d 左右进行，方法是把植株放到室温 40℃以上的温室中，停止水分的供应，促使其萎蔫、落叶或人工摘叶。被处理的植株会提前进入休眠，一段时间后再放到较为凉爽的地方，予以喷水，就可使植株恢复生长而开花。

## ◆　5　花期调控注意事项

① 花卉种类和品种的选择：根据用花时间，首先要选择适宜的花卉种类和品种。一方面选择的花卉应充分满足市场的需要，另一方面应选择在用花时间比较容易开花的、且不需过多复杂处理的花卉种类，以节约时间，降低成本。 同种花卉的不同品种，对处理的反应也不同，甚至相差很大（如菊花的早花品种“南洋大白”短日照处理 50 d 开花；而晚花品种“佛见笑”则要处理 65 ～ 70 d 才能开花）。为了提早开花，应选择早花品种，若延迟开花宜选择晚花品种。

② 成熟程度：要选择生长健壮、能够开花的植株。依据商品质量的要求，植株必须达到一定的大小，经过处理后花的质量才有保证。如采用未经充分生长的植株进行处理，花的质量会降低甚至无法成花。一些多年生花卉需要达到一定的年龄后才能开花，处理时要选择达到开花年龄的植株处理。如郁金香的球茎要达到 12 g 以上、风信子鳞茎的直径要达到 8 cm 以上才能开花。

③ 处理设备和栽培技术：要有完善的处理设备如控温设备、补光设备及控光设备等。精细的栽培管理也十分必要。

# 任务 2.7 花卉分生繁殖技术

## 实训目标

1. 使学生掌握花卉生产中的分生繁殖技术；
2. 了解花卉分生繁殖技术在生产中的应用。

## 任务描述

小李栽培了一批一叶兰用于租摆绿化，由于照顾得当，两年后一叶兰已经生长过密，同时栽培容器也开始老化，导致了如图 2–7–1 所示的情况，降低了该批绿植的观赏性。因此，为了保证其观赏性和数量，小李决定为该批一叶兰进行分株。请你为小李制定一套可行的分株方案和技术措施。

## 职场体验

1. 教师讲授本任务实训的内容及其相关知识要点；
2. 把全班同学分组，每组 6～8 人，以小组为单位进行实训；
3. 每组分发待进行分株的花卉 20 盆，请各组同学根据该花卉的特点设计分株及后期养护方案，并进行分株操作；
4. 教师考核，考核评分标准如表 2–7–1 所示；
5. 教学建议：让学生进行分株繁殖应选择具有代表性的花卉品种进行，如一叶兰、虎皮兰、朱顶红等；建议引导学生自行查阅资料制定后期养护方案，并按此方案进行分组养护。

图2–7–1 一叶兰生长过密

## 实训材料

待分株花卉（一叶兰、虎皮兰、朱顶红、孔雀竹芋、建兰、鸢尾、多肉多浆类植物等）、美工刀、剪刀、百菌清、草木灰或硫黄粉、苗盘、栽培基质、栽培容器等。

## 成绩考核

**表 2–7–1 花卉分生繁殖技术考核评分标准**

姓名:________ 班级:________ 时间:________

| 项目 | 考核内容 | 考核标准 | 标准分值 | 实际得分 | 综合评价 |
|---|---|---|---|---|---|
| 花卉分生繁殖育苗技术 | 实训态度 | 实训认真，积极主动，操作仔细，认真记录 | 10 | | |
| | 苗株脱盆 | 方法正确，不伤害根系及地上部分 | 10 | | |

续表 2–7–1

| 项目 | 考核内容 | 考核标准 | 标准分值 | 实际得分 | 综合评价 |
|---|---|---|---|---|---|
| 花卉分生繁殖育苗技术 | 分株 | 正确剪切分组 | 20 | | |
| | | 去掉老叶、黄叶 | 10 | | |
| | | 剪去老根、腐烂根系 | 10 | | |
| | | 大小分级 | 10 | | |
| | 上盆或者定植 | 步骤正确，基质填装合理，株行距合理，深度合理 | 15 | | |
| | 淋水、放置及后期养护 | 淋水量及淋水时机正确；置于遮阴处放置缓苗；后期养护得当，无死亡枯苗等现象 | 15 | | |
| 合计 | | | 100 | | |

考评教师（签名）：______________

## 知识点拨

### 1 概念

分生繁殖：是指人为地将植物体分生出来的幼植物体（如吸芽、珠芽等）或者植物营养器官的一部分（如走茎和变态茎等）与母株分离或分割，另行栽植而形成独立生活的新植株的繁殖方法。该方法繁殖的新植株能保持母株的遗传性状，繁殖方法简便，容易成活，成苗较快，但是繁殖系数低于播种繁殖。

### 2 分生繁殖方法

分生繁殖方法生产中主要分为以下几种：

分株法：此方法主要适用于具有分蘖（春兰、玉簪、石榴等）、匍匐茎（虎耳草、吊兰等）、吸芽（芦荟、景天、凤梨等）的植物种类，通常在植物休眠期进行分株。具体方法为，在分株前将母株丛从花圃中挖出或脱盆，多带须根，用消毒后的刀等工具将其分切成几丛，每丛 2～5 个枝芽和较多根系，并应在伤口处涂以草木灰或硫黄粉消毒，阴晾两天后栽植，如君子兰等。见图 2–7–2、图 2–7–3。

图2–7–2　玉簪分蘖

图2–7–3　虎耳草匍匐茎和幼苗

分球法：此方法主要适用于具有球茎（唐菖蒲、小苍兰等）、鳞茎（郁金香、百合，水仙等）、块茎（仙客来、马蹄莲）、块根（大丽花等）的植物种类。具体方法为，春秋两季在挖球之后，将基部萌出的小球摘下，大小球分别贮藏，在栽植季节进行栽种，栽植深度约是球高的 2 ～ 3 倍；部分植物种类的球茎（唐菖蒲）、根茎（芍药）、块茎（马铃薯）等除直接整球栽培供繁殖用外，也可分切数块，每块具芽，另行栽植。见图 2–7–4、图 2–7–5。

图2-7-4　马蹄莲球茎

图2-7-5　芍药根茎

其他部位分生繁殖法：

在生产实践中，部分观赏植物具有可从叶、根或茎节间处产生不定芽的特点（如：卷丹、落地生根、观赏葱类、薯蓣类等），该芽脱离母株后自然落地即可生根，因此通过分生繁殖法，可以对其进行大量的繁殖。具体方法为：当不定芽成熟或形态完整时，将其摘下，而后直接进行栽种；若为珠芽（卷丹）、零余子（薯蓣类等）等类型的不定芽，栽植深度是珠芽直径的 2 ～ 3 倍；若不定芽为完整植株（如落地生根等），应视为幼苗，栽种至其根茎处即可。见图 2–7–6、图 2–7–7。

图2-7-6　卷丹珠芽

图2-7-7　落地生根不定芽

## 3　花卉分生繁殖案例

### 3.1　睡莲、荷花

结合实际情况，睡莲及荷花的种植应在每年清明节前后采用分株法繁殖：

① 挑选生长健壮的根茎，每隔约 10 cm（荷花 2 ～ 3 节）切成一段做种茎，每段应带顶芽和保留尾节；

② 选口径 60 ～ 80 cm、深 30 ～ 35 cm 的荷花缸，缸底施入基肥，再加入塘泥至缸深

2/3 处；

③ 将根茎沿缸内周边栽入，使首尾相连，顶芽略向缸中央；

④ 灌水深 5 cm，放于阳光充足处，待泥土晒至龟裂，再加水晒；

⑤ 当种茎新叶长高达 25 cm 后，将荷花连盆移入水池指定位置放好。

### 3.2 兰花

分株繁殖比较适宜的时间是兰花休眠期，一般在 3 ～ 4 月新芽没有出土之前和 9 ～ 10 月兰花停止生长以后进行。早春开花的品种应该在花开过以后分盆；夏秋季开花的种类最好在早春分盆。具体步骤为：

① 为了分株时操作方便，可以在分株前让盆土适当干燥。使根发白，产生不明显的凋缩，这样本来脆而易断的肉质根变得绵软，分株和裁盆时不致伤根太多；

② 培养土、碎瓦片、碎砖块、粗沙和各种兰盆、剪刀等用具，应在开始工作之前准备好；

③ 将母株株丛从花圃里掘出（尽量多带须根）或脱盆。脱盆方法：左手五指靠近盆面伸进兰苗中，用力托住盆土，右手将盆倒置过来，并轻轻叩击盆的四周，使盆土与盆脱离，再用右手抓住盆底孔，轻轻将盆提起，使盆与盆土分离。然后将兰苗及盆土平放，不使土坨突然散裂，而导致兰花根系折断。再细心将土坨轻轻拍打松散，逐步将旧盆土抖掉。小心抓住没有嫩芽的假鳞茎，以免伤及叶和嫩芽。剪除已枯黄的叶片、假鳞茎上的腐败苞叶及已腐烂干空的老根。但有新芽的假鳞茎叶片应尽量保留，否则新芽生长慢而小。叶片已完全脱落的假鳞茎也应剪掉。如果分盆前盆土未经干燥，过于潮湿，应将苗根用清水洗过、晾干，待根发白、变绵软时再进行清理和修剪。

④ 株苗的整理选择是，清理好较大丛植株，找出两假鳞茎相距较宽、用手摇动时又容易松动的地方，俗称“马路”，用刀切断。最好能在剪口处涂以硫黄粉，防止因伤口感染引起腐烂。注意使剪开的两部分的假鳞茎上都有新芽，各自能单独地发展成新的植株。剪过的每一部分最少应有 3 个假鳞茎，太少对新生芽的生长不利，也不易开花。见图 2–7–8。

图2-7-8 兰花分株（左为切断“马路”，右为分株后的小苗）

### 3.3 多肉植物（以雨月为例）

4 月底已经脱好皮的雨月，表面的皮已经完全干枯，此时即可分株（图 2–7–9）。

① 准备盆和基质，盆底铺上陶粒，倒入草炭 + 浮石的混合土，然后铺上 3 ～ 5 mm 厚

的沙；

② 把要分株的雨月起盆，用圆头镊子剥去已经干枯的表皮，不要弄伤里面的幼嫩植株；

③ 然后用消毒的手术刀，在植株连接处切下，分开的部分都需要带点根；

④ 用镊子夹住根部插入松软的基质里；

⑤ 浇透水，水中添加多菌灵；

⑥ 分株浇水后的雨月放置于通风阴凉处，一般 7 d 就可见到明显生长。生长后的雨月可逐渐增加直射光，注意不要晒伤就可以。分株后的第一次和第二次浇水时间约 10 d。第二次浇水后就可以正常养护了。

图2-7-9　多肉植物分株

### 3.4　吊兰分株

① 吊兰的母株在生长出匍匐茎后即可分株；

② 匍匐茎末端通常会有一丛或多丛小吊兰，等小吊兰长出根后，用消毒的剪刀将匍匐茎剪断，取下小植株；

③ 将小吊兰根部埋入基质 1 ～ 2 cm 后浇透水。见图 2-7-10。

图2-7-10　吊兰分株

# 任务 2.8　仙人掌类植物嫁接技术

## 实训目标

1. 使学生掌握花卉生产中的仙人掌类植物的嫁接技术；

2. 了解仙人掌类植物嫁接技术在花卉生产中的应用，可根据市场需求设计不同类型的园艺产品。

## 任务描述

小李接到来自河北的一份订单，订单需要预购一批多层（3 层以上）蟹爪兰作为年宵花进行销售（图 2-8-1）。请你为小李制定一套多层蟹爪兰嫁接方案和养护措施。

图2-8-1　多层蟹爪兰预期生产效果图

## 职场体验

1. 教师讲授本任务实训的内容及其相关知识要点；

2. 把全班同学分组，每组 6～8 人，以小组为单位进行实训；

3. 每组分发待嫁接的仙人掌或三棱剑 2 盆（3 层以上），蟹爪兰采穗母株 1 盆；请各组同学根据教师演示的技术要点进行嫁接操作；

4. 教师考核，考核评分标准如表 2-8-1 所示；

5. 教学建议：学生除嫁接蟹爪兰外，还可每组尝试嫁接仙人球，使学生体验和学习不同的嫁接操作方式；为了后期成型效果好、成型速度快，可将砧木 3 棵一盆栽培；嫁接操作完毕，建议引导学生自行查阅资料制定后期养护方案，并按此方案进行分组养护。

## 实训材料

蟹爪兰、仙人掌、三棱剑、彩色仙人球、枝剪、剪刀、芽接刀、美工刀、百菌清、PE 嫁接带、医用酒精、夹子、牙签等。

## 成绩考核

**表 2-8-1　仙人掌类植物嫁接技术考核评分标准**

姓名：________　　班级：________　　时间：________

| 项目 | 考核内容 | 考核标准 | 标准分值 | 实际得分 | 综合评价 |
|---|---|---|---|---|---|
| 仙人掌类植物嫁接技术 | 实训态度 | 实训认真，积极主动，操作仔细，认真记录 | 10 | | |
| | 选择砧木 | 砧木种类选择正确；选择健壮、无病虫害砧木 | 10 | | |
| | 选择接穗 | 选择健壮、无病虫害接穗 | 10 | | |
| | | 削取速度快 | 5 | | |
| | | 削取方法正确 | 5 | | |
| | 操作 | 接穗、砧木切面平整 | 5 | | |
| | | 砧木切口和芽片齐合；砧木与接穗髓心对接位置正确 | 5 | | |
| | | 接穗新鲜程度高 | 5 | | |
| | | 消毒方法正确 | 5 | | |
| | 绑扎 | 方法正确，松紧适中 | 10 | | |
| | 后期养护 | 养护方法正确合理；没有成活的接穗应重新补接 | 10 | | |
| | 成活率 | 成活率高 | 20 | | |
| 合计 | | | 100 | | |

考评教师（签名）：________

## 知识点拨

### ◆ 1　仙人掌类植物嫁接的意义

仙人掌类植物遍布各大花卉市场，其花之美，刺之奇，形之怪，深受广大花卉爱好者青睐。它们既可以采取播种、扦插繁殖，也可以采取嫁接繁殖，嫁接繁殖具体优点如下：

（1）生长快，长势旺。由于接穗嫁接时已处于成熟阶段，砧木根系强大，能提供充足的营养，使其生长旺盛。只要选择合适的砧木，嫁接的植株生长速度要比扦插等处理的植株快得多。

（2）提早开花。由于嫁接植株生长旺盛，有助于养分积累，所以嫁接苗比实生苗或扦插苗生长茁壮，提早开花。

（3）提高观赏性和促进变异。嫁接后，由于砧木和接穗互相影响，接穗的形态比母株更具有观赏性。而且嫁接可使植株产生变异并发挥不同品种的优良特性，有些嫁接种类由于砧木和接穗间遗传物质相互影响，发生了变异，产生了新种。例如龙凤牡丹就是绯牡丹嫁接在量天尺上产生的变异品种。

## ◆ 2 仙人掌类植物嫁接方法

### 2.1 嫁接前准备及预处理

（1）工具准备：嫁接刀的选用与消毒最重要，刀要薄而不易弯曲和生锈，刀口要长要锋利，这样可以使嫁接面切削平整，为提高嫁接成活率排除外在因素。

（2）砧木的选择：砧木的选择是关键，砧木选择是否恰当，关系到成活率和接穗发育的好坏，良好的砧木应具备以下几个条件：

① 繁殖容易，在短时间内能生产出大量植株；

② 根系发达，生长快，便于管理，适应性强；

③ 与接穗亲和力强，嫁接成活后不会导致接穗变形；

④ 植株生长饱满，截面大，髓部小，维管束不易木质化，刺少，易操作；

⑤ 抗逆性强，能适应本地环境。

目前在嫁接中应用较多的砧木种类有以下几种（表 2–8–2）：

**表 2–8–2 仙人掌类常见砧木种类**

| 植物名 | 学名 | 特点 | 耐寒性 |
|---|---|---|---|
| 鬼面脚 | *Cereus peruvianus* | 适于大接穗 | 强 |
| 量天尺 | *Hylocereus undatus* | 几乎适于所有种类（金手指、乌羽玉等除外） | 差 |
| 仙人球 | *Echinopsis sp.* | 适合嫁接星球、乌羽玉、岩牡丹 | 中 |
| 袖浦柱 | *Harrisia jusbertii* | 亲和力强，可接种类多 | 强 |
| 龙神木 | *Myrtillocactus geometrizans* | 亲和力强，可接种类多 | 强 |
| 木麒麟 | *Pereskia aculeate* | 适于嫁接白檀等小型球类 | 强 |
| 仙人掌 | *Opuntia sp.* | 适于嫁接蟹爪兰等 | 强 |

（3）接穗的选取：接穗一般应该以当年生的实生苗或孳生的仔球为佳，也可以是植株的某一部分。实生苗直径在 0.4 cm，仔球以 0.8 ～ 1.0 cm 为宜，接穗应随取随用，以保证其体液充足。放置太久的接穗会发生萎缩，萎缩时可放在清水中浸泡片刻，待吸满水后进行嫁接。

（4）嫁接预处理：每次嫁接操作前后，嫁接刀都要进行医用酒精擦洗消毒处理，防止引起伤口细菌感染，影响切口的接合而降低成活率。

### 2.2 嫁接的具体操作

（1）嫁接适期：一般春季到初夏或夏末秋初嫁接均可，但以春季到初夏期间嫁接最好，并宜在晴天嫁接，此时空气比较干燥，伤口不易腐烂，嫁接适宜温度为 20 ～ 25℃（在温室内，冬季温度在 25℃左右也可嫁接），此时，正值仙人掌类植物生长旺季，接穗和砧木能较好地亲和，愈伤组织形成较快，成活率高。

（2）嫁接方法：仙人掌类植物嫁接方法常用的有平接法和劈接法两种。

① 平接法（也叫对口接）：适合在柱类和球形种类。把砧木顶部削平，把接穗基部削成平面，然后把接穗扣在砧木上。具体操作如下：

切砧木：用已消毒的锋利刀刃在砧木上端适当部位横切一刀，接着将砧木三边做 30° ～ 45° 斜切，把砧木截面的边缘稍微切除，以防止切面凹陷（图 2–8–2）；

图2-8-2　平接法砧木切削方式

切接穗：将接穗底部切除，直到能清楚看到髓心；

嫁接：将接穗底部髓心按压在砧木的髓心上；

平接法砧木与接维管束对齐方法见表 2–8–3。

**表 2–8–3　平接法砧木与接穗维管束对齐方法**

| 维管束位置 | 备注 |
| --- | --- |
|  | 如果两个维管束直径大小近似，最好是能完全重合在一起，嫁接易成活 |
|  | 两个维管束要大部分或者部分重合，嫁接易成活 |
|  | 砧木切得太多使得维管束大，而接穗的太小，而两个维管束接成不相交的同心圆，嫁接易失败 |
|  | 砧木切得太多使得维管束大，而接穗的太小，应使接穗偏一点与砧木维管束一边相接，嫁接易成活 |

注：蓝色代表砧木的维管束，红色代表接穗的维管束。

固定：将重挂物挂在接穗顶部，使接穗与砧木的横切面紧密粘贴（通常挂压 3 ～ 4 串悬挂物，3 ～ 5 d 后解除）。若大量嫁接时，采用捆绑方式，将细棉线（嫁接带）在砧木基部缠几圈，再把细棉线拉紧，绕过接穗顶端作纵向捆扎，缠绕捆扎 3 ～ 4 周后，把细棉线勒进砧木的棱肉中，用剪刀剪断细棉线即可。

下图 2–8–3 为平接法案例示范：

图2-8-3　平接法案例示范

② 劈接法：也称楔接或嵌接，适用于嫁接蟹爪兰、仙人指等扁平茎节的悬垂性种类。把砧木劈裂成“V”字形，接穗削成楔形，随即插入砧木的劈裂内。

以蟹爪兰为接穗操作为例，量天尺作砧木，具体操作如下：

切砧木：在砧木的适当高处横切一刀，在顶端髓部纵切成深 1.5 ～ 2 cm 的“V”形裂口；

切接穗：摘取 1 ～ 2 节蟹爪兰茎节作接穗。将其下端两面斜削成“V”形；

嫁接：把接穗立即嵌入砧木“V”形裂口中；

固定：用仙人掌长刺或牙签将两者固定（也可用液蜡进行蜡封）。一周后若接穗还保持鲜绿、挺拔，则表明嫁接成功，可拔除固定用的长刺或牙签（也可解除蜡封）。为使嫁接植株造型趋于完善、美观，可用同样方法在 3 个棱脊刺座上各切割一个“V”形裂口，深及髓部，将 3 片斜削成“V”形的接穗分别嵌入砧木棱刺座上的 3 个裂口内。

劈接法（蟹爪兰嫁接仙人掌）案例示范：

挑选砧木：砧木选择 1 年左右的仙人掌片，选好后去除仙人掌顶芽及侧芽。

挑选仙人掌刺座，并在刺座上方大约 1 cm 处横切。

把仙人掌的维管束切开。仙人掌的维管束是在形成层呈网络分布的，并于各个刺点处会合。所以下刀的部位一定要把刺点处割断。切口的宽度以略大于接穗宽度为宜。过宽则伤口不容易愈合，过窄则难以把蟹爪兰接穗塞下去。下刀深度如图 2-8-4 所示，划线处为刀尖应该抵达之处。

制作接穗：接穗需选择 1 年生以上相对较老的蟹爪兰叶片；蟹爪兰叶片中间纤维状的就是其维管束。所以一定要将维管束切出来，且要求切口尽量平滑。

嫁接：把切好的蟹爪兰接穗放进仙人掌的切口，并且尽量使接穗的维管束跟仙人掌的刺点保持在一条线上。

固定接穗：一边插一个牙签把仙人掌和蟹爪兰固定到一起，要注意避开接穗中心的维管束，然后用夹子夹好固定。

松绑：松开夹子，轻轻地捏住牙签，以原先插进去的孔为圆心，左右各旋转半圈，便可轻而易举地取出，且不会伤到砧木和接穗，不建议硬往外拔。

图2-8-4 劈接法（蟹爪兰嫁接仙人掌）操作示范

### 2.3 嫁接时应注意的问题

嫁接操作应遵循“齐、平、快、紧、净”五字要领：

①“齐”指砧木与接穗的维管束要对齐；

②“平”指砧木与接穗的切面要平整光滑；

③“快”是指嫁接必须迅速，切削、固定应敏捷，尽量减少砧木与接穗的体液流失；

④“紧”指砧木与接穗要固定紧密，切面必须紧密结合；

⑤“净”指砧木与接穗的切面必须保持洁净。切勿手指触摸，切忌让水或泥土等污染切口与切面。

另外，下雨天不宜嫁接，因为空气湿度大，切口易因细菌繁殖而腐烂造成嫁接失败；嫁接后的植株不能在阳光下曝晒或让强风吹袭，否则会因接合部急速收缩而产生空隙，砧木与接穗无法很好地结合，接穗难以成活。

## ◆ 3. 嫁接后的管理与养护

嫁接后的管理主要是调节光照、温度、湿度，接口处愈合后应及时松绑。

① 光照：刚嫁接好的接穗，因其刚脱离植株，极易失水过多而萎蔫，因此中午前后太阳强烈照射时，一定要将其放到遮阳处，尽量减少水分的蒸发。

② 温度：温度以 20～25℃ 为宜，过高和过低对愈伤组织的迅速形成都不利。

③ 湿度：嫁接后使植株处于空气湿度在 70%～80% 的环境为宜，土壤湿度不可过高，防止根系腐烂，可每隔 10 d 浇一次水，保持盆土微湿即可。

④ 松绑：松绑日期视接穗大小和气温而定，普通大小的接穗在 25℃左右，7 d 后就可以松绑。对于接穗截面较大的，一般需要 15 d 左右才能拆线并去刺或牙签，拆线后切口无异常颜色，接穗饱满，接合处全部或大部分已经粘连，表明嫁接成功。

# 任务 2.9　花卉产品分级

## 实训目标

1. 使学生掌握花卉产品分级相关知识；
2. 掌握花卉成品花分级的技术要点。

## 任务描述

小李发现附近的批发商来基地买新几内亚凤仙时，喜欢自己去温室挑选品质好、着花量大、冠径大的花，价格却不变；当自己大批装箱发货时，客户开箱后又总是抱怨品质不够好。因此，小李决定要在成品花未销售前，就要给成品花进行分级。请你为小李的新几内亚凤仙制定一份分级标准，以帮助她减少由此引起的市场纠纷，并能够保证不同等级的产品以相应的价格出售，使其获得最大的经济效益。

## 职场体验

1. 教师讲授本任务实训的内容及其相关知识要点；
2. 把全班同学分组，每组 6 ～ 8 人，以小组为单位进行实训；
3. 每组根据自己本学期生产的花卉，撰写一份相应的花卉产品品质分级标准；
4. 每组同学根据自己的花卉产品品质分级标准，为本学期生产的花卉进行分级，并分区域摆放；此外，不合格品，需集中销毁。
5. 教师考核，考核评分标准如表 2-9-1 所示。
6. 教学建议：本实训可结合销售类、创业类课程实训进行，组织学生对自己生产的花卉进行分级、定价和销售，以使学生了解市场，增加学习积极性。

## 实训材料

运苗车、花卉周转盘、手套等。

## 成绩考核

**表 2-9-1　花卉产品分级考核评分标准**

姓名：________　　班级：________　　时间：________

| 项目 | 考核内容 | 考核标准 | 标准分值 | 实际得分 | 综合评价 |
|---|---|---|---|---|---|
| 花卉产品分级 | 实训态度 | 实训认真，积极主动，操作仔细，认真记录 | 20 | | |
| | 品质分级 | 花卉产品的分级标准制定科学，具有可执行性 | 30 | | |
| | | 能够按照制定的分级标准为花卉产品进行准确分级 | 30 | | |
| | | 在花卉分级过程中，能够准确按照花卉的运输、摆放标准进行操作 | 10 | | |
| | | 不合格品处理方式正确 | 10 | | |
| 合计 | | | 100 | | |

考评教师（签名）：________

## 知识点拨

### ◆ 1 花卉产品分级的意义

（1）建立交易基准的需要：质量等级标准最重要的作用就是为产品市场提供了交易基准。在现代贸易中，完善的质量等级标准，可对产品质量进行描述和评估，也可对质量等级进行界定，从而使交易能够正常进行。

（2）规范交易市场的需要：在建立质量等级标准的基础上，对产品进行分级并形成相应的价格体系，可以避免产品质量参差不齐、以次充好或无理压价等情况的出现，减少由此引起的市场纠纷。另外，产品分级后，不同等级的产品能够以相应的价格出售，有利于提高从业者的质量意识。

（3）保护生产者利益的需要：分级具有相当的客观性和公正性，不同级别的产品能够以相应的价格出售，使生产者获得了最大的经济利益，即分级是产品升值的重要手段。

### ◆ 2 花卉产品分级

花卉产品分级指的是将花卉产品按照质量标准归入不同等级的操作过程。

#### 2.1 花卉产品分级标准

花卉产品在中国的相关质量标准目前可分为国家标准、行业标准和地方标准。

分级需要有尽可能统一的标准可依，以免不同分级者依照各自的标准进行分级而给产品销售和消费带来问题。但目前盆花因其种类繁多，尺寸、形态多样，大部分还缺乏统一的质量标准。中国国家质量技术监督局 2000 年 11 月 16 日发布了主要花卉产品等级标准。将观赏植物产品分为 7 种类型，按不同类型分别进行了描述。

其中，盆花标准有 20 种（见附录）：包括金鱼草、四季海棠、蒲包花、温室凤仙、矮牵牛、半枝莲、四季报春、一串红、瓜叶菊、长春花、国兰、菊花（大中型）、小菊、仙客来、大岩桐、四季米兰、山茶花、一串红（二年生）、茉莉花、杜鹃花、大花君子兰。在盆花质量等级标准中以整体效果、花部状态、茎部状态、病虫害或破损状况为评价内容对上述所列盆花划分一、二、三个等级。

盆栽观叶植物 24 种（见附录）：包括香龙血树（巴西木）、朱蕉、马拉巴栗（发财树）、绿巨人、白鹤芋、绿地王、红宝石、绿萝、美叶芋、金黄后、大王黛粉叶、变叶木、散尾葵、蒲葵、棕竹、南洋杉、孔雀竹芋、果子蔓等。

花卉种苗 10 种（见附录）：包括香石竹、菊花、满天星、紫菀、火鹤、非洲菊、月季、一品红、草原龙胆、补血草等。

#### 2.2 花卉产品分级方法

2.2.1 **盆栽花卉分级方法**

一般从整体效果、花部状况、茎叶状况、病虫害或破损状况以及栽培基质进行等级划分。划分的项目包括花盖度、植株高度、冠幅、花盆尺寸以及上市时间。具体分级因素有：

（1）整体效果：是指植株的整体外观，包括品种形态特性、植株高度、冠幅、花盖度、新鲜程度、生长状况、衰老症状以及植株的大小与盆的大小是否相称等内容。

（2）花部状况：指植株上花的生长状况，包括花朵大小和数量均衡度（如初花者的比例、含苞欲放的花蕾的比例等）、花色（是否纯正、有无褪色或杂色斑点等）、花形完好整齐度、花枝（花梗、花序梗或花葶）健壮度等内容。

（3）茎叶状况：是指植株茎叶的生长状况，包括茎、枝（干）的健壮度，茎叶生长健壮度、光泽度，分布是否均匀；叶片排列是否整齐、均匀以及形态、色泽等，叶片形状、大小、质地、色泽、斑纹是否符合其品种特性等。

（4）病虫害状况：包括检疫性病虫的存在与否，普通病虫的存在数量、危害状况及痕迹的有无和程度等内容。

（5）破损状况：是指植株在生产、流通过程中引起的折损、擦伤、压伤、冷害、水渍、药害、灼伤、褪色等内容。

（6）栽培基质：是否使用经过消毒的无土基质。常采用的无土基质有椰糠、草炭、苔藓、珍珠岩、蛭石、石棉等。

2.2.2　*种苗分级方法*

健康合格的种苗应具有发达的根系、健壮、充实、通直的苗干，正常的色泽，整个植株没有机械损伤和病虫害，以地径、苗高、叶片数和根系发育状况作为划分项目。具体分级因素有：

地径：是指地际直径，即栽培基质表面处苗干的周长，单位为 cm。地径用软尺测量。

苗高：是自地径至苗顶端的高度。苗高用直尺测量，单位为 cm。

叶片数：指叶片数是否适中。叶片数采用计量方法。

根系发育状况：指根系的长度及发育状况。根系发育状况用目测评定结合直尺测量根系长度进行，根系长度单位为 cm。

其他：病虫害及损伤状况。

抽样：抽样时同一产地、同一品种、同一批次的产品作为一个检验批次。样本从提交的检测批中随机抽取，单位产品一般以株或盆计。

## ◆ 3　不合格品处理

通常情况下，为了确保公司品质形象，需要将不合格品进行集中销毁处理，不可低价出售或外流。由于不合格品通常情况下都是长势较弱、有病虫害或损坏严重的，因此也不适合作为无性繁殖母株培养。为降低生产成本，销毁时需要把植株去除后将基质进行统一回收消毒，然后进行重复使用。

**思政花园**

### 杂诗三首·其二

唐代：王维

君自故乡来，应知故乡事。
来日绮窗前，寒梅著花未？

# 任务 2.10 盆栽植物的包装与运输

## 实训目标

1. 使学生掌握盆栽植物的包装和运输相关知识；
2. 掌握花卉成品花、穴盘苗、半成品苗的包装和运输技术。

## 任务描述

小李生产的盆栽花卉及种苗经常装箱利用货运发往周边省市，但是在运输过程中经常出现纸箱垮塌、植物株体挤压损伤严重、叶片发黄、花瓣褪色、脱落，花苞不能正常开放和疾病快速发展与传播等现象，这些问题导致了小李的经济损失高达 20%。请你帮小李分析她在盆栽运输过程中可能出现的错误，帮助她避免不必要的损失。

## 职场体验

1. 教师讲授本任务实训的内容及其相关知识要点；
2. 把全班同学分组，每组 6～8 人，以小组为单位进行实训；
3. 每组按照花卉包装规程，将本学期生产的花卉进行运输前包装；
4. 拓展项目：网络创业学生可尝试自我设计制作包装和运输，比较哪种运输、包装设计及方法更实用，并改进现有花卉的运输包装，以更适合不同规格的花卉、种苗等。
5. 教师考核，考核评分标准如表 2-10-1 所示；
6. 教学建议：本实训可结合销售类、创业类课程实训进行，组织学生对自己生产的花卉进行销售，将已销售花卉进行包装和运输，并引导学生跟踪记录到货后客户对于盆栽运输质量的反馈；引导学生创业，在网络上销售花卉；在零售花卉时根据不同花卉、种苗的特殊需求设计制作快递运输包装，包裹需要便于运输、成本低、容易制作、经济实用，优秀设计作品可引导学生申请专利。

## 实训材料

各种型号盆栽包装袋、各种规格包装箱、胶带、尺子、裁纸刀等。

## 成绩考核

**表 2-10-1 盆栽植物的包装与运输考核评分标准**

姓名：__________ 班级：__________ 时间：__________

| 项目 | 考核内容 | 考核标准 | 标准分值 | 实际得分 | 综合评价 |
|---|---|---|---|---|---|
| 盆栽植物的包装与运输 | 实训态度 | 实训认真，积极主动，操作仔细，认真记录 | 20 | | |

续表 2-10-1

| 项目 | 考核内容 | 考核标准 | 标准分值 | 实际得分 | 综合评价 |
|---|---|---|---|---|---|
| 盆栽植物的包装与运输 | 运输包装 | 根据花卉规格、运输方式和距离准确挑选包装 | 30 | | |
| | | 运输前对花卉处理得当（适度水肥管理等） | 30 | | |
| | | 花卉包装美观、对植株无伤害、耐运输 | 20 | | |
| | 综合能力 | 根据不同花卉选择制作运输包装，目标是便于运输、成本低、容易制作、经济实用（注：此项目为加分项） | +20 | | |
| 合计 | | | 100（+20） | | |

考评教师（签名）：______________

## 知识点拨

### ◆ 1 盆栽植物包装的意义

盆栽植物包装包括品名和商标、标符、运输用包装箱和专用套袋，其中品名、商标、标符组合形成一个品牌，是生产商面对销售商和直接用户的标识，是产品质量的代名词。同时，良好的包装能在运输过程减少损伤，使产品在经过运输后仍能保持好的品质，因此，良好的包装可以扩大销售范围，否则只能在本地进行销售。

盆栽植物包装在流通过程中的作用具体为：①可将盆栽产品置于方便装卸、运输、营销等操作的合适的单位中；②便于特殊花卉的预处理（如种球冷藏等）③减轻观赏植物产品的机械损伤；④减少观赏植物产品的水分损失；⑤冷链流通中，可保持观赏植物相对稳定且较低的温度；⑥创造适合观赏植物保鲜的气体环境；⑦提高商品价值。

### ◆ 2 盆栽植物包装材料

#### 2.1 包装材料的选择

包装材料的选择要根据产品种类和特性、包装方法、预冷方法、包装成本、运输方式以及购买者的要求等因素综合考虑。包装材料应该满足以下基本要求：

① 足够的强度：在运输、贮藏等过程中能够保护产品；

② 适度防水：保证产品在湿度较大或空气相对湿度较大时不受到影响；

③ 不含有害物质：包装所含化学物质不至于使产品和人受到危害；

④ 包装的重量、尺寸和形状，能够便于开、封操作，符合上市的要求；

⑤ 导热性：能适合快速降温或绝缘冷热的要求；

⑥ 适当的透气性：使箱内花卉产品不至于受到缺氧或高二氧化碳危害，或者具有适当的透气性使箱内形成低氧高二氧化碳环境，从而起到保鲜作用；

⑦ 适合产品对光的要求：根据品种的特性采用避光或透明包装；

⑧ 符合环保要求：材料便于分解、重复使用或回收；

⑨ 适当成本：成本与产品的价值及需要保护的程度相适宜；

⑩ 完整的标签：完整和准确的标签可提供产品特征及操作说明等信息。

## 2.2 包装种类

（1）外包装：包装箱和包装盒是最为常用的外包装；包装箱的选择主要是根据所要包装的产品特性来确定。通过对成本、物理性能、加工性能、印刷性能等综合评价，确定瓦楞纸箱及纤维板箱为最适宜的外包装材料。包装箱的长、宽、高比例，对材料的用量和支撑力都有很大影响，包装箱的尺寸应能最大限度地满足产品的要求并兼顾操作的方便。实际设计中，按长、宽、高比例为 2∶1∶2（节省材料）、1.618∶1∶0.618（稳定性和抗压性好）、1∶5∶1 都是合适的比例。此外还需注意，包装箱过大会影响箱内的空气流通；箱内包装材料也不应阻碍箱内空气流通；若需强制通风预冷的包装箱，要有分别占侧壁表面积 5% 的进风口和出风口；为了减少贮运过程中水分的损耗，常向包装箱表面喷涂蜡层。

（2）内包装：内包装一般采用薄膜材料，常用的薄膜材料有软纸、蜡纸及各种塑料薄膜。给盆栽植物套袋，目的是为了在装箱时，防止植物叶片受损，防止植物与植物之间的叶片摩擦，植物与包装箱内壁的摩擦，减少植物在运输过程中所受的损伤。如图 2–10–1 为花卉盆栽套袋。

图2–10–1　花卉套袋

（3）填充材料：

**表 2–10–2　用于填充材料的种类、制作方法、特性以及用途一览表**

| 种类 | 特性及用途 |
|---|---|
| 泡沫塑料 | 物理性状稳定，缓冲性和复原性好 |
| 聚氯乙烯 | 热成型法重量轻，有韧性，装饰性好、适用于特别易损坏的鲜切花和盆花 |
| 充气塑料膜 | 热封法重量轻，良好的防湿性，不易污染 |
| 纸浆模式容器 | 吸湿性、透气性好、适用于 CA 贮藏 |
| 瓦楞箱 | 贴合而成、能起支持、固定作用 |
| 天然材料 | 包括刨花、麦秸、稻壳、锯末等，通气性、吸湿性、缓冲性好，价格低，无污染，但机械化搬运困难，易产生霉菌，易产生尘埃，缺乏装饰性 |

### 2.3 包装材料的环保问题

园艺产品的包装涉及多种材料，这些材料如果处理不当将会造成严重的环境污染，最好选用可降解、可回收利用或重复利用的材料。

### 2.4 盆栽植物的包装

通常有两种包装类型：一种为盆栽玻璃纤维袋等套装后直接装进专用包装箱，或将已套袋的盆栽植物套坐于营养钵转盘上（图 2–10–2），可保证植株更为稳定，减少贮运过程中的振动或摩擦，然后再装入纸箱。

另一种包装方式是将盆栽植物套袋后，直接装到运苗车配套的货运架上（图 2–10–3），该架子通常有多层，且高度、宽度可根据不同植物进行调整，充分利用运输空间。

图2-10-2　营养钵转盘

图2-10-3　盆栽运苗车

### 2.5 种苗的包装

通常种苗在国内交易可以带基质包装，而由于穴盘苗具有质量轻、污染小、容器标准化程度高、包装技术简便、操作高效、便于运输等优点，因此在种苗交易中占相当大的比例。运输方式通常为装入穴盘苗专用箱，或者直接装到运苗车配套的货运架上（图 2–10–4）。

图2-10-4　穴盘苗货运车

种苗的包装一般采用纸箱包装（图 2-10-5），一个纸箱内，依据不同的设计穴盘可放置 4 ～ 6 个，采用纸板分层叠加，并在箱外标注“种苗专用箱”及向上箭头。这样在运输过程中只要纸箱不被完全倒置，就不会对种苗产生很大的影响。应该注意的是内层隔纸板应经过防潮处理，以免因潮湿软化而造成种苗的损失。

图2-10-5　穴盘苗包装箱

## 3　盆栽植物包装及运输流程

### 3.1　盆栽植物的运输时间

盆栽植物的运输分短途运输和长途运输。短途运输是指运输时间小于 6 h 的运输。长途运输是指运输时间大于 6 h 的运输。

由于短途运输时间短，在正常情况下，对盆栽植物的损伤很小。若无特殊要求，通常不打包装箱，而是直接将盆栽植物用塑料袋套好即可；而长途运输时间长，离开了适宜的光照、温度和水，对盆栽植物的损伤相对较大。

### 3.2　包装前的准备

盆栽植物包装运输的第一步，就是要在包装前做好前期准备工作。

① 控制浇水。在盆栽植物包装运输前一天，要停止浇水，基质中等湿润时才可套袋、装箱。若没有停止浇水，含水量高的基质不能给盆栽植物根系提供足够的支持力，这样随着运输工具的摇晃颠簸植株会受到破坏；含水量过高也会增加植物的重量，加重运输负担；基质含水量过高，会使包装箱受潮软化而造成纸箱垮塌；此外，基质过干在运输过程中植物会因失水而干枯。

② 肥料：运输前切勿施肥，以防根部烧伤和叶片苞片受害。

③ 要选择优质、健康、生长旺盛的盆栽植物进行包装。用于长途运输，植物要求有非常好的品质，根部无害虫。注意观花的盆栽植物在花苞期运输是非常重要的。如果盆花的单花期很长，就应该选择有花朵盛开的植株。

④ 有些操作因为在营销过程中不宜进行，故需在包装运输前进行预处理，如喷施杀菌剂和杀虫剂等；此外，对乙烯敏感的盆花品种，包装前需喷施适宜浓度的硫代硫酸银（STS）保鲜液。

⑤ 盆栽植物分级：盆栽植物应按品级规格装箱，不同规格的尽量避免装在同一箱中，包装箱的规格是不变的，因此，花卉高度、冠幅的大小要统一才不会因浪费空间而造成运输成本增加。

### 3.3 包装材料准备的注意事项

包装方式不规范是运输途中盆栽植物容易损坏的重要原因之一。因此，应该根据不同的盆栽植物和不同的运输方式来选择不同的包装方法。通常，各种包装的目的都是尽量减少植物在贮藏及运输时的机械损伤和防止水分损失。

① 正确选择包装箱尺寸，既可节省贮运空间，又能保证足够的通风量，防止植物叶片和花朵衰败。包装箱的净高度以植株连盆高度再加上 4 ～ 6 cm 为宜，内箱的长和宽以盆径倍数来计，但以 1 ～ 2 人能方便搬运的尺寸、重量为宜。部分花卉的冠幅较大（如一品红），易受损，建议包装箱以侧面开口为佳。

② 包装箱规格纸板要有足够抗颠簸及抗压的硬度。

③ 通常，盆栽植物要先套在专用套袋中，然后再装入包装箱。专用套袋的材料应选用质地柔软的包装纸或塑料袋。规格：下径大于盆径 3 ～ 4 cm，上径要根据盆栽植物的长势而定。高度应该比植株叶片和苞片高出 3 ～ 5 cm。

④ 若无特别合适的箱子，植株高度略高于箱子高度的情况下，封箱时，可将略高的部分在塑料袋中捋顺，贴边盖上，这样对植物的损伤相对较小。

⑤ 卡板的设计方法：卡板的作用是固定花盆，卡板的两边有脚，脚的高度最好离盆口 3 ～ 4 cm。卡板中每盆卡孔的直径以比花盆在卡板高度位置的直径小 0.5 cm 左右为宜。

⑥ 装车要求包装箱与车厢之间的空隙应尽量小。空隙大的地方要用泡沫或其他材料尽量塞紧。

⑦ 盆栽植物在长途运输时，应该在箱子内侧 4 个角上支一些支杆，避免箱子在运输过程中受到挤压，导致损害。

⑧ 冬季运输时，除了给植物本身套袋外，还应该在箱子的外侧加一些塑料布、保温棉等，以保温防冻。从南往北运，适当多加几层保温棉；从北往南运，则少加或不加。

### 3.4 包装方法

通常不同的盆栽植物应该采用不同的包装，常见的有 3 种包装方法。

（1）带盆包装。带盆包装是一种常见的包装方式，指带着花盆进行的包装。大部分盆栽植物适合带盆包装（如红掌、新几内亚凤仙、一品红等）。

第一步，挑选出健康，无受损的盆栽植物。

第二步，套袋。根据植物的长势，将塑料包装袋从植物的盆底顺势往上套。将塑料袋的下开口留在花盆处，将塑料袋的上开口顺势往上提，使叶片、枝条向上向中间靠，上开口一定要高于收拢后的植株高度，以保护植株上部叶片及花。套完袋之后，不可在植株上部进行封口，以保持植物的呼吸和通风透气。

套袋量大时，一般要两个人配合进行，甲用一只手拿一叠包装袋，另一只手将最外边的一个包装捻开后，用两手撑着，乙一只手端花（如果发现有挑花时没摘的枯叶败花要摘除），另一只手伸进袋中将袋全部撑开，然后把花放入袋中，放入的过程中手背沿着顺时针方向转动180°，在转的过程中逐渐进入袋中，最后把剩在袋外的叶子用手心轻轻推入袋中，甲用手捏住带上口的两边稍用力掂一下，放平稳即可。

第三步，装箱。由于草本植物花卉，叶片和茎秆都比较脆嫩，所以装箱时，应选择竖放。注意一个箱子不要装太多盆，避免花、叶折损。装箱完成后用打包带或胶带扎紧。具体步骤为：

封箱时，应先把箱子底部的两个小面折平，再折两个大面并对齐，视运输路途远近在箱底横向拉两道或三道胶带，纵向拉一道胶带（胶带中心要对齐两个大面的缝），为了防止胶带脱落，每道胶带粘在箱子侧面15 cm左右，而且每道胶带都要用手压牢，特别是胶带的端部。要注意箱子不能封倒。封好箱后，把套好袋的花按要求数量每排对齐放入，要注意盆部上下或左右错开，要求每箱所装的数量都是箱子刚好能承受的，在装最后一排时会很紧，要注意不要损伤叶片和花朵，影响花的品质。待销售人员检验完后，开始封箱，要求和封箱子的底部时相同，只是横向封两道，纵向封一道。

（2）脱盆包装。脱盆包装是指将花盆脱去，仅留下土球的一种包装方法，特别适合盆栽植物的长途运输。脱盆包装的优点是能较长时间保持土壤湿润，并能减轻运输的重量，降低运输成本。此方法适合植株抗损伤的能力强的盆栽植物（如铁线蕨等）。

第一步，要选择健康、无病虫的植株。

第二步，脱盆套袋。将盆栽植物脱盆后，用小无纺布袋套好土球，打活结收口，但不要让盆土漏出。给根部土球套好编织袋之后，再给植株地上部套上袋。将套袋的下开口留在土球处，上开口顺势往上提，套袋的上开口一定要高于植株叶片，以保护植株上部叶片。

第三步，装箱。本包装方式适合植株抗损伤的能力强的盆栽植物，因此装箱时，此类盆栽植物可以水平放置。水平放置时，将土球放在箱子的两头，植株地上部分面向箱子中间。装箱完成后用打包带或胶带扎紧。

（3）缠绕包装。缠绕包装是一种特殊的包装，指将植株的枝叶进行一定程度的缠绕后再包装的方法，可以带盆进行，也可以脱盆进行。枝条较长的藤本植物适合缠绕包装（如常春藤等）。

第一步，要选择健康、无病虫的植株。

第二步，套袋。将常春藤的藤条捋成一束，然后以塑料盆的吊绳为中心，一圈一圈绕起来。绕好藤条后，一只手拿着绕好的常春藤，一只手将塑料袋从盆底套起，将套袋的下开口留在花盆处，将套袋的上开口顺势往上提，使塑料袋的上开口高于植株叶片，以保护植株叶片，减少与其他植株的摩擦。套完袋之后，不可在植株上部进行封口，以利于植物的通风透气。

第三步，装箱。根据植株的大小，选择包装箱的规格。由于藤类盆栽植物多数对物理损伤的抗性较大，所以装箱时，可选择横放（图2-10-6）。对于较大规格的盆栽植物，如盆径36 cm的绿萝，应选择一盆一箱进行包装（图2-10-7），且无须套袋。装箱完成后用打包带或胶带扎紧。

图2-10-6　绿萝横放装箱及装车

图2-10-7　大绿萝单独装箱

（4）特殊包装。可以根据客户的需要对盆栽植物进行精品包装（图 2–10–8），或者针对网络快递业务设计定制有针对性的包装样式（图 2–10–9）。

图2-10-8　吊兰精品包装

图2-10-9　穴盘苗快递包装

### 3.5　包装箱的标志内容

打好包装后，还应该做好包装箱标志内容的描述工作，以确保搬运时工人们能够按要求操作，减少植物运输过程中的损伤。

① 包装箱上应标明产品名称、包装数量和质量等级等；

② 必要时，包装箱上应该有向上或请勿倒置、小心轻放和防潮、防雨等标识；

③ 在运输不同植物时应给予不同的温度要求标识；

④ 在同一包装箱内的植物品种颜色和规格必须统一，除非客户有"随机""混色"等特殊要求外。

⑤ 标志的内容，应符合国家法律法规，应通俗易懂、准确、科学，不应模糊、脱落，应保证消费者购买时易于辨认。

### 3.6　运输

盆栽植物的运输方式有 3 种，汽车运输、铁路运输和空运。近年来，由于公路比较通畅，汽运物流比较方便，大多数盆栽植物生产者选择了汽车运输。汽车运输是目前盆栽植物运输最主要的运输方式，运费仅为空运的 1/4 ～ 1/3，并且可以把装卸的损伤降到最低；铁路运输和空运的盆栽植物，最终还需要汽车转运，才能最终到达目的地。选择汽车运输需要注意以下几点：

① 车辆选择：最好选择箱式车、大篷车等可封闭的车。箱式车和大篷车具有大的密闭空间，盆栽植物装上车之后，可以封闭起来，这样盆栽植物就不会因为外界的环境变化而影响生长状态和观赏价值。

② 运输时，盆栽植物所处环境应保持空气循环、温度稳定，因此，要求运输车辆应该有通风装置。通常情况下，温度在 12 ～ 18℃最适合，超过 18℃，会使叶片苞片下垂现象加剧，若长时间在 2 ～ 10℃的条件下运输会出现冻害，会出现叶片苞片萎蔫、掉叶，苞片颜色发蓝等症状。冬、夏两季运输，车辆还应该有保暖和制冷装置，以减少对货物的伤害。春秋两季的气温与植物生长温度基本相同，所以运输车辆可以没有恒温装置。

③ 装车时，应该轻抬轻放，注意不能将箱子倒置。

④ 运输时间要尽可能短，最好不超过 3 d。因为花卉在包装箱中的时间越长，恢复所需的时间越多，如果时间太长就可能无法恢复。

### 3.7 到货处理

盆栽植物到达目的地后应该进行如下操作：

① 先小心翼翼地打开包装箱，然后将盆栽植物挨个取出，将套袋轻轻取下，注意不要过于用力，以免损伤植株叶片；

② 将植株置于明亮有光照、18 ～ 23℃的环境中；

③ 脱盆包装的植物，将套袋轻轻取下，然后去掉编织袋，再将土球栽入大小匹配的花盆中即可；

④ 种苗到达目的地后，应马上打开包装箱，把种苗分开平置于阴凉通风处，喷水护苗，以使苗能够尽快恢复。最好能尽早安排种植，使种苗尽快恢复生长。

**思政花园**

**卜算子·咏梅**

近现代：毛泽东

读陆游咏梅词，反其意而用之。

风雨送春归，飞雪迎春到。已是悬崖百丈冰，犹有花枝俏。

俏也不争春，只把春来报。待到山花烂漫时，她在丛中笑。

# 项目体验

## 体验一 考一考

**判断题**

1. 始终保持均衡的湿度对小的花卉种子的萌发是没有必要的。(　　)
2. 影响种子萌发过程的 4 个关键因素：温度、湿度、氧气和光照。不同种子需要不同的萌发环境条件。(　　)
3. 在种子萌发期间，要控制和调节土壤基质的温度，不是所有的种子都有最佳萌发温度的上限和下限。(　　)
4. 所有花卉种子萌发都对光照没有特殊需求。(　　)
5. 基质中的水是通过蒸发和根对水的吸收而损失的，根对水的吸收又受蒸腾作用的控制。(　　)
6. 温度、光强、湿度和基质的物理特性与水进出穴盘是相互作用的。(　　)
7. 一般来说，偏向少浇水的种植者对植物生长的控制比喜欢多浇水的种植者要好一些。(　　)
8. 在穴盘内浇水可以通过人工、喷雾系统、臂式灌溉系统或几种方法的综合使用来实现。应根据作物的类型、生长期、穴盘规格和环境条件来决定基质湿度应该增加到怎样的水平。(　　)
9. 容器的大小和基质的操作，不会影响基质的保水性和透气性。(　　)
10. 不正确的覆盖种子往往会给种植者带来经济损失。(　　)

答案：1.( × )，2.( √ )，3.( × )，4.( × )，5.( √ )，6.( √ )，7.( √ )，8.( √ )，9.( × )
10.( √ )

## 体验二 想一想

为何为刚上盆的花卉基质浇水很难浇透，需要多次浇水才可以？

**答：** 主要由于重力引起的。水的向下流动是由供给干湿分界层的水量决定的。水可以借助重力快速流过干湿分界层上面的湿土壤，而水通过分界层下的干土壤的速度却非常缓慢。

## 体验三 练一练

近期火龙果种子盆栽在市场非常流行，请你根据以下网络资料，尝试栽培火龙果种子盆栽。

火龙果种子盆栽网络资料：

① 挖出果肉；

② 将果肉装入网袋中揉搓清洗，揉搓几遍后将果肉与种子倒入清水中，使果肉与种子分离；

③ 将种子阴干；

④ 将种子均匀地铺撒在培养土上；

⑤ 种子铺满后喷水，浇透，并可保湿覆膜，以后每两天给种子喷一次水；

⑥ 喷完水后盖上一层透明薄膜，目的是在温度低的时候可以保温，而温度较高时则可以防止种子表面的水分流失，之后每两天给种子喷一次水。

火龙果种子盆栽栽培图例

## 体验四 赛一赛

小李有 500 株牡丹需要进行催花处理，使其在春节开放。请你查阅资料，设计一套可行的牡丹花期调控方案，并为该花期调控项目进行预算。

**思政花园**

### 涉江采芙蓉

两汉：佚名

涉江采芙蓉，兰泽多芳草。采之欲遗谁，所思在远道。
还顾望旧乡，长路漫浩浩。同心而离居，忧伤以终老。

◆ Project 3

# 项目3

# 管理者篇

03

# 任务 3.1 花卉生产场地规划

## 实训目标

1. 初步掌握花卉生产场地规划需要考虑的各种因素；
2. 了解花卉生产企业的设施设备及人员配置。

## 任务描述

小李的花卉生产业务越做越好，她准备开发一块新场地，开设第二个园艺场。近期，小李准备去考查选址，请你为她在花卉生产场地规划中需要考虑的各种因素、设施设备及人员配置提出合理建议。

## 职场体验

1. 教师讲授本任务实训的内容及其相关知识要点；
2. 把全班同学分组，每组 6 ～ 8 人，以小组为单位进行实训；
3. 每组按照花卉生产场地规划的方法，为本校生产基地或自选创业地点，进行花卉生产场地规划并进行平面图简图的绘制，规划项目包括生产区（智能温室、大棚、露天育苗基地）、场地道路规划、管理房或办公区、工具材料仓库、锅炉房、给排水管网沟渠等；
4. 每组根据生产场地规划情况，进行设施设备配置和人员配置；
5. 每组根据生产场地规划情况，通过网络进行相关设施设备价格查询及预算；
6. 教师考核，考核评分标准如表 3-1-1 所示；
7. 教学建议：本实训可结合任务 3.5 进行综合实训，并以 PPT 的形式进行汇报。

## 实训材料

电脑、纸张等。

## 成绩考核

**表 3-1-1 花卉生产场地规划考核评分标准**

姓名：________ 班级：________ 时间：________

| 项目 | 考核内容 | 考核标准 | 标准分值 | 实际得分 | 综合评价 |
|---|---|---|---|---|---|
| 花卉生产场地规划 | 实训态度 | 实训认真，积极主动，操作仔细，认真记录 | 20 | | |
| | 场地规划 | 场地规划科学合理 | 20 | | |
| | | 设施设备配置合理 | 20 | | |
| | | 人员配置合理 | 20 | | |
| | | 投资规模预算合理 | 20 | | |
| 合计 | | | 100 | | |

考评教师（签名）：________

## ◆ 1 生产场地的规划

花卉生产基地建设项目一旦确定，首先要做的是市场调查，以及相关规划。重点应考虑以下几个方面：

第一，产品市场的定位。所生产的产品是针对区域市场还是全国市场，如果是全国市场，则要考虑是否在全国设立几个分布合理的连锁种苗场。

第二，产品的种类定位。规划者需要考虑自身生产类型是种苗生产、成品花生产、观花植物生产或观叶植物生产，抑或者是综合性生产，不同类型的生产在管理上要求不同，对工人的素质要求也不同。

第三，由于花卉的生产量大、季节集中，为方便出圃，应尽可能地选择临近花卉生产、销售集中区域的位置建场。

第四，在建场的区域范围内选择小气候条件好的地方，以利于降低成本，发挥优势。

第五，目标客户。分析目标客户群分布状况，以及此类客户中占主要销售量的客户的特点，分析结果有利于生产和销售策略的制定，以及个性化、特色化服务策略的制定。

### 1.1 场地选址

选址时既要考虑地理位置、交通条件优势，又要考虑自然条件的可利用优势。

① 最好有良好的、合乎花卉生产要求的充足的水源，有符合花卉生产用水 pH、EC 值要求的深井水、自来水最为理想；

② 交通方便，道路畅通，以方便生产资料和种苗运输车进出；

③ 保证场地不会遭水淹；

④ 生产场地光照必须充裕，场地平坦，若为山地，则选择向阳、光照时间相对较长的南坡平缓地为宜；

⑤ 不论规模大小，电源必不可少；

⑥ 花卉生产基地尽量选择土地平坦的场地，有利于温室、大棚等设施的建设，也方便生产材料和花卉的搬运等。

### 1.2 投资规模

我国花卉生产企业，温室面积大多在 2 000 ～ 5 000 $m^2$，但作为专业花卉生产企业，最好有 5 000 ～ 10 000 $m^2$。不论规模大小，种苗项目设备硬件投资要控制好，每平方米温室（包括所有的专用必备设备和生产办公所必需的常规设备）的投资应在 200 ～ 500 元为宜。一个中等规模的花卉公司，其流动资金至少要保证超过设备硬件投资的 20%，若投资过高，即使运作再好，由于折旧过大，也将表现亏损；即使固定资产投资恰到好处，但如果流动资金不足，也将导致运行不良。

### 1.3 场地规划

不论规模大小，场地都需要规划。实施正式的规划设计，可为日常的生产经营活动提供便利，且经济实用。通常场地规划项目包括生产区、管理房或办公区、工具材料仓库、场地道路、蓄水池、给排水管网沟渠等（图 3-1-1 为某园艺场平面图）。

图3-1-1　某园艺场规划平面图

## 2　花卉生产基地的设施设备配置和人员配置

花卉生产基地的规划和布局确定以后，就要配置花卉生产所需要的设施设备和人员。下面以一个年产1 000万株花卉种苗的标准种苗场为例配置所需的设施设备、材料和人员。根据生产者的实际情况，可对有些条件作一定的调整。

### 2.1　设施设备

① 温室面积3 000 $m^2$，同时配置内外遮阳、加温系统、湿帘降温系统、内部循环通风扇、高压钠灯加光器、二氧化碳发生器及硫黄熏蒸器等；

② 苗床：移动或固定苗床2 000～2 400 $m^2$；

③ 发芽室：50 $m^2$，可安置17层 ×5个塑料穴盘的发芽架24～28只；

④ 播种室及准备房：300～400 $m^2$；

⑤ 播种机：板式播种机或管式播种机各一台；

⑥ 浇水设施：自走式浇水机 2～3 台，浇水喷头若干；

⑦ 肥料配比机：11 加仑施肥机 2 台或 20 加仑施肥机 1 台；

⑧ 其他设备：种苗搬运车、操作台等若干，种苗分离机 1 台。

### 2.2 人员配置

① 场长 1 人：主要负责种苗场总体工作、营销、宣传策划；

② 生产部：种苗主管 1 人，负责种苗生产技术、质量控制、生产实施等，并可根据实际情况配备技术员若干，技术员除可管理内部生产外，还可作为销售的技术售后。工头 1 人，负责生产工人管理、季节工人的配置。设备主管 1 人，负责设备管理、维修和零配件更换等；

③ 综合部 2～3 人：包括财务、仓管、车务后勤等；

④ 销售部：销售主管 1 人（可以由场长兼任），负责种苗销售工作、销售计划、客户服务。销售员若干，负责销售、接单、出货、接待。

## 任务 3.2 生产和销售计划的制订

### 实训目标

初步掌握花卉生产和销售计划制订的相关知识和方法。

### 任务描述

年末，小李准备与团队一起制订新一年的花卉生产计划，请你为小李设计一份花卉播种、销售计划表。

### 职场体验

1. 教师讲授本任务实训的内容及其相关知识要点；

2. 把全班同学分组，每组 6～8 人，以小组为单位进行实训；

3. 每组根据花卉生产和销售计划的制定方法，为本班所生产的所有花卉制订一份花卉播种、销售计划表；

4. 教师考核，考核评分标准如表 3-2-1 所示；

5. 教学建议：本实训可结合任务 3.5 进行综合实训，并以 PPT 的形式进行汇报。

### 实训材料

电脑、纸张等。

## 成绩考核

表 3-2-1　花卉生产和销售计划制订考核评分标准

姓名：________________　　班级：________________　　时间：________________

| 项目 | 考核内容 | 考核标准 | 标准分值 | 实际得分 | 综合评价 |
|---|---|---|---|---|---|
| 花卉生产和销售计划 | 实训态度 | 实训认真，积极主动，操作仔细，认真记录 | 20 | | |
| | 花卉生产和销售计划制订 | 计划时间准确 | 20 | | |
| | | 表格设计科学合理 | 20 | | |
| | | 计划相关数据科学合理 | 20 | | |
| | | | 20 | | |
| 合计 | | | 100 | | |

考评教师（签名）：____________

## ◆ 1　花卉生产计划概述

花卉生产计划是花卉生产企业经营计划中的重要组成部分，通常是对花卉企业在计划期内的生产任务做出统筹安排，规定计划期内生产的花卉品种、质量及数量等指标，是花卉日常管理工作的依据。生产计划是根据花卉生产的性质、花卉生产企业的发展规划、生产需求和市场供求状况来制订的。

制订花卉生产计划的任务就是充分利用花卉生产企业的生产能力和生产资源，保证各类花卉在适宜的环境条件下生长发育，进行花卉的周年供应，保质、保量、按时提供花卉产品，并按期限完成订货合同，满足市场需求，尽可能地提高生产企业的经济效益，增加利润。

花卉生产计划通常有年度计划、季度计划和月份计划，对花卉每月、季、年的花事做

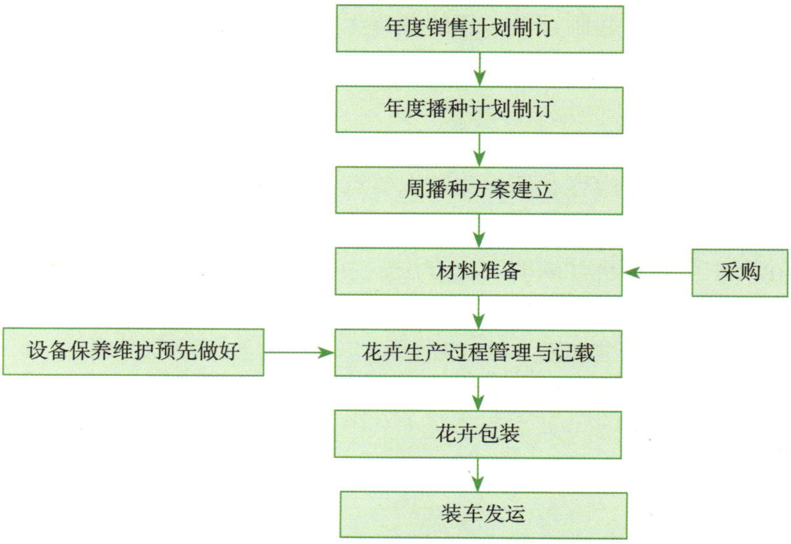


图3-2-1　花卉生产经营流程图

好安排，并做好跨年度花卉连续生产（图 3-2-1）。生产计划的内容包括花卉的种植计划、技术措施计划、用工计划、生产用物资供应计划及产品销售计划等。其具体内容为种植花卉的种类与品种、数量、规格、供应时间、工人工资、生产所需材料、种苗、肥料农药、维修及产品收入和利润等。季度和月份计划是保证年度计划实施的基础。在生产计划实施过程中，要经常督促和检查计划的执行情况，以保证生产计划的落实完成。

花卉生产是以盈利为目的的，生产者要根据每年的销售情况、市场变化、生产设施等及时对生产计划做出相应的调整，以适应市场经济的发展变化。

## ◆ 2 生产经营流程

### 2.1 周的概念

花卉生产企业通常把花卉生长周期的单位定为周数，而不是天数，并把每一年的生长周期设立为 52 周。规定星期日为每周的第一天。每年第 1 周，是 1 月 1 日所在的周。把花卉生长周期的单位确定为周数而不是天数，主要基于以下几个方面的考虑：

① 专业花卉生产企业的种苗生产量很大，几乎每天都会有大量的播种、养护、收获、运送等工作。就某个品种而言，一周也会有几次重复。如果把天作为生长周期的单位，则前后两天的种苗生产差别很小，分开统计意义不大。但如把月作为生长周期的单位，则一个月中的种苗生长差异又太大，通常草本花卉生长周期都不长，用月来计算对种苗生产操作没有实际意义。所以把周作为生长周期的单位。

② 一定规模的花卉生产企业的花卉生产量很大，相应的种子种苗、基质、肥料、农药、栽培容器等用量也很大，若每天都采购在程序上会非常烦琐，但如果很长时间才采购一次，又会产生库存、资金的积压，以及种子的寿命、播种计划更改等诸多问题。因此一般种苗生产管理者至少在上一周要做好下周所有工作的准备，如人员调动，临时工需要量，种子、基质、肥料、农药、穴盘、机械工具的购买量，播种表的建立，生产各环节的确立等。

生长周期的计算：播种当周不算第一周，下一周才是第一周开始，同理销售当周也不列入生长周期之内。如第 19 周播洋凤仙种子，第 20 周算种苗生长的第 1 周。如洋凤仙的生长周期为 6 周，则第 26 周才能算该批种苗的计划销售周。

### 2.2 计划制订

为了方便种苗生产、销售和库存的管理，年初必须制订花卉销售计划和种苗生产计划。种苗计划的制订是确定一年 52 周内，每周需要销售花卉的种类、销售量，或是每周需要播种的品种及数量。

#### 2.2.1 销售计划的制订

销售计划的制订应根据以前年份的销售情况和本年度计划实现的销售增长率及相关订单，制订本年度的花卉销售计划。计划表制订时先列出需要制订计划的种类、品种、颜色，确定好本年度的销售数量，再把这一品种的总量分解，确定一年内哪些周需要销售该品种以及计划销售量。计划表的格式见表 3-2-2。

**表 3-2-2　花卉播种、销售计划表**

单位：千苗

| 月份 | | | | | 1月 | | | | …… | 12月 | | | | 小计 |
|---|---|---|---|---|---|---|---|---|---|---|---|---|---|---|
| 编码 | 品种 | 系列和颜色 | 规格 | 生长周数 | 第1周 | 第2周 | 第3周 | 第4周 | …… | 第49周 | 第50周 | 第51周 | 第52周 | |
| | | | | | | | | | …… | | | | | |
| | | | | | | | | | …… | | | | | |
| 合计 | | | | | | | | | …… | | | | | |

注：此表皆可用于播种和销售计划的制订。

### 2.2.2　播种计划的制订

制订好种苗销售计划后，再根据种苗生长所需要的周数确定在哪一周播种；根据计划销售的花卉数量和某品种的成苗率，确定需要播种数量。然后根据市场和订单情况，确定某品种用 128 穴盘播种还是用 288 穴盘播种，再确定需要播种的穴盘数。需要注意的是：

① 种苗生长所需要的周数既不包括播种的当周，也不包括销售的当周。例：第 35 周某客户要 1 000 株洋凤仙红色，第 37 周要 800 株四季海棠粉红色（假设海棠生长周期为 12 周），则应在第 35–6–1=28 周要播种洋凤仙，在第 24 周播种四季海棠。

② 播种量确定后再确定所需播种的穴盘数量（表 3-2-3），如计算出的穴盘数量不是整数，则不论小数点后的数值大小，都视为一盘。如洋凤仙：生长周期为 6 周，用 288 穴盘育苗，计划在第 26 周销售种苗 2 880 株，生产成苗率为 80%，则应在第 19 周播种，其播种量为 2 880/0.8=3 600 粒种子，288 的穴盘数量为 3 600/288=12.5，即 13 盘。

**表 3-2-3　第 ×× 周播种计划表**

| 品种 | 颜色 | 穴盘规格 | 穴盘数 | 用种量（粒） | 种子批号 | 发芽率 | 备注 |
|---|---|---|---|---|---|---|---|
| 红铜叶四季海棠 | 鸡尾酒 F1 赤褐色 | 288 | 50 | 19 200 | 01000433 | 85% | |
| 羽状鸡冠花 | 和服绯红色 | 128 | 25 | 4 270 | 01001058 | 89% | |
| 彩叶草 | 航路 F1 红叶黄绿边 | 288 | 12 | 4 610 | 01010317 | 78% | |
| 洋凤仙 | 重音 F1 红色 | 128 | 87 | 14 850 | 03000743 | 65% | 加播 20% 的种子量 |
| 小花矮牵牛 | 幻想 F1 红色 | 128 | 29 | 4 950 | 10000527 | 85% | |
| 一串红 | 展望红色 | 288 | 24 | 9 220 | 16010328 | 88% | |
| 皱叶羽衣甘蓝 | 名古屋 F1 红色 | 288 | 68 | 26 120 | 01010436 | 92% | |
| 波浪叶羽衣甘蓝 | 大板 F1 红色 | 128 | 123 | 21 000 | 01010436 | 93% | |
| 孔雀草 | 杰妮黄色 | 128 | 81 | 13 830 | 12010325 | 78% | |
| 金盏菊 | 棒棒黄色 | 512 | 469 | 320 180 | 18010446 | 65% | |

说明：① 以 75% 的成苗率计算用种量；

② 计算出的用种量，不满 10 粒的按 10 粒算；

③ 少数发芽率偏低的种子，可加播 20% 的种子量；

④ 一般来说，种苗计划的制订一年一次，而每周实际播种的数量会因市场情况、实际接到的订单、成苗率等因素影响而有所改变，因此每一周必须制订下一周的播种计划。

## 2.3 生产程序

以生产周期短的种苗生产为例：

种苗生产程序是从播种后进发芽室一直到库存的每一步骤。生产程序分为四个阶段，与种苗生长的四个时期相对应，见表 3–2–4。以洋凤仙为例，生长周期若为 6 周，播种后运到发芽室，为第一周开始，在第一周内发芽完成，移到温室进行第二周生长；第二周后期移到其他温室进行第三周的快速生长，第二、三周中间每隔一段时间就需施肥、打药、喷水等；第四周时要进行补苗，（因为种子不可能 100% 发芽，空穴需由其他穴盘中同类秧苗来补足）或移苗（由小穴孔盘苗，移到大穴孔盘苗，如 512 到 128 穴盘）；第五周时进行巡苗（通常由资深的种苗种植者确认）确定有可正式出售的苗量，做好库存计划后把苗送到第四期炼苗区。一般而言，在巡苗后，可出售的苗大致不会变动，因而在炼苗区的苗又叫库存苗，即可供出售的苗。

**表 3–2–4 种苗生产程序表**（以洋凤仙为例，生长周期为 6 周）

| 程序名称 | 对应种苗生长的四个时期 | 生长周期 | 生长地点 | 主要工作 |
|---|---|---|---|---|
| 第一期：发芽期 | 发芽期—播种至胚根长出 | 第 0 周 | 准备房 | 播种 |
| | | 第 1 周 | 发芽室 | 发芽条件控制 |
| 第二期：过渡期 | 过渡期—根长出至第一片真叶长出 | 第 2 周 | 温室生长区 | 肥水管理、病虫防治 |
| | | 第 3 周 | 温室生长区 | 肥水管理、病虫防治 |
| 第三期：快速生长期 | 生长期—第一片真叶长出至种苗可移植 | 第 4 周 | 温室生长区 | 补苗或移苗，肥水管理、病虫防治 |
| | | 第 5 周 | 温室生长区 | 巡苗，做好库存表，肥水管理、病虫防治 |
| 第四期：炼苗期 | 驯化期—种苗运输期的驯化 | 第 6 周 | 温室炼苗区 | 炼苗，适当控制肥水 |
| | | 第 7 周 | 温室炼苗区 | 种苗销售，适当控制肥水 |

## 2.4 花卉产品销售

生产花卉的目的是要实现销售并收回成本，赢得利润。花卉的销售分订单销售（播种前订单、播种后订单）和现苗销售两种。通常大订单和特殊品种订单为播种前订单。在国内，花卉销售主要以播种后订单销售和现苗销售为主。花卉产品销售前应根据市场行情和生产经营成本制定合理的销售价格，销售价格基本上每年制定一次。

播种后订单销售，只能在生产计划中已安排生产的花卉中选择。并应及时扣除销售种苗的总量，以免出现花卉销售不够，有些客户提不到货的情况。花卉出库时，检查实物是否与订单完全吻合，如有差异，及时通知客户并进行调整。

现苗销售。当花卉可作为成品花销售时，应及时通知订单客户提货或发货。对无订单花卉，应加强现苗的销售工作，力争在可销售期内销售大部分现苗。另外，现苗销售时，应首先查询库存情况，接着查询实际存圃量是否与库存吻合，销售后，及时更改库存记录。

花卉发货以后，应及时与客户联系，了解客户收货情况，并做好销售总结。另外，对于销售人员而言，平时应该积极了解市场需求，寻找客户，并注意保持联系，做好客户的管理工作。

# 任务 3.3 花卉生产成本的测算

## 实训目标

1. 初步掌握花卉生产成本核算方法及影响成本的各种因素；
2. 掌握花卉生产经营流程等相关知识。

## 任务描述

小李在经营一段时间花卉生产企业后发现，企业通过生产成本的测算有以下优点：可明确各成本项目，便于对生产进行管理和合理分摊成本；通过生产成本预测量和实际发生量之间的比较，可了解各成本项目的开支是否合理；通过生产成本的测算，可以使销售定价更趋合理。以下是小李总结的成本测算的相关经验，请大家一起分享学习。

## 职场体验

1. 教师讲授本任务实训的内容及其相关知识要点；
2. 把全班同学分组，每组 6～8 人，以小组为单位进行实训；
3. 每组按照花卉生产成本的测算方法，测算本学期预生产花卉的成本，并为其成品花进行合理定价；
4. 教师考核，考核评分标准如表 3-3-1 所示；
5. 教学建议：本实训可结合任务 3.5 进行综合实训，并以 PPT 的形式进行汇报。

## 实训材料

电脑、纸张等。

## 成绩考核

**表 3-3-1　花卉生产成本的测算考核评分标准**

姓名：________　　　　班级：________　　　　时间：________

| 项目 | 考核内容 | 考核标准 | 标准分值 | 实际得分 | 综合评价 |
|---|---|---|---|---|---|
| 花卉生产成本的测算 | 实训态度 | 实训认真，积极主动，操作仔细，认真记录 | 20 | | |
| | 成本测算 | 测算项目合理、齐全 | 20 | | |
| | | 测算方法科学可行 | 20 | | |
| | | 测算结果偏差小 | 20 | | |
| | | 成品花定价科学、合理 | 20 | | |
| 合计 | | | 100 | | |

考评教师（签名）：________

## ◆ 1 花卉生产成本测算的意义

传统花卉生产，种苗的生产成本很难加以估算，因为其生产中很多成本项目（如作为介质的土地成本、完全自然条件下的种子发芽率、多项目生产的人工成本等）无法量化，即无法用数字计算。现代园艺生产由于其规模化和专业化的特点，使得各成本项目比较确定，从而能够进行成本测算。成本核算意义具体为：

① 企业通过生产成本的测算可明确各个成本项目，以便对生产进行管理。

② 通过生产成本预测量和实际发生量之间的比较，可了解各成本项目的开支是否合理，便于控制成本。

③ 可合理分摊成本。如果不进行成本核算，则在产品生产出来前将无法对项目成本进行分摊，而到产品销售的当月，所有成本全部结转则又会影响到利润。

④ 通过生产成本的测算，可以使销售定价更趋合理。

成本测算是一个非常复杂的过程，要通过多年经验的积累，才能使测算的数据更符合实际，更合理可靠。

## ◆ 2 花卉生产成本项目

花卉生产企业的成本费用项目主要有：生产成本、销售费用、管理费用和财务费用。其中，花卉生产成本就是种苗生产过程所发生的各项料工费的合计（表 3–3–2）。

**表 3–3–2 花卉生产成本项目简表**

| 项目 | 成本项目 | 备注 |
| --- | --- | --- |
| 生产成本 | 生产用资材 | ① 种子种苗、穴盘、基质、化肥等<br>② 花卉生产所用工具的费用<br>③花卉生产所用劳保用品的费用 |
| | 人工工资 | ① 播种、生产管理、储运等过程中所发生的人工工资<br>② 直接指导生产的生产部经理的费用 |
| | 水电费 | 生产过程中所使用的水、电等费用 |
| | 通信费 | 为生产联系所发生的交通费、通信费等 |
| | 生产温室的折旧费 | |
| | 土地租用费 | |
| | 储运费 | 为花卉出圃必须使用的包装箱以及其他费用项目，如标签、冬季加温费等 |
| | 植保费 | 生产过程中所使用的农药、生长调节剂等费用 |
| | 维修费 | 生产过程中为使生产正常进行而产生的设备维护、维修费用 |
| 销售费用 | 不在生产成本内核算范围内 | ① 销售产品而引起的，包括销售人员和销售部经理所有费用<br>② 宣传、差旅、展览费用<br>③ 生产部门和销售部门以外的所有管理人员在工作管理过程中所发生的包括办公室、仓库的折旧，办公室用品等费用<br>④ 管理人员工资在内的管理费用<br>⑤ 因占用资金引起的财务费用 |
| 管理费用 | | |
| 财务费用 | | |

## ◆ 3 各项目成本的测算

① 测算与花卉生产相关的各项目成本（表 3–3–3），首先要考虑的是种子种苗成本。种子种苗的品种、等级不同，种子种苗价格和成苗率也不同。因此，种子种苗的种类和质量直接影响种苗的成本。

② 成本测算时应考虑到补苗，花卉生产项目中种子种苗、基质、农药、水、电、化肥、人工工资及其他费用项目的成本的测算均与成苗率有关，成苗率越高成本越高，并且成苗率还与生产管理水平密切相关。

③ 由于操作过程中会有一些材料的浪费和重复劳动，因此各项目成本测算均考虑 10% 的损耗。

④ 由于花卉种类不同，生长周期也长短不一，各项目成本的测算系数会有所不同，如劳动力成本、水电费、农药化肥费用等。

⑤ 因客户和市场的要求，使用不同规格的穴盘（如 288 穴盘、128 穴盘等）、花盆等容器生产花卉，从而使得栽培容器、基质等成本也有较大差异。

⑥ 测算方法案例见表 3–3–3。

**表 3–3–3　穴盘种苗生产成本测算样表**

元 / 千苗

| 成本项目 | 前提条件 | 长春花 | 万寿菊 | 矮牵牛 | 一串红 |
|---|---|---|---|---|---|
| 千粒种子价格 | | 64.00 | 184.00 | 52.80 | 82.40 |
| 种子 | 成苗率 75% | 93.87 | 269.87 | 77.44 | 120.85 |
| 288 穴盘 | 3 元 / 张 | 13.89 | 13.89 | 13.89 | 13.89 |
| 基质 | 0.015 元 / 穴 | 22.00 | 22.00 | 22.00 | 22.00 |
| 水电 | 0.005 元 / 苗 | 7.33 | 7.33 | 7.33 | 7.33 |
| 肥料农药 | 0.005 元 / 苗 | 7.33 | 7.33 | 7.33 | 7.33 |
| 劳动力成本 | 0.020 元 / 苗 | 29.33 | 29.33 | 29.33 | 29.33 |
| 温室设备折旧 | 0.020 元 / 苗 | 29.33 | 29.33 | 29.33 | 29.33 |
| 包装箱 | 0.015 元 / 苗 | 15.00 | 15.00 | 15.00 | 15.00 |
| 其他费用 | 0.010 元 / 苗 | 14.67 | 14.67 | 14.67 | 14.67 |
| 合计 | | 232.76 | 408.76 | 216.33 | 259.74 |

说明：① 上表计算的是补过苗的种苗生产的直接成本，即不包括管理费用、财务费用和经营费用；
② 生产用温室和设备所产生的折旧费、土地租用费在生产成本列支；
③ 生产成本计算的期间为准备播种至种苗装箱上车；
④ 除穴盘和包装箱外，其余费用的计算均与成苗率有关并考虑 10% 的损耗。即长春花出产一千苗实际购买种子的测算成本 =64.00/75%×（100%+10%），其他项目算法一样；
⑤ 若需进行成品花生产，则需要另行计算每次换盆后所引起的栽培容器、基质、水电、肥料农药、劳动力成本、温室设备折旧等费用；包装箱、种子种苗成本整个生产过程中只计算一次即可；
⑥ 以上测算价格只是参考值，具体数值需根据实际物价定。

# 任务 3.4　花卉生产作业指导书

## 实训目标

1. 学习花卉生产作业指导书，使学生了解作为花卉生产企业管理者应具备和掌握的知识和能力；

2. 使学生了解作为管理者应为新进员工初步培训的工作内容。

## 任务描述

小李的企业每年都会新进一批职工，但新进职工相关专业职业技能水平良莠不齐，为了使他们可以尽快适应自身岗位，除宣讲公司管理条例外，还需要对其进行岗位入职技能培训。请你根据小李的实际情况，帮助她的企业编写《花卉生产作业指导书》，作为新进员工的入职技术培训手册。

## 职场体验

1. 教师讲授本任务实训的内容及其相关知识要点；

2. 把全班同学分组，每组 6～8 人，以小组为单位进行实训；

3. 每组按照本学期所学的技术规程，编写花卉生产作业指导书，指导书中建议包括如下项目：花卉日常管理基本程序、环境调控、种苗生产、成品花生产、植物保护、植物营养、包装、库存管理、环境卫生等项目，要求指导书需从管理者角度出发进行编写，做到简明扼要，技术要点、管理要点突出，通俗易懂，便于培训；

4. 教师考核，考核评分标准如表 3–4–1 所示；

5. 教学建议：本实训中教师可根据分组情况，将花卉生产作业指导书分成若干部分，每组可撰写其中自己最感兴趣的一部分，然后利用 PPT 的形式进行汇报；可引导学生结合学校花卉基地实际生产、经营、管理情况等进行编写；本章节中涉及的部分管理内容（库存、卫生、日常巡查等）没有设置专门授课章节，教师可根据实际情况进行专题讲解。

## 实训材料

电脑、纸张等。

## 成绩考核

表 3–4–1　花卉生产作业指导书编写考核评分标准

姓名：__________　　班级：__________　　时间：__________

| 项目 | 考核内容 | 考核标准 | 标准分值 | 实际得分 | 综合评价 |
|---|---|---|---|---|---|
| 花卉生产作业指导书编写 | 实训态度 | 实训认真，积极主动，操作仔细，认真记录 | 20 | | |

续表 3-4-1

| 项目 | 考核内容 | 考核标准 | 标准分值 | 实际得分 | 综合评价 |
|---|---|---|---|---|---|
| 花卉生产作业指导书编写 | 作业指导书编写 | 简明扼要，通俗易懂，便于培训 | 15 | | |
| | | 可囊括公司各岗位工作内容 | 20 | | |
| | | 技术要点突出，管理要点突出 | 15 | | |
| | | 贴合自身生产实际 | 20 | | |
| | | 受训者学习后，可掌握一定的技能，并便于生产管理者管理 | 10 | | |
| 合计 | | | 100 | | |

考评教师（签名）:______________

## 知识点拨

# 花卉生产作业指导书

## ◆ 1 花卉日常管理基本程序

（1）日常管理直接影响花卉的生长，其核心是调整温度、水分、光照等环境因子，保证花卉的正常生长。

（2）每日上、下午开始工作时，必须首先全面巡视各自负责的区域，检查温度是否适宜、盆栽基质的水分状况、光照强度等，并据此采取开闭通风、遮阴、浇水等调控措施。对变化剧烈的环境要素必须随时注意，如夏季中午烈日下露天花卉的水分变化，温室内早晚和中午温度的变化，并采取相应调整措施。

（3）在保证环境要素符合花卉生长要求的前提下，再根据花卉生长需要，进行换盆、修剪、摘除病叶、调整间距等作业。

（4）每日工作前，清理作业场所。

（5）每日工作结束后，检查水电设备、门窗是否关闭、清理作业场所。

（6）填写当日的工作日志、报损清单和有关报表。

## ◆ 2 环境调控

（1）环境调控是花卉日常管理的核心内容，优先于任何其他栽培作业。

（2）管理人员必须了解所养护花卉的生长习性，并据此确定其适当的温度范围、光照强度、基质和空气的湿度水平、基质配比等，当环境条件发展不利于花卉生长的变化时，及时做出相应的调整。

（3）温度。

① 适宜的温度是花卉生长的必要条件，整个栽培过程中，必须尽可能地给予其适当的温度，尤其注意，日最低、最高气温超过花卉忍耐范围时，对生长的致命影响。

② 为加快或延迟花卉生长、花期控制，而采取的温度调整措施，必须按上级领导的

指示进行。

（4）光照。

① 管理人员必须了解，花卉生长的不同阶段对光照强度的要求，并做出相应的调整。尤其应注意，光照强度变化对花卉水分需求的影响。

② 管理人员必须了解，现阶段花卉生长对光照长度的要求，并据此严格按技术要求，调整保留母株和催延花期的光照长度调整。

（5）湿度。

① 湿度管理包括基质湿度和空气湿度的调控。

② 管理人员必须了解，花卉生长的不同阶段对水分的要求。

③ 管理人员必须掌握，湿度、光照、通风、降水的变化以及不同基质配比对浇水频率和数量的影响。

④ 浇水时间一般应在基质温度与水温相近时进行。尤其注意，露地生产的花卉在因基质缺水导致萎焉时，应立即浇水，而不应以任何理由延误。

⑤ 浇水时必须掌握适当的水流，尤其避免大水冲击造成的幼苗倒伏、基质流失、根系裸露。

⑥ 基质湿度必须保持良好的干湿循环，当基质表层干燥深达盆径 1/10 时必须浇水，浇水必须浇透，严禁基质干透或长期水湿。要尽量创造浇“齐水”的条件，减少浇水的次数，有规律的干湿循环有利于花卉的生长也便于养护。

⑦ 管理人员必须了解，所辖花卉对空气湿度要求，并会根据需要采取喷水、通风等措施增减空气湿度。尤其注意，在高温高湿条件下病害发生、蔓延的可能。

（6）通风措施必须是为达到如下目的而进行：

① 降低室内温度和空气湿度。

② 加快基质干湿循环。

③ 抑制或避免病虫害的发生。

④ 避免植株徒长。

（7）营养。

① 管理人员必须了解，主要营养元素对植物生长的影响。

② 管理人员必须了解，所辖花卉生长的不同阶段对营养成分和数量要求。

（8）基质。

① 管理人员必须了解，主要基质成分的理化性质。

② 管理人员必须了解，所辖花卉对基质通透性、pH 的要求。

③ 基质调配应严格按技术要求进行，不得擅自调整配比。

## ◆ 3 种苗生产

（1）品种标识。种苗生产必须对所繁殖的品种加以标识，避免品种混杂。

（2）播种繁殖。全部采用穴盘播种育苗。

① 播种基质。用草炭和蛭石混合，视透气性和排水要求按（5～8）：1 的比例调配。草炭需经过粉碎或过筛，不得有大块混入。条件具备时要经过蒸汽消毒。

② 穴盘。视种子大小选用适当规格的穴盘。重复使用的穴盘需经过药剂消毒。

③ 装盘。基质装入穴盘时必须均匀充实，尤其注意边角部位。

④ 播种。根据种子大小、形状，采取机播、点播和撒播方式播种。

机播：对丸粒化种子，采用播种机播种。

点播：对大粒种子，直接点播入穴盘，注意一穴一粒，尽可能地避免重复浪费。

撒播：对不能用播种机播种的微小种子，可撒播在育苗盘中，待出齐苗后，移栽入相应的穴盘。

⑤ 覆盖。要求覆盖的种子，用粗蛭石覆盖。覆盖应均匀，以看不到种子为度。

⑥ 灌溉。播种后应立即充分灌溉，此程序在覆盖前、后均可，此后在发芽过程中，严禁基质干燥失水，发芽后视需要逐步降低基质湿度。

⑦ 覆膜。为保证种子发芽的湿度，要求对发芽期超过 10 d 的种子，应在完成上述程序后用薄膜覆盖保湿。但应注意，每 3 d 要打开薄膜通风换气。

⑧ 生长调控。为了保证种苗品质和生长进度，需不断调整温度、光照、供水、通风等环境条件 ，必要时使用植物生长调节剂，此项作业必须按主管领导技术要求进行，不得擅自更改。

⑨ 穴盘苗产品标准：适当的高度，尽可能短节间和侧枝；正常的叶色，具有充分舒展的叶片和与穴格大小相应的叶数；有活力、健康的、须根发达的根系，基质潮湿时很容易从穴格中取出；根据作物和穴格大小，每个穴盘、穴格生长一致；无病虫害。

（3）扦插繁殖。

① 母株：母株是扦插繁殖材料的来源。保留母株必须明确分清品种。保留母株的栽培条件应严格照技术要求，保持旺盛的营养生长状态，以提供优质插穗。保留母株需严格控制病虫害的发生，以提供健康插穗。

② 插穗。插穗采自当年生长发育充实而尚未木质化的半成熟枝条。一般选取枝梢部分作插穗，其组织培养以成熟度适中为宜。插穗应随采随插，如大批采集时，必须用湿布或麻袋包裹，置冷凉处，避免失水萎蔫，每个插穗一般保留 2～3 个成熟叶片，叶片过大时可剪除部分。在空气湿度大的条件下，可保留较多叶片，在空气干燥的情况下，应减少叶片。插穗下端应在节下剪切。剪具在使用前必须用酒精消毒。

一个批次的扦插穗条要选择木质化程度相同，生长部位相近的枝条，不同品种的具体剪取长度也应不同，应根据实际经验进行剪取。

用整形修剪下来的枝条的扦插，插穗的剪取也要分级：嫩些的枝条视为同一级，木质化程度高些的为同一级。

思政花园

**樱桃花**

唐代：元稹

樱桃花，一枝两枝千万朵。
花砖曾立摘花人，窣破罗裙红似火。

插穗的消毒，采用百菌清、甲基托布津 600～800 倍液直接浸泡插穗。

注意插穗的保湿，在剪穗过程中要保证已剪下插条或穗条不失水，消毒好后，在扦插进行前务必要保持枝条的湿润。

③ 基质。插穗基质需排水性良好，清洁无菌。在基质消毒前，先把基质拌两个来回，边拌边浇水，使介质比较湿润，然后再边拌边浇消毒药液（如敌克松 600 倍液：洒水壶一桶水加 15 g，大约一勺，搅拌均匀）拌匀。

④ 激素处理。为促进生根，扦插时应用激素对插穗基部进行速蘸处理。激素的种类、浓度必须按要求配制，不得随意更改。

⑤ 扦插。扦插时深度以插穗能稳定直立为度，注意疏密适当，不要让叶片遮蔽顶芽。在扦插之前要把基质浇透水。按照规定的生根剂和蘸根时间处理。

扦插的密度和深度：扦插的密度以插穗的叶片相互之间不重叠为宜，确定插穗深度的原则是只要能固定插穗，宜浅不宜深，一般为 2 cm 左右。或按照管理人员的要求进行操作。

扦插完毕，要及时插好或贴好标签，注明品种名和批次号。

⑥ 水分均衡。扦插成活的关键是尽可能给予饱和空气湿度，避免枝叶失水。当发现叶片萎蔫时，应立即以喷雾方式补充水分。尤其注意，过高基质湿度会使插穗基部严重缺氧，导致腐烂。

⑦ 植保。由于扦插的高温高湿条件极易发生病害，需高度重视扦插基质、容器、工具的消毒，并在操作过程中保持清洁，避免再度污染。扦插后要经常巡视，及时清除病叶和腐烂植株，防止病害蔓延。

⑧ 日常管理。

按照要求调节好喷雾时间和喷雾间隔时间（若需要喷雾），见表 3–4–2, 管理人员要每天巡视大棚，及时发现喷雾不正常的现象，并采取有效措施加以解决。

大棚每天要通风，晴天：早 8：00 摇起四周薄膜，开启天窗下班；阴雨天：在早上 8：00～9：00 和傍晚 4：00～5：00 要摇起通风。冬季在中午 11：00～14：00 适当通风。

扦插结束要及时喷施 800 倍液多菌灵和甲基托布津，以后定期喷药，防治病害的发生。

**表 3–4–2 喷雾控制器的时间设定**

<table>
<tr><th>晴天</th><th>时间段</th><th>间隔 /min</th><th>喷雾 /s</th></tr>
<tr><td rowspan="3">未生根</td><td>17：00—18：30<br>6：30—8：30</td><td>20</td><td>12</td></tr>
<tr><td>8：30—10：30</td><td>15</td><td>12</td></tr>
<tr><td>10：30—17：00</td><td>5</td><td>6</td></tr>
<tr><td rowspan="3">生根后</td><td>17：00—18：30<br>6：30—8：30</td><td>30</td><td>12</td></tr>
<tr><td>8：30—10：30</td><td>20</td><td>12</td></tr>
<tr><td>10：30—17：00</td><td>15</td><td>12</td></tr>
</table>

注：5 月 1 日～9 月 15 日气温高于 28℃。

续表 3-4-2

| 晴天 | 时间段 | 间隔 /min | 喷雾 /s |
| --- | --- | --- | --- |
| 未生根 | 8：30—10：30 | 20 | 6 |
| | 10：30—16：30 | 5 | 4 |
| 生根后 | 8：30—10：30 | 30 | 6 |
| | 10：30—16：30 | 15 | 6 |

注：春秋季或气温低于 25℃。

定期浇施水溶性肥料（表 3-4-3），对在穴盘生根和养护时间长的品种，在生根之后施用 APEX 18-8-8 缓释肥料。

**表 3-4-3 水溶性肥料施用表**

| 肥料类型 | 用途 | 肥料浓度 | 配比 | 备注 |
| --- | --- | --- | --- | --- |
| 水溶型 21-10-20 | 扦插～幼根 5 mm 喷叶肥 | 50～100/（mg/kg） | 4 000～2 000 倍 | 两种肥料交替使用 |
| | 幼根 5 mm～出苗 浇肥 | 200～250/（mg/kg） | 1 000～700 倍 | |
| 水溶型 14-0-14 | 扦插～幼根 5 mm 喷叶肥 | 50～100/（mg/kg） | 2 800～1 400 倍 | |
| | 幼根 5 mm～出苗 浇肥 | 200～250/（mg/kg） | 700～600 倍 | |
| 缓释肥料 18-8-8 | 在幼根长出后施用 150～200/（$g/m^2$） | | | |

注：肥料浓度仅用氮肥浓度表示，肥料浓度（mg/kg）=（肥料用量 × 氮含量 ÷ 溶剂重量）$\times 10^6$

每天花一定的时间检查扦插苗的情况，及时清除枯枝萎叶和拔除杂草。

## 4 成品生产

### 4.1 换盆

换盆需符合以下要求：

（1）植株位于盆的中央。

（2）视要求深浅适度，不得过深掩埋植株基部分枝部位，或过浅导致植株摇晃倒伏。在花盆盆土中央用工具打开一个穴，容积与所要移栽苗的根部相符，然后将移栽苗轻巧端正的栽入其中，要求不窝根，苗体移出和移入过程均要轻夹着叶柄，不能折损叶片更不能拿捏根部，以免造成根部土团的散落和根系的受损，栽入后根部要全方位接触盆内培养土，中间不能有可见间隙，移栽苗土团上表面与盆中培养土土面持平，整个过程中不能对盆中土壤有任何形式的挤压操作。

（3）视盆大小留适当“沿口”，以利于浇水。具体量以浸透水后土面距盆沿 1～1.5 cm 为宜。

（4）换盆后浇透水，用纯净水或杀菌药液多菌灵（600～1 000 倍）等预防性药液对单位面积内摆放的花盆统一进行浸透，要求所有花盆浸水均匀一致，控制水流避免将盆中土壤冲出盆外。

（5）去除穴盘苗或半成品苗介质表面青苔。

（6）在搬动运输摆放的过程中尽量避免培养土撒漏，而造成盆中土壤量的差异和生产资料浪费。

（7）脱盆：将所要移栽的小苗从容器中取出，先用手轻捏容器的四周和底部，使其内部与根团分离，用力一定要适当均匀，避免容器内土团散开或根系受损，然后手指轻捏叶柄，匀速匀力缓慢地将苗体提出。

## 4.2 摘心和修剪

（1）摘心修剪的目的是：均衡各分枝长势，控制高度，以形成紧凑丰满的株型。促进基部分枝。花期控制。为此进行的作业必须严格按要求的方法、时间完成，避免花期延误。

（2）管理人员必须细致观察了解，摘心或修剪的轻重对花卉生长的影响，并在未达到目的时，再次完善。

## 4.3 叶片整形

整形的作用有两个：首先，整形可以使植株整齐有层次感，叶片生长均匀，增强观赏价值；其次，可以使植株内部，尤其是生长点，有较好的光照，促进新叶的生长和花芽分化。

冠径达到一定级别时，整形尤为重要，在此之前，若有时间有需要也可以进行整形工作，整形要多次反复进行，让生长点经常性的多见光，其方法一般是大叶片叶柄在下，小叶片短叶柄在上，将叶片按照其自然生长方向拉直，然后由中心向四周由上至下用手轻压叶柄，使内部幼芽及生长点见光，注意不要压伤折损叶片叶柄。整形的时间最好选在午前 2～3 h 及下午叶片柔软时进行，下午时叶片叶柄柔软不容易损伤，而且整出的效果好，如因需要在肥水前后 4 h 之内或其他时间内也可进行，阴雨天或日落前需要整形时对于没有脱落的老叶、黄叶、花蕾不能随着整形而摘除，以避免造成伤口。要注意的是若叶柄非常的脆，拉直和下压的过程中注意不要损伤叶片造成不必要的机械损伤，引发病菌侵染。整形同时可进行转盆工作，避免偏冠，尤其是日光温室。整形周期随冠径的大小而不同，一般是在叶片恢复后就可以进行下一次的整形。

## 4.4 花期控制

（1）成品花卉的生产必须做到花期适宜。

（2）花期控制的方法。通过调整光照、温度、水分等环境因素和播种期、摘心修剪等栽培措施实现。

## 4.5 间距

栽培间距的调整，必须遵守保证生长空间、充分利用空间的原则。不可拥挤造成徒长，也不可过大浪费温室空间，降低单位面积产量。当调整间距需要的空间不足时，应上报有关领导决定。

## 4.6 摆放

盆花摆放应整齐美观，间距适度，便于管理。如高矮不齐时，应内高外低，摆放成拱形的冠面。

### 4.7 摘除病叶、花蕾

为减少病源，提高品质，应及时摘除植株上的黄、病叶，集中处理。

在摘除病叶老叶时要注意病菌的传播，（发现病叶要及时摘除，防止病菌的扩散和传染）特别是在摘除传染性比较厉害的病叶，摸完病叶要洗手消毒后再接触健康植株，在摘除花蕾和没有脱落的叶片时要用一只手固定花盆，另一只手的拇指与食指捏住花柄或叶柄的下部，顺时针转动叶柄的同时用力向上拔起，这样有利于花柄或叶柄的全部脱落，而且形成的伤口比较小，时间要求：要在晴天的 4：00 以前进行，而且要避开浇水肥的时间，在浇水前后 4 h 外进行以避免伤口感染。阴天时不要摘除花蕾和病叶。黄叶和老叶的最佳摘除时机是叶柄基部形成离层时，此时用手轻轻一拽，叶片即可脱落。

### 4.8 品质分级

对于各种因素造成的花卉品质差异，应及时调整，将不同品质花卉分类集中，便于日常管理和销售分级。为了提高花卉品级在花期要减少施肥次数；花期不能进行叶面喷施肥水，打药、熏蒸等植保措施也要停用；在开花的时候要格外地注意温度和通风，留心检查灰霉病对花朵的侵染，及时摘除老叶片以及将要凋谢的花朵。

## ◆ 5 植物保护

（1）植物保护以预防为主，综合防治为原则，通过各种手段控制病虫害的发生。

（2）植物保护的内容包括监测和防治 2 项内容。

① 植保人员应了解主要病虫害发生、发展规律，掌握各季节、各种花卉易发生的病虫害的病因。指导栽培管理人员及时清除病原物。

② 在环境条件易感病时，及时发出预报，并提出改进措施。发现虫害初始状态时，及时提出防治方案。

（3）工作程序。

① 每天巡视，周到细致。

② 发现病虫害，认真分析发生原因，判断病虫害种类。

③ 针对病因和病虫害种类，制订控制或防治的综合措施。

④ 将上述措施上报主管领导，经批准后实施。

（4）打药。

① 任何打药作业必须按主管领导批准的方案进行。

② 打药必须针对病虫害发生的部位、范围进行仔细地调查，严禁无的放矢，打安全药。

③ 药剂配制必须按规种类、浓度操作。

④ 打药时必须周到细致，不得漏打。

（5）劳动保护。作业及接触有害药品时，必须按要求配戴眼镜、手套、口罩等，避免药物中毒，不慎接触，要及时清洗。作业时严禁嬉戏打闹。

## ◆ 6 植物营养

（1）基质监测。对要求精细管理的花卉，应每 2 周进行 1 次基质 pH 检测，监测数据上报主管领导，为营养管理提供依据。

（2）营养液调配。严格按照主管领导要求的肥料种类、浓度调配。

## ◆ 7 包装

（1）质量保证。为保护客户权益和企业信誉，销售发货必须按与客户商定的质量、规格、数量发货，严禁以次充好、以小充大，保证数量、规格准确。

（2）包装。加强企业形象意识，精心包装，避免枝叶损坏，不小心折损的要更换，事后办理报损或降级手续。

套袋：给客户选好花后，为了避免在运输中损坏花，要给花套上包装袋，套袋一般要两个人配合进行，甲用一只手拿一叠包装袋，另一只手将最外边的一个包装袋捻开后，用两手撑着，乙一只手端花（如果发现有挑花时没摘的枯叶败花要摘除），另一只手伸进袋中将袋全部撑开，然后把花放入袋中，放入的过程中手背沿着顺时针方向转动 180°，在转的过程中逐渐进入袋中，最后把剩在袋外的叶子用手心轻轻推入袋中，甲用手捏住带上口的两边稍用力掂一下，放平稳即可。

封箱，装箱：先把箱子底部的两个小面折平，再折两个大面并对齐，视运输路途远近在箱底横向拉两道或三道胶带，纵向拉一道胶带（胶带中心要对齐两个大面的缝），为了防止胶带脱落，每道胶带粘在箱子侧面 15 cm 左右，而且每道胶带都要用手压牢，特别是胶带的端部。要注意箱子不能封倒。封好箱后，把套好袋的花按要求数量每排对齐放入，要注意盆部上下或左右错开，要求每箱所装的数量都是箱子刚好能承受的，在装最后一排时会很紧，要注意不要损伤叶片和花朵，影响花的品质。待销售人员检验完后，开始封箱，要求和封箱子的底部时相同，只是横向封两道，纵向封一道。

## ◆ 8 库存管理

（1）库存管理是企业科学化、规范化管理的依据，必须严格按要求进行，严禁虚报、漏报，确保库存数量与实际数量相符。

（2）库房领料。库房领料应送回库房，填入库单。经常使用的材料可少量存放在温室，但必须码放整齐，便于管理。

（3）库存。

① 时间：每月 24 日为固定盘库时间，在保证环境要素符合花卉生产要求的基础上，该日主要工作为盘库（盘点库存）。

② 程序：

盘库由栽培管理人员进行，各人将自己所辖范围的所有花卉进行全面清点，并如实填写该月库存报表，签字后交组长审验。

组长收到组员填写的盘库报表后，应尽可能逐项核对，时间不允许的情况下，应对其中 1 项或重点项目进行抽查，或报主管经理安排人员协助复核，核对无误后，组长、复核人在盘库表上签字报财务部。如核对有误，须责令栽培人重新盘点，因此产生的超时工作不计加班。

③ 盘库的内容包括品种、规格、数量和占用面积。

④ 报达财务部的盘库表由财务部组织抽查，如有大的误差，除责令有关人员重新盘点外，追究组长的失职责任，并给予有关人员相应的处罚。

（4）报损。栽培失败的花卉，必须经过报损手续方可处置。

① 报损需由栽培责任人填写报损申请表，注明品种、规格、数量、原因，报主管领导批准后处置。

② 处置后由组长核验报损各项目，将实际处置数目如实填入报损表核验栏，签字后交财务部。

（5）库存增减表。由于种苗上盆、换盆、迁移场地、销售等原因造成栽培责任人管辖数量发生变化时，必须在该项工作完成后及时填报库存增减表，由于销售原因造成的减少可由出库单代替库存增减表。该报表由栽培人员填写，组长审验。

（6）每月的盘库结果应与上月盘库数量及发生的报损、库存增减表所计算出的结果相符，如出现大的误差，须核查误差出现的原因，由于报表核对不严造成的误差由组长和栽培责任人共同负责，由于丢失、私自送人造成的亏欠由栽培责任人按规定赔偿。

（7）出入库流程

① 物品申报及采购。

各部门负责人根据工作需要提前（2 d）向库房管理员申报所需物品（低值易耗品）。

库房管理员要及时经常性地对存放的生产资料及工具进行盘点，并根据具体情况决定是否需要填写采购申请单。

申请单递交经理审批，审批后采买员按申请单向所知道的生产商或供应商询问价格，选择价格便宜、质量又好的厂商进行订货。（金额在 2 000 元以上的向总公司填写采购申请，批复后填写用款申请，传至财务经理审批。）

用款申请批复后，购物付款。

② 物品入库。

物品入库时要核对数量，鉴别质量，无误后依发票或收据及时填写入库单，并详细标明物品名称、数量、规格以及单价，由经手人和保管员签字。

旧物品回收入库，回收入库的旧物品是指已经入库出库，在生产使用后仍有利用价值的物品。

③ 物品库内存放。

物品在仓库内摆放是为了领物时方便快捷，应按不同种类、不同规格分区域放置，并悬挂标牌，同一规格的物品新旧分开，不混放。

农药、肥料、纸箱以及电器等物品要放置在干燥通风的地方，避免发生变质或造成安全隐患而影响正常使用。

④ 物品出库。

生产出库：由生产区组长到库房领取物品，并在出库单上或出库记录本上签字，出库单或出库记录本要写明物品的名称、规格、数量、领用区组、用途、时间等。

销售出库：由销售人员领取物品并在出库单上签字，出库单要写明出库类型及物品的名称、数量、规格、时间等。

⑤ 登记账本。每月月底根据本月所填所有入库单和出库单进行汇总并登记账簿，账本余额应与每月 25 日盘库相吻合，做到账实相符。

### 9 环境卫生

（1）上盆、换盆、修剪等阶段性工作完成后，应及时清理作业现场，短期不用的材料送回库房分类堆放整齐，其余工具材料码放整齐，地面打扫干净。

（2）每个栽培责任人，负责各自管辖范围的环境卫生，连栋温室前的环境卫生由组长组织下班前清扫。

## 任务 3.5 花卉生产合同任务

#### 实训目标

通过该综合实训任务，使学生掌握花卉企业中的相关经营和生产管理业务，如：市场调查与分析、花卉生产业务竞投标、合同的签订、实施与验收、经营和生产计划的制定及实施、生产方案的制定和实施等，并可熟练运用相关花卉生产技术技能。

#### 任务描述

小李的公司与我校为校企合作企业，由于她的公司目前订单过多，已超出自身生产能力，因此小李将部分花卉生产的订单委托我校花卉生产基地进行生产，以达到双赢的目的。现将该合同任务分解为多个子合同，请大家分组组建自己的花卉生产公司，签订并完成子合同，帮助小李完成该合同任务。

#### 职场体验

1. 教师讲授本任务实训的内容及其相关知识要点；

2. 把全班同学分组，每组 6～8 人，以小组为单位进行实训；

3. 每组可根据兴趣爱好自由选择不同花卉品种的生产订单，并通过竞投标的形式与需求方签订生产合同，签约后学生需根据课程所学及花卉生长状况自主安排“合同实施”进行生产，合同期满，学生根据合同要求向需求方提供产品；

4. 教师考核，考核评分方式见教学过程说明。

#### 实训材料

电脑、纸张、种子、种苗、合同等。

## 实训方法与步骤

**步骤一：花卉生产合同任务竞投标**

① 分组：每组人数 6 ～ 8 人组建生产公司；

② 合同任务生产量：300 ～ 500 盆 / 组；

③ 撰写竞标书及 PPT，并进行竞投标汇报：竞标书撰写内容包括自身条件、技术条件、销售对象及市场调查、成本预算和产品定价、生产及销售计划、预期成果（生产花卉量及品种、成苗率、成花品质及规格等级）等；

④ 成功竞标后，签订生产合同。

**步骤二：花卉生产合同任务的实施**

① 结合课程安排，实施花卉生产；

② 每次生产相关操作，需撰写花卉生产日志。

**步骤三：花卉生产合同任务验收**

① 花卉生产合同任务成果汇报：撰写花卉生产总结及 PPT 并汇报，汇报内容应包括生产心得、遇到的问题、产出的成果、销售情况等；

② 验收时请附带合同及生产日志；

③ 花卉生产合同现场验收：指导教师及合同发包方根据合同内容进行实地验收。

---

**合同样本：**

### 花卉生产合同

**合同编号：**__________________

**定作人：**____________________　　　　**签订地点：**________________

**承揽人：**____________________　　　　**承揽人单位：**______________班

**签订时间：**____年____月____日

**合约相关内容**

**第一条　加工物、数量、交货期限**

1. 生产花卉及数量：________盆

2. 交货时间：____年____月____日

**第二条　定作人提供的材料**

1. 花种或扦插苗品种：__________________

2. 包装规格：__________________________

3. 相关资材耗材：______________________________________________________

4. 生产场地：__________________________

5. 提供日期：________________________

**第三条　承揽人对定作人提供的材料的检验标准、时间及提出异议的期限：**

1. 承揽人可在一周内可因定做人提供的花种、插穗品质不达标而提出异议，若材料确实不合格可更换材料或酌量去减最终生产量要求；

2. 超出一周则由承揽人单方负责。

**第四条　加工物的质量要求：**

1. 生产花卉品质标准检验皆按照《中华人民共和国农业行业标准》进行评定；

2. 允许承揽人生产有 25% 的死亡率，过多耗损者将扣减课程成绩。

**第五条　定作人不允许承揽人雇用第三人完成加工物的主要工作。**

**第六条　加工物的交付方式及地点：**________________________________________

**第七条　成绩结算方式：**

| 考核类型 | 比例 | 备注 |
|---|---|---|
| 职业素养 | 5% | 出勤、学习态度、上课纪律、课堂笔记、课后作业等 |
| | 10% | 实践操作积极、服从安排、积极主动、团结协作、爱护公物；报告完成认真、规范，内容真实 |
| 专项技能 | 25% | 包括播种、扦插、上盆、修剪整形等技术考核，采用现场操作评分考核 |
| 花卉生产合同任务 | 40% | 行动小组负责承包生产的产品数量和质量 |
| | 15% | 完成典型生产任务的工作过程所表现的职业技能综合运用能力、劳动态度、组织协调配合能力 |
| | 5% | 周年生产计划、生产实施方案、生产总结报告、日常总结交流 |
| 合计 | 100% | |

**第八条　本合同解除的条件：**

1. 承揽人中途退学或转专业；

2. 承揽人中途退选本课程。

**第九条　定作人未向承揽人给予学分的，承揽人可以向园林系提出相关异议申请。**

**第十条　合同争议的解决方式：**本合同在履行过程中发生的争议，由双方当事人协商解决；也可由园林系部管理部门调解。

**定 作 人：**　　　　　　　　　　　　**承 揽 人：**

**电　　话：**　　　　　　　　　　　　**电　　话：**

**邮政编码：**　　　　　　　　　　　　**邮政编码：**

## 教学过程说明及建议

### ◆ 1　课程任务安排

在课程教学过程中，教学内容分为“常规教学任务”和“花卉生产合同任务”两大模块，前者为教师主导授课内容，后者为学生根据合同实施进度自主安排课程任务，在课时安排上两个模块可交替进行，且“常规教学任务”以完成“合同”所需知识技能为主要、优先授课内容，以保证学生在自主安排“合同实施”各任务阶段时，已经掌握所需知识技能（图3-5-1，以花卉生产合同为例）。

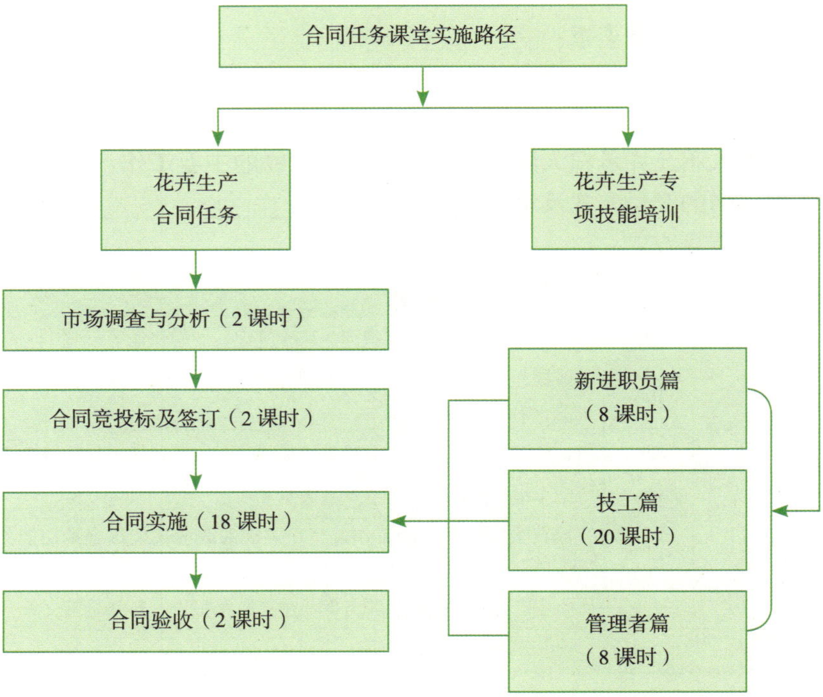


图3-5-1　花卉生产合同任务实施流程图

说明：以上课时数为建议课时数，实际授课课时请根据实际情况进行调整。

## ◆ 2　花卉生产合同任务实施步骤

### 2.1　实施流程

任课教师对合作企业用花订单、校内绿化用花需求进行调查汇总（以花卉生产合同为例；若无订单则可自拟任务），拟定难度适中的花卉生产合同订单，确立任务；学生分组成立公司（6～8 人一组），可根据兴趣爱好自由选择不同花卉品种的生产订单，并通过竞投标的形式与需求方签订合同，签约后学生需根据课程所学及花卉生长状况自主安排“合同实施 18 课时”进行生产，合同期满，学生根据合同要求向需求方提供产品，需求方根据学生表现及合同完成情况给予成绩评定，成绩合格的学生可取得学分；“合同”实施过程中，相关课程教师（生产、设计、植保、土壤、生理等课程）全程跟踪辅导，使学生能够在完成合同的过程中及时地发现问题、解决问题，全面掌握专业知识和技能。建议本项目在学期初进行任务布置，开始合同任务实施；建议合同任务尽量让学生体验到从播种育苗或扦插育苗开始，培养到成品花的整个生产过程。

教师可根据具体学情，为不同的学生提供四类“合同任务”（表3-5-1 ）供学生选择：①“花卉生产合同任务”，主要训练学生花卉产业化生产中所需的花卉生产职业技能和业务统筹能力；②“花卉租摆合同任务”，主要训练学生花卉应用（花卉租摆与养护、室内绿化软装设计等）相关职业能力和业务统筹能力；③“园艺产品研发合同”，主要训练学生的园艺新产品研发能力和创新能力；④“花卉产品营销合同任务”，主要训练学生花卉产品营销能力、创业能力和市场洞察力。教师也可根据自身教学情况开发新型合同。

其中，花卉生产与花卉租摆合同是以课程为载体的“课内合同”，注重核心职业能力的培养，此类合同适用于“就业型”学生；而研发合同与销售合同是以课程和创新创业工作室同时为载体的“课外合同”，注重于拓展职业能力的养成，适用于“创业型”学生，该组同学合同任务主要在课下完成，课上主要学习、协助、参与其他组完成合同任务。

**表3-5-1 “任务驱动—合同制学分”合同设计表**

| 合同类型 | 成绩评定 | 学习训练地点 | 考核指标 | 参与人数 | 训练时间 |
|---|---|---|---|---|---|
| 花卉生产合同任务 | 指导教师、订单需求方 | 授课教室、实训场地 | 完成花卉生产数量、质量合格 | 50个 | 1学期 |
| 花卉租摆合同任务 | | | 完成租摆合同任务 | 50个 | 1学期 |
| 园艺产品研发合同任务 | 指导教师、订单需求方 | 创新创业工作室 | 专利产品、新产品、重要进展等 | 6～8个 | 1学年 |
| 花卉产品营销合同任务 | 指导教师、消费者 | | 完成额定销售业绩 | 6～8个 | 1学年 |

## 2.2 考核评价体系

课程主要实施过程式考核，该考核体系由三部分组成，即合同任务成绩、专项技能成绩和职业素养成绩（表3-5-2）。综合成绩＝合同任务成绩60%+专项技能成绩25%+职业素养成绩15%（备注：由于各学校培训学习目的有所差异，以上成绩比例仅为参考值，请根据课程实际需要而调整）。“合同任务成绩”指合同发包方及教师根据学生对于合同任务计划、实施方案的统筹与制定，合同任务的完成效果等方面对学生小组进行综合评定（如：租摆合同根据客户满意度、服务态度、养护成效、环境设计等方面评价），合格者授予课程学分或课程合格（60分），否则重修；“专项技能成绩”是通过对学生在学习过程中对各种职业操作技能掌握情况进行评定的；“职业素养成绩”是针对学生的责任心、团队意识、工作态度等进行评定。

**表3-5-2 《花卉生产综合实训》课程考核评价表**

| 考核类型 | | 比例 | 备注 |
|---|---|---|---|
| 职业素养<br>10% | | 5% | 出勤、学习态度、上课纪律、课堂笔记、课后作业等 |
| | | 10% | 实践操作积极、服从安排、积极主动、团结协作、爱护公物；报告完成认真、规范，内容真实 |
| 专项技能 | | 25% | 包括播种、扦插、上盆、修剪整形等技术考核，采用现场操作评分考核 |
| 合同任务<br>（四选一） | 花卉生产合同任务 | 40% | 行动小组负责承包生产的产品数量和质量 |
| | | 15% | 完成典型生产任务的工作过程所表现的职业技能综合运用能力、劳动态度、组织协调配合能力 |
| | | 5% | 周年生产计划、生产实施方案、生产总结报告、日常总结交流 |

续表 3-5-2

| 考核类型 | | 比例 | 备注 |
|---|---|---|---|
| 合同任务（四选一） | 园艺产品研发合同任务 | 40% | 行动小组负责研发的产品、方法取得重要进展或形成产品 |
| | | 15% | 完成典型产品研发任务的工作过程所表现的职业技能综合运用能力、劳动态度、组织协调配合能力 |
| | | 5% | 产品设计图、研发实验计划、研发实验报告、日常总结交流 |
| | 花卉产品营销合同任务 | 40% | ① 行动小组负责承包商品的数量或销售额；② 客户投诉低于 5% |
| | | 15% | 完成典型销售任务的工作过程所表现的职业技能综合运用能力、经营管理能力、劳动态度、组织协调配合能力 |
| | | 5% | 周年销售计划、账目表、销售情况分析报告、日常总结交流 |
| | 花卉租摆合同任务 | 40% | ① 客户评价（包括服务态度、养护成效、环境设计等方面评价）；② 租摆合同期满；③ 死亡植物不超过 20%（特殊因素除外）；④ 客户投诉少于 3 次 |
| | | 15% | 完成典型租摆任务的工作过程所表现的职业技能综合运用能力、劳动态度、组织协调配合能力 |
| | | 5% | 植物租摆养护记录、日常养护成果交流 |
| 合计 | | 100% | |

### 2.3 教师团队协同育人

任课教师应通过对本课程与前导、后续课程的关系分析，找出结合点，实现多课程的有效衔接，各课程密切配合协同育人。花卉生产合同任务中包含了市场调查、业务洽谈、竞标书撰写及汇报、花卉生产、花卉租摆、花卉营销、成果汇报等多项子任务，需要与“礼仪素养培养课”“应用文写作”“花木病虫害防治”“花卉生产技术”“观赏植物景观应用”“花卉营销”等多门课程衔接配合，共同指导学生解决合同完成过程中遇到的问题，顺利完成任务合同，协同育人。

**思政花园**

#### 夏日田园杂兴（节选）

宋代：范成大

梅子金黄杏子肥，麦花雪白菜花稀。
日长篱落无人过，惟有蜻蜓蛱蝶飞。

# 项目 4 各 论

04

**1. 矮牵牛**

**英 文 名：** Petunia

**学　　名：** *Petunia hybrida*

**原 产 地：** 南美

**科　　属：** 茄科矮牵牛属

**特　　性：** 多年生草本，常作一、二年生栽培。性较喜温，稍耐寒，在干热的夏季开花繁茂。忌雨涝，雨水过多，叶子容易出现病害，而且少花，直接影响观赏效果。晴天的观赏效果特佳。在杭州一般采用保护地条件进行栽培，用于大规模商品生产的矮牵牛，一般均采用种子繁殖。生产中常用品种大花型有"虹彩""梦幻""依格""凝霜白边""夸张"等系列；中花型有"名誉""庆典""梅林""海市蜃楼""交响乐"等系列；小花型有"幻想"等系列；盆栽吊篮型有"美声""冲浪""波浪"等系列；另外尚有重瓣型系列。矮牵牛是花坛花卉中色彩最为丰富的品种之一，有花坛"皇后"之美称，颜色包括红色、粉色、玫红、白色、紫色、蓝色、双色等多达 20 余种，植株高度一般控制在 20～25 cm。在品种选择上，虽然大花型的品种观赏效果在晴天非常美观，但抗雨性、雨后恢复能力不及中花型和小花型品种。

**播种育苗：** 矮牵牛种子每克在 10 000 粒左右，在长江中下游地区保护地条件下，一年四季均可播种育苗，但考虑用花条件限制及高温对开花的影响，一般花期控制在"五一""国庆"，所以播种时间在 10～11 月和 6～7 月之间。播种宜采用疏松的人工基质，因种子过于细小，一般采用床播、箱播育苗，穴盘育苗须是丸粒化种子，可用 288 穴或 128 穴盘。播种前装好基质，浇透水再播种，播后用细喷雾湿润种子。矮牵牛种子细小，播种不能覆盖任何基质，否则会影响种子发芽。基质要求 pH 为 5.8～6.2，EC 为 0.5～0.75，经消毒处理，播种后保持基质温度 22～24℃，4～7 d 出苗。

注意：由于矮牵牛的苗期较长，温度偏低、水分偏干或偏湿、施肥过量等容易引起僵苗。

**第一阶段：**

播种后 3～5 d 胚根展出，初期必须保持育苗基质的湿润，不需要施肥，温度保持在 22～24℃。此阶段光照有利于矮牵牛种子的萌发，因此，若采用发芽室播种的，最好用 1 000 lx 的光照进行补光。若在普通设施下进行育苗，则需加盖二层 90%遮阳网，确保种子发芽时的湿度。

**第二阶段：**

继续保持基质适当的湿度，但不能过干，过干易产生"回苗"；也不能过湿，过湿影响根的发育，易产生病害。第一对真叶出现后，可以开始施肥，施肥一般采用氮肥或 20－10－20 水溶性肥料，浓度控制在 50 mg/kg 左右，不可过高，以免产生肥害。此阶段应注意通风，种苗也可逐渐见光。

**第三阶段：**

种苗已出现 2～3 对真叶，此后生长迅速。基质温度可降低到 18～20℃，每隔7～10 d，可间施0.1 %的尿素或20–10–20的水溶性肥料和N－P－K为15－15－15的0.1 %的复合肥（复合肥要求含N、K可高一些，P的要求相对较低）或14－0－14的水溶性肥料。此阶段仍应注意通风，防止病害产生，每隔一周左右喷施百菌清或甲基托布津（800～1 000倍）。

**第四阶段：**

本阶段根系已完好形成，出现3对真叶，温度、湿度、施肥要求同第三阶段，仍要注意通风、防病工作。

**移植 / 上盆：**用288穴的育苗盘育苗，直接移入10～12 cm口径的营养钵。也可先定植于苗床上，再移入营养钵内，矮牵牛移植后恢复较慢，所以在上盆时应注意尽量多带土。

**光照调节：**矮牵牛为阳性植物，生长、开花均需要阳光充足，夏季生产比较耐高温，一般只在移植后几天加以遮阳，缓苗，在整个生长期均不需要遮阳。

**温度控制：**矮牵牛移植后温度控制在20℃左右，但不要低于15℃，温度过低会推迟开花，甚至不开花。在实际生产中，要求"国庆"开花的要在大棚内进行生产，避免在国庆前因温度低而影响开花。要求在"五一"开花的，也可在露地进行生产，但必须保证冬季霜不直接落在叶片上，否则叶片会出现白色斑点，影响观赏效果。在长江中下游地区，一般均采用保护地设施进行栽培。

**栽培管理：**浇水始终遵循不干不浇，浇则浇透的原则，夏季生产盆花，小苗生长前期应勤施薄肥，肥料选择以N、K含量高，P适当偏低。N肥可选择尿素，复合肥则选择N－P－K比例为15－15－15或含N、K高的，浓度控制在0.1%～0.2%，水溶性肥料一般选择20－10－20和14－0－14两种，浓度在50～100 mg/kg，浓度过高，特别在高温季节易造成肥害。冬季生产盆花，在3～4月勤施复合肥，视生长情况，适当追施N肥。矮牵牛生产中一般不经摘心处理，但在夏季生产中因气温关系，一般主枝生长较快，需要摘心一次。矮牵牛较耐修剪，如果第一次销售失败，可以再修剪一次，之后通过换盆，勤施薄肥，养护得当，一般不影响质量，仍可出售。

**病 虫 害：**矮牵牛的病害主要有：苗期猝倒病（采用百菌清、甲基托布津800～1 000倍），生长期茎腐病；主要虫害有菜蛾、蚜虫、菜青虫、卷叶蛾等，尤其在国庆花卉生产中较为常见。矮牵牛如出现蚜虫为害，不能用杀灭菊酯喷施，容易引进药害，影响生长。

**出圃质量：**冬季生产的盆花，采用12 cm的营养钵，冠幅一般在20～25 cm，株型整齐、饱满，开花一致；夏季生产的盆花，采用10 cm的营养钵，冠幅一般在15～18 cm。矮牵牛可进行长途运输。

## 2. 百日草

**英 文 名：**Zinnia

**学　　名：***Zinnia elegans*

**原 产 地：** 南北美洲（以墨西哥为中心）

**科　　属：** 菊科百日草属

**特　　性：** 一年生草本，喜光、喜温，较喜湿润，又能耐一定干旱，性强健，栽培土壤要求疏松、肥沃。土壤瘠薄，过于干旱，将直接影响花朵的数量、重瓣率、花色、花径大小。用于规模化商品生产的百日草盆栽一般采用种子繁殖，偶有生产者为降低生产成本，采用扦插繁殖，但质量上达不到一定的要求。应用于生产的主要品种有大花重瓣型"梦境"、多花单瓣型"水晶""恒星"等；中花单瓣"丰盛"等系列。其可选颜色有红色、玫红、粉红、黄色、白色、橙色等。百日草各品种之间高度虽有差异，但一般均控制在 20～30 cm。既适合于花坛、花境中使用，在艺术摆花中也是一种极好的材料。

**播种育苗：** 百日草每克种子大花型在 125 粒左右，中花型在 300 粒左右，多花型在 1 500 粒左右。用量最大的是在国庆节期间的花坛、摆花以及花境中，播种时间一般控制在 6～7 月为宜。播种基质采用较为疏松的人工基质，可采用床播、盘播，有条件的也可采用穴盘育苗，基质要求 pH 为 5.8～6.2，EC 值为 0.75 ，经消毒处理后，播种基质保持 22～24℃，3～5 d 即出苗。

**第一阶段：**

播种后 3 d，胚根展出，基质湿润程度应相对干燥一点，过于湿润，容易造成种子腐烂。但在此阶段保持种子四周的湿润和充足的养分非常重要，所以播种后覆盖一层薄的粗片蛭石非常有利于种子发芽，覆盖厚度以不见种子为度。进行敞开式育苗的，必须加盖遮阴网，保证湿度、降低温度（在发芽室环境下进行播种的，可给予适当补光）。此阶段不需要施肥。

**第二阶段：**

保持土壤相对湿润，不能过湿，也不能过干，过湿容易引起病害，过干会导致种苗萎蔫。此时主根长至 1～2 cm，子叶展开，开始长出第一对真叶，小苗可逐步见光。可开始施肥，一般采用 50 mg/kg 20－10－20 的水溶性肥料，N 素能促进其营养生长。

**第三阶段：**

种苗进入快速生长期，应加强水分管理，进行从干到湿再到干的循环过程，这样有利于幼苗的根系生长，也能避免植株徒长，此阶段应注意病虫害防治，可适当追施 0.1％的尿素或复合肥，复合肥种类可使用 N－P－K 比例为 15－15－15（或根据市场供应情况，N、K 含量可以稍高一些，P 含量可偏低）。若条件许可，基质和环境温度适当降低至 20℃左右，但在床播保护地条件下进行播种，很难进行温度控制，此阶段又需要全光照环境，否则容易引起小苗徒长。根据苗期长势，适当控制水分。注意大环境的通风，以防止病害产生。每隔一周左右喷施百菌清或甲基托布津。若在此阶段出现徒长，应马上喷 $B_9$ 以控制高度。

**第四阶段：**

根系已完好形成，有 3～4 对真叶时，出现徒长，应立即喷施 $B_9$ 控制高度，温度、湿度要求同第三阶段，经过炼苗阶段，准备移栽上盆。

**移植 / 上盆：**穴盘育苗的，有 2～3 对真叶时，即可移植上盆；盘播、床播的，在 3～4 对真叶时也可直接上盆。根据植株高度、株径要求，一般采用 12×13 的营养钵上盆，可一次到位，不用再进行换盆。穴盘苗根系损坏少，移植容易成活；敞开式育苗的，起苗时应尽量多带泥，移植时间选择在傍晚或阴天进行，以提高成活率。

**光照调节：**百日草为阳性植物，生长和开花均要求阳光充足，阳光不足容易产生茎节徒长，重瓣率降低，影响观赏效果。上盆后的整个生长期不需要遮阴。

**温度调控：**百日草虽喜温，但在夏季酷热条件下，生长势稍弱，开花效果不理想，生长开花的最适温度为 15～20℃。

**栽培管理：**遇梅雨季节，雨水过多，容易造成节间伸长过快，应注意排除积水，适当时候喷施 $B_9$；夏季久晴少雨，过于干燥，容易造成生长势减弱，影响花色，此时应注意水肥管理。整个生长期间，适当控水，盆土间干间湿有利于根系发育和高度控制。盆栽施肥一般间隔 7～10 d 一次，视生长情况，可进行追肥，0.2% 的尿素和复合肥间隔使用，一个月后停施尿素。开花后视生长情况，可适当延长复合肥的追施时间间隔。肥水不当、温度偏高或偏低可能会引起开花不良，重瓣率降低。因百日草的侧枝具有顶生着蕾开花习性，若不控制自然生长，着花部位会越来越高，影响株型美观，移栽前后适时摘心，控制株型。摘心一般保留 2～3 对真叶。百日草可以修剪，但修剪后长势较差，一般不采用此法。

**病 虫 害：**百日草的病害主要有：苗期猝倒病、生长期青枯病、茎腐病、叶斑病；虫害主要有：夜蛾、红蜘蛛、菜青虫等。

**出圃质量：**生产采用 13 cm 的营养钵，在第一朵花露色至盛花前即可出圃，冠幅一般应在 20～25 cm，株型饱满、开花整齐、一致。

### 3. 报春花

**英 文 名：**Primula

**学　　名：***Primula malacoides*

**原 产 地：**中国

**科　　属：**报春花科报春花属

**特　　性：**性耐寒，喜排水良好的土壤。较三色堇耐寒，除了用于盆花之外，在长江流域开始大面积地用于冬季花坛布置，效果不错。

**播种育苗：**约 1 150 粒 /g，发芽最适温度 15～18℃，播种后要保持较高的湿度，最佳条件下需要的发芽天数为 10～25 d。夏季播种温度不要超过 20℃，长江流域需在高山上育苗才能成功。

**推荐品种：**西洋樱草类的“巨轮”“妃纯”“温莎”系列、四季樱草类的“亲密接触”“自由”系列、多花报春类的“太平洋巨人”等。

**栽　　培：**5～6 月播种，保持夜晚温度在 5～7℃，可以在 12 月或 1 月中旬开花，氮肥以硝态氮为主，也需要一定的钾肥。

西洋樱草和四季樱草花色丰富，花团锦簇，颜色鲜艳纯正。报春花的主色调为红、粉、白、蓝色、黄色和金黄色等。盆栽时，小巧玲珑，清香雅淡，花期长，开花时又正值元旦、春节等佳节，增添了浓浓的节日喜庆气氛，作为近年来的时尚花卉而深受人们的宠爱。

**播种育苗：** 报春花种子容易丧失发芽力，建议当年种子当年播种，播种期一般在6～8月。种子细小，种子千粒重约为0.8 g。播种宜采用较疏松的人工基质，床播、箱播育苗，有条件的可采用专用的育苗泥炭进行穴盘育苗。由于报春花对高盐度敏感，所以基质EC值应＜0.5，pH 5.8～6.2。待幼苗长出第一片真叶时可适当降低基质中的水分和温度，分别把水分控制在60%，温度控制在18～20℃。这时可以开始每周施一次50 mg/kg含钙化肥（14–0–14），基质EC值保持在0.5～0.75之间基质要求pH在6.0～6.2（稍高于其他品种），EC值＜0.75，经消毒处理，播种后用蛭石稍稍覆盖。种子的发芽适温15～20℃，发芽时间15～20 d。

**第一阶段：**

播种种子从播种到长出胚根需要15～20 d时间，播种后应用粗蛭石轻度覆盖。其间应保证基质温度在15～20℃，中等湿度，种子发芽需光照。特别是在6月份播种时要尽可能采取措施来降低温度。

**第二阶段：**

种子从长出胚根到长出第一片真叶期间，基质温度应保持在18～21℃，中等湿度，并确保其EC值<0.75 mS/cm。每周施50～75 mg/kg的水溶性肥料（14–0–14与20–10–20交替使用）一次。光照强度应小于15 000 lx, 此阶段持续大约14 d。

**第三阶段：**

从上一阶段到植株长出4～6片真叶时期间，基质温度应保持在18～21℃，中等湿度，并确保其EC值<0.1 mS/cm。每周施100～150 mg/kg的水溶性肥料（14–0–14与20–10–20交替使用）一次。光照强度应小于30 000 lx以防止植株烧伤。此阶段持续28～35 d。

**第四阶段：**

炼苗期。本阶段根系已完好形成，有5～6片真叶，温度可降低至15℃，但最好不要高于25℃，如果需要，此阶段可施以100～150 mg/kg的14–0–14水溶性肥料，但要避免施用硝酸铵。与第二阶段一样，在两次浇水之间要让基质干透，并加强通风。

**种植上盆：** 待长出5～6片真叶时定植在直径为10 cm左右的花盆中，每盆一株。定植时注意栽植深浅适度，不可过深，将根颈埋入土中即可。定植后将花盆浸透水，然后放置在阴凉通风处缓苗一周左右，即可逐步接受光照，进入生长期的管理。

**光照调节：** 发芽前应放置在没有直射光的环境中，待幼苗出土后再给光照。幼苗子叶出土后，使其逐渐接受光照，以免瘦弱变黄。由于播种幼苗有很强的向光性，常出现向有太阳光照射的方向倾斜生长的现象。因此，每2～3 d应进行180° 的转盆，使植株直立生长。冬春季节，要使植株充分见光，苗壮成长。光照不要超过 15 000 lx。当幼苗长有两片以上真叶时可将温度降低至 16～18℃，光照小于 30 000 lx。

**温度控制：**西洋樱草的发芽温度和花期温度均应控制在 15～20℃。

**栽培管理：**缓苗初期，忌松土，以免伤根。待盆土干燥时，轻浇一次水，注意不要用水冲击幼苗，必要时小心扶正幼苗，并在根的基部培土固定。进入生长期，每周施稀薄水溶性肥或复合花肥一次，施肥后要疏松盆土并浇适量水，以利于肥水渗透和根系吸收，供应植株生长。温室栽培时，生长期间每隔一周左右转一次盆，防止偏长，保证各部分充分接受光照，株型丰满，花色艳丽。从而提高植株的观赏性。

在定植时基质的 EC 值为 1.0，pH 5.8～6.2。定植后要保持基质的适当湿润，夜间温度在 16～18℃，当植株根系长成后，降低夜间温度至 10～13℃，白天温度至 16～21℃。适当的低温能使植株生长更为强健。每周施用一次 100～150 mg/kg 的氮肥，促进植株旺盛生长，但要注意氨态氮肥的施用量，因为过多的氨态氮肥加上高温将会使植株生长过猛，导致叶片生长过度和花芽分化不良。在夏季还应对植株进行适当遮阳，否则叶片会焦枯。栽培中土壤水分过多且温度偏低时，往往会因蒸发量小而造成根部窒息烂根。如发现叶片发白萎蔫，应及时移至高温通风处，并明确这是由于积水造成的。要用钩齿松土，加快水分蒸发，降低土壤水分含量，这样可以使植株恢复生长。西洋樱草耐潮湿，但不能积水。

在孕蕾期，追施一次水溶性肥料，在开花期就要停止施肥，减少浇水。花期应保持凉爽的环境，温度控制在 15～20℃，湿度 60% 左右即可。早晨温室内雾气较大，湿度达 80% 以上时，要适当掀盆或开窗通风，但时间不能太长，以免温度降得过低，影响生长。开花时植株要保持干燥，浇水时尽量避免将水浇在幼苗上或溅在花瓣上。花期要经常检查，及时摘除基部干枯黄叶及老叶，减少消耗，保证植株养分供应，从而延长花期。

**病 虫 害：**虫害方面需要防治的害虫有潜叶蝇、蚜虫。

**潜 夜 蝇：**主要危害的是叶片，它潜入叶肉层啃食叶肉，使叶片看起来像是画了一幅地图，从而降低了观赏性。其防治措施是在发病初期喷施 1 000 倍的潜克，平时也要预防。

**蚜　　虫：**可用 1 000 倍液的一遍净，效果良好。

多花报春的病害包括茎腐病、病毒病、灰霉病等。

**茎 腐 病：**主要发生在靠近基质的叶柄上，发病后立即喷施 50%代森锰锌 1 000 倍液，可防止病情扩大。

**病 毒 病：**主要是由蚜虫传播的，所以只要控制好蚜虫的发生就能较好地控制病毒病的发生。

**灰 霉 病：**冬季和常见早春的病害，主要是由低温、高湿所引起的，可用 1 000 的速克霉、灰霉克或速霉克来防治。

白叶病、露菌病、蚜虫防治的主要措施是加强通风，控制湿度。一般可以喷1～3次波尔多液或喷0.07%～0.1%的乐果，能防治蚜虫。

**出圃质量：** 西洋樱草出圃前应进行炼苗，炼苗过程持续1～2周。应加强光照和通风换气，使植株经受锻炼，以免产生盆花售后因环境不适应而影响生长开花。对水肥进行适度的控制，并控制幼苗高度，叶面喷施钙镁肥料，使叶面浓绿，提高幼苗抗性，并摘去黄叶、病叶。出圃时要求植株健壮，颜色正常，一般呈深绿色。且顶芽正常，根系白净，无黑褐斑点，植株高度相当，株型紧凑。

### 4. 半支莲

**英 文 名：** Portulaca

**学　　名：** *Portulaca tuberosa*

**原 产 地：** 南美巴西

**科　　属：** 马齿苋科马齿苋属

**特　　性：** 好温暖而不耐寒，喜强光，耐干旱和瘠薄土壤，耐扦插。

**播种育苗：** 夏季开花，种子约8 400粒/g，发芽最适温度21～24℃，最佳条件下需要的发芽天数7～10 d。

**推荐品种：** “太阳神”“永恒”系列均为重瓣系列，花色多。

**栽　　培：** 北方，播种后10周开花，南方8周。3月中旬播种，6～7月可以开花，可以一直不断至霜降，是夏季和国庆的主要用花。

### 5. 波斯菊

**英 文 名：** Cosmos

**学　　名：** *Cosmos bipinnatus*

**原 产 地：** 墨西哥

**科　　属：** 菊科秋英属

**特　　性：** 一年生草花，茎细而直立，分枝性好，夏季开花，不耐霜冻，忌酷暑潮湿。地栽50～60 cm，花大，花茎7～10 cm。

**播种育苗：** 125～180粒/g，发芽需要黑暗条件，用粗蛭石进行覆盖，发芽最适温度20～25℃，最佳条件下需要的发芽天数5～7 d。

**推荐品种：** “奏鸣曲”系列为地栽品种，花色多。“花园”系列为切花品种，花黄色。

**栽　　培：** 3～6月份播种，生长适温20～28℃，播种后9～12周开花。种子发芽后生长很快，应加强管理，如需培养较大的株型须进行打顶1～2次。也可早春在温室播种，可提前开花。

**思政花园**

建设生态文明是中华民族永续发展的千年大计。

——摘自党的十九大报告

**6. 彩叶草**

**英 文 名：** Coleus

**学　　名：** *Coleus blumei*

**原 产 地：** 爪哇

**科　　属：** 唇形科鞘蕊花属

**特　　性：** 多年生草本，作一、二年生栽培，喜高温、湿润、阳光充足，土壤要求疏松肥沃，耐半阴地，忌干旱，耐寒力弱，适宜生长温度为 15～35℃，10℃以下叶面易枯黄脱落，5℃以下枯死。品种有“奇才”“航路”和“巨无霸”，颜色有金色、翡翠绿、玫瑰红、红色天鹅绒、绯红等。株高 25～30 cm。“巨无霸”系列株高可达 45～55 cm。

**播种育苗：** 彩叶草种子每克 3 500～4 300 粒，在长江中下游地区保护地条件下，一年四季均可播种。由于受用花条件的限制，“五一”用花在 12 月播种；“国庆”用花在 5 月播种。播种宜采用较疏松的人工基质，采用床播、箱播，有条件可采用穴盘育苗。基质要求 pH 为 6～7，EC 值在 0.25～0.75，经消毒处理，播种后保持基质温度 25～30℃，6～8 d 出苗。

**第一阶段：**

播种后 4～5 d 胚根长出。为了防止翘根和保湿，播种后需覆盖一层基质，以不见种子为度。发芽时需要光照，不用施肥。

**第二阶段：**

基质仍需要保持湿润，为了防止徒长，要避免过湿，增强光照，子叶完全展开后，可开始施肥，以浓度为 50 mg/kg 的 20－10－20 水溶性肥料为主。

**第三阶段：**

此阶段为种苗的快速生长期，每隔 3～4 d 可施一次肥料，施肥浓度由 50 mg/kg 水溶性肥料 20－10－20 与 14－0－14 交替施用，适当控制水分，加强通风，有利于调节植株高度和促进根系生长，生长温度保持在 20℃左右，此阶段后期，植株根系可长至 4～6 cm，苗高达 3 cm，2 对真叶。

**第四阶段：**

降低温度减少养分，加强通风。此时施用 14－0－14 的水溶性肥料，浓度为 100 mg/kg，使植株健壮，茎矮，适合移植。本阶段已形成良好的根系，长有 3 对真叶。

**移植 / 上盆：** 刚长出第 3 对真叶就可移植上盆。用 13 cm 口径的营养钵。若想栽培更大冠幅，可用 15 cm 或 18 cm 的花盆。如果是用开敞式育苗盘撒播育苗的，最好在长到一对真叶时，用 72 或 128 穴盘移苗一次，然后再移植上盆。

**光照调节：** 彩叶草为阳性植物，生长期要求阳光充足，光照充足有利于矮化植株，使叶片色彩更加鲜艳。在半阴环境中生长也较理想。

**温度控制：** 最理想的生长温度为 20～25℃，低于 15℃生长停滞，10℃以下叶片枯黄脱落，5℃以下枯死。夏季高温，正午前后强光需要遮阳降温。

**水肥管理：** 生长期经常向叶面喷水，防止因旱脱叶。浇水时量要控制，不使叶片凋萎为度。

对于完全用人工基质栽培的，则施肥宜采用 20 - 10 - 20 和 14 - 0 - 14 水溶性肥料，以 200 ～ 250 mg/kg 的浓度为宜，一周交替使用一次。盆栽选用壤土或腐殖土，用草木灰加少许过磷酸作基肥，生长期适当追施水溶性肥料。倘若氮肥过多再加上环境阴暗，会使叶色减退。

**株型控制：**为了得到理想的株型，一般需要经过一次或两次摘心。第一次在 3 ～ 4 对真叶时；第二次，新枝留 1 ～ 2 对真叶。花序抽出及时摘去。

**病 虫 害：**彩叶草的病害主要是：苗期为猝倒病、叶斑病（普力克 800 ～ 1 500 倍液，甲基托布津 1 500 倍液），生长期为叶斑病、灰霉病、茎腐病；虫害主要有蚜虫、蝗虫等。

**出圃质量：**植株生长健壮，叶色鲜艳，株型整齐，采用 13 cm 的营养钵栽培，冠幅一般在 20 ～ 25 cm。

**7. 长春花**

**英 文 名：**Vinca

**学　　名：***Catharanthus roseus*

**原 产 地：**南亚、非洲东部及美洲热带

**科　　属：**夹竹桃科长春花属

**特　　性：**多年生草本喜强光，喜温暖，能耐强光。生长适宜温度 15 ～ 35℃，低于 15℃停止生长。10℃以下叶片泛黄、脱落，5℃以下便会受冻害。长春花可用扦插繁殖，但不常用。现今用于商品化生产的长春花，几乎全部用种子繁殖，较著名的品种系列有“热浪”“冷色”“太平洋”，还有杂交一代的新品种“维特”。颜色有红斑白色、红芯粉红、黄斑玫红、草莓色、玫瑰色、椰子色、红色、杏色、蓝色、白色等多种颜色。各系列植株高度虽然各不相同，但一般都在 20 ～ 30 cm 之间。

**播种育苗：**长春花种子每克在 700 ～ 750 粒。长春花是多年生草本植物，在条件适合的情况下，一年四季均可开花。但在长江流域因气候太冷，常作一年生栽培，播种时间主要集中在 1 ～ 4 月。播种宜采用较疏松的人工基质，可床播、箱播育苗，有条件的可采用穴盘育苗。基质要求 pH 5.8 ～ 6.2，EC 值 0.5 ～ 0.75，经消毒处理，播种后保持基质温度 22 ～ 25℃。

**第一阶段：**

播种后 4 ～ 6 d 胚根展出。初期保持育苗基质的湿润，不用施肥，温度保持在 25 ～ 26℃。长春花种子是嫌光性，在黑暗条件下能较好地发芽，需要用粗蛭石或黑色薄膜轻微覆盖。

**第二阶段：**

基质温度控制在 22 ～ 24℃，胚根一露出就要控制水分含量，基质稍干后浇水可以促进发芽，控制病害。此阶段需加强光照，使日照时间达到每天 12 ～ 18 h，主根可长至 1 ～ 2 cm，子叶展开，长出第一片真叶。土壤 pH

控制在5.5～5.8，EC值小于0.75，子叶充分展开后可开始施肥，施肥用50～75 mg/kg的14－0－14和20－10－20水溶性肥料，每7 d交替使用。这一阶段，在胚芽顶出基质后，子叶尚未展开时，应特别注意保持空气湿度，避免因空气过干而导致种皮不能脱落，特别是在温度较低时，更有可能发生。这一阶段约持续7～10 d。

**第三阶段：**

基质温度控制在20～25℃，温度低于这一范围发病的概率会增加，生长减慢。基质要保持见干见湿，但不能缺水萎蔫。长春花需要温暖而干燥的环境，在这样的环境下有利于植株的根系发育。土壤pH控制在5.5～5.8，EC值小于1。施肥可每隔5～7 d交替施用100～150 mg/kg的20－10－20和14－0－14水溶性肥料。这一阶段约持续14～21 d。

**第四阶段：**

基质温度控制在18～20℃，当基质适当干透以后再浇水，施用100～150 mg/kg的14－0－14的水溶性肥料，加强通风，防止徒长。这一阶段约持续7 d。

**移植/上盆：** 用穴盘育苗的，应在长至2～3对真叶时移植上盆。用12 cm口径的营养钵，一次上盆到位，不再进行一次换盆。如果是用开敞式育苗盘撒播育苗的，最好在1～2对真叶时，用72或128穴盘移苗一次，然后再移植上盆。

**光照调节：** 长春花为阳性植物，生长、开花均要求阳光充足，光照充足还有利于防止植株徒长。冬季阳光不足，气温降低，不利于生长。

**温度控制：** 长春花对低温比较敏感，所以温度的控制很重要。在长江流域冬季一定要采用保护地栽培，低于15℃以后停止生长，低于5℃会受冻害。由于长春花比较耐高温，所以在长江流域及华南地区经常在夏季和国庆节等高温季节应用。

**水肥管理：** 长春花雨淋后植株易腐烂，降雨多的地方需大棚种植，基质需排水良好对于完全用人工栽培的，则施肥宜采用20－10－20和14－0－14的水溶性肥料，以200～250 mg/kg的浓度7～10 d交替施用一次。在冬季气温较低时，要减少20－10－20肥的使用量。如果是用普通土壤为基质的，则可以在基质装盆前适量用复合肥混合作基肥。当肥力不足时，再追施水溶性肥料。

**栽培管理：** 长春花可以不摘心，但为了获得良好的株型，需要摘心一到两次。第一次在3～4对真叶时；第二次，新枝留1～2对真叶。长春花是多年生草本植物，所以如果成品销售不出去，可以重新修剪，等有客户需要时，再培育出理想的高度和株型。栽培过程中，一般可以用调节剂，但不能施用多效唑。

**病 虫 害：** 长春花植株本身有毒，所以比较抗病虫害。苗期的病害主要有：苗期猝倒病、灰霉病等，另外要防止苗期肥害、药害的发生。如果发生的话，应立即用清水浇透，加强通风，将危害降低。虫害主要有：红蜘蛛、蚜虫、茶蛾等。长时间的下雨对长春花非常不利，特别容易感病。在生产过程中不能淋雨。

**出圃质量：** 采用12 cm的营养钵栽培。在露色时至盛花前出圃，冠幅一般应在20～25 cm，株型整齐、饱满，开花一致。长春花较不耐长途运输，在高温季节装车后最好不要超过24 h，低温季节也不要超过48 h。

**8. 雏菊**

**英 文 名：** Bellis

**学　　名：** *Bellis perennis*

**原 产 地：** 欧洲至西亚

**科　　属：** 菊科雏菊属

**特　　性：** 雏菊是多年生草本，常作二年生栽培。喜冷凉、湿润，较耐寒，在3～4℃的条件下可露地越冬，要求富含腐殖质、肥沃、排水良好的沙质壤土。株高8～15 cm，叶基部簇生，匙形或倒卵形，头状花序，单生，高出叶面，舌状花，花朵小巧玲珑，花期12月到翌年5月，花期长，花茎2～3 cm，播后12～14周开花。较著名的品种主要有"塔苏""嘉罗斯"。主要有红色、白色、混色、粉红色、玫瑰色等颜色。这些品种高度虽然不同，但一般都在10～20 cm之间。

**播种育苗：** 雏菊种子很小，每克种子有4 900～6 600粒，多在9月份播种。长江流域一般在7月份下旬即开始播种，元旦为盛花期。播种选用疏松、透气的基质。基质经消毒处理，最好再用蛭石覆盖，薄薄一层，以不见种子为度。因雏菊种子很小，不宜点播，所以一般用撒播，当苗长有2～3片真叶即可移植一次。播种用基质pH在5.8～6.5为宜，EC值在0.5～0.75较适宜，播后保持18～20℃的温度，80%～90%的湿度，5～8 d发芽。在江浙一带还可春播，但育苗长势和开花都不如秋播苗。所以一般不用春播。

**第一阶段：**

播种后保持18～22℃的温度和80%～90%的湿度。5～8 d胚根长出。发芽后仍要保持基质的湿润，不需施肥，需要给予光照，但发芽时光照不能太强，仍要适当遮阴。在7～8月份，中午前后仍要遮阴进行降温。

**第二阶段：**

此阶段湿度在70%～80%，能使其根扎入基质吸收养分供其子叶的伸展，温度控制在16～20℃，等到第一对真叶展开即可开始施肥，以50 mg/kg的20－10－20水溶性肥料为主。此阶段过后即可开始用288或128穴盘进行一次移植。

**第三阶段：**

此阶段为苗的快速生长期，要防止基质过湿，以50 mg/kg的20－10－20和14－0－14的水溶性肥料交替施用。由于气温的高低和蒸腾的大小，一般2～3 d浇一次液肥，而不再浇水。这是种苗生产中的一种较科学的水肥管理方法。如按传统方法，以隔时间段浇一次肥，则浓度相对加至70～100 mg/kg。但在浇水或肥之间应让基质稍干一下，利用干湿交替来促进苗的生长和根系的发育。当苗长有2～3对真叶，苗高3～4 cm，根系发育基本完全，即可进行下一阶段的炼苗。

**第四阶段：**

此阶段苗的根系已长好，已有3对真叶。可考虑上盆前的炼苗过程。温度同上一阶段，湿度略有降低。此阶段水分控制尤其重要。施用14－0－14水溶性肥料，否则苗很容易徒长。所以要有充足的阳光，加强通风，控制温度和湿度，防止其徒长。

**移植/上盆：**苗经过炼苗即可上盆。此时苗已有3对真叶。如果用的是穴盘育苗，根系已经充满穴盘。上盆多用12 cm口径的营养钵。上盆后不用再换盆。上盆时可加入复合肥充当基肥。上盆后及时浇透着根水。

**光照调节：**雏菊也喜阳光，包括在生长期和开花期。光照充分可促进植株的生长，叶色嫩绿，花量增加。

**温度控制：**上盆后移至保护地越冬，可防止盆花在冬天受冻害。雏菊在5℃以上可安全越冬，保持18～22℃的温度对良好植株的形成是最适宜的。而在实际中很难做到。雏菊10～25℃可正常开花，温度低于10℃时，生长相对缓慢，株型减小，开花延迟。如温度高于25℃，花茎会拉长，生长势及开花都会衰减。

**水肥管理：**雏菊喜肥沃土壤，单靠其基质中的基肥是不能满足其生长需要的。所以每隔7～10 d追一次肥，可用20－10－20和14－0－14的水溶性肥料，也可用复合肥进行点施或溶于水浇灌，浓度在200～250 mg/kg。但复合肥点施不如浇灌见效快。所以有条件的可用20－10－20和14－0－14的水溶性肥料交替使用。但在冬天应减少20－10－20的用肥量，在浇水肥前应让基质稍干，湿润但不能潮湿。因其是基叶簇生，如不通风，基部叶片很容易腐烂，感染病菌。生长季节给予充足的水肥，长得既茂盛又可延长花期。

**栽培管理：**雏菊较耐移植，移植可使其多发根。不需作株型修剪和打顶来控制花期。

**病 虫 害：**雏菊的主要病害有苗期猝倒病、灰霉病、褐斑病、炭疽病、霜霉病（可用百菌清800～1 000倍，甲霜灵1 000～1 500倍进行防治）；虫害有蚜虫等。

**出圃质量：**雏菊花朵整齐，叶色翠绿可爱，是元旦和春节的重要花坛花之一。株型整齐，冠幅在8～15 cm，有3～5支花以上就可出售。未销售的库存花，应将凋谢的花连茎秆除去，仍可以销售。在装车运输中，损伤较少，较耐长途运输。

### 9. 翠菊

**英 文 名：**Aster-Callistephus

**学　　名：***Callistephus chinensis*

**原 产 地：**中国

**科　　属：**菊科紫菀属

**特　　性：**中等日照，无须补光就可以在短时间内开花，喜光，盆栽花多，但生长势较弱。四季均可播种。浅根系植物，不耐移栽，耐热、耐寒性一般，干燥季节应注意浇水。喜肥，除有充足的底肥外，在生长期间应2周施一次液肥。夏季播种后需遮阴。

**播种育苗：**每克约有423粒，好光，发芽最适温度15～21℃，发芽时间8～10 d。

**推荐品种：**盆栽品种有“院落盆栽”系列，切花品种有“松本”“日光”等系列。

**栽　　培：**若想在“五一”节开花，应在上年的10月播种（温室过冬）；想在国庆节开花，在 4～5 月播种，经过长日照处理，使植株达到一定大小后，再经短日照处理。各品种生长周期变化较大，像“院落盆栽”系列，从播种到开花，夏季需 90 d，冬季需 120 d 左右。

**10. 大丽花**

**英 文 名**：Dahlia

**学　　名**：*Dahlia pinnata*

**原 产 地**：墨西哥

**科　　属**：菊科大丽菊属

**特　　性**：喜温暖、湿润和阳光充足环境。不耐寒也不耐酷暑。夏季温度高于 30℃，则生长不正常，开花少。冬季温度低于 0℃，易发生冻害。

**播种育苗**：约 100 粒 /g，嫌光性种子，发芽适温为 20～22℃，播后 5～7 d 可发芽。

**推荐品种**：矮生品种“象征”系列，早生品种，播种到开花 80～90 d，株高 30～35 cm。

**栽　　培**：大丽花属短日照、多年生植物。“象征 ”系列一般只作一年生栽培。北方地区可 2～4 月播种，盆栽 12～14 周开花；南方地区可春季 2～4 月、秋季 8～10 月播种，盆栽需 11～13 周开花。栽培过程中保持凉爽的气候状态，炎热的夏季需要遮阳、降温，其适宜生育温度 5～30℃，在 10～25℃下生长最为良好。长日照条件下，促进分枝、增加开花数量但花期延迟，可在幼苗期遮光 4 周，保持每天光照 10～11 h，达到早开花的目的。大丽花喜肥，但忌过量，尤其是过量施用氮肥，会导致营养生长过旺、植株抗病性减弱、开花延迟。整个生育过程栽培基质湿度不宜过大，保持半干燥状态，湿度过大容易导致根系腐烂。

**11. 倒挂金钟**

**英 文 名**：Fuchsia

**学　　名**：*Fuchsia hybrida*

**原 产 地**：中、南美洲

**科　　属**：柳叶菜科倒挂金钟属

**特　　性**：喜温暖，湿润，冬季阳光充足，空气流通好，夏季干燥凉爽半阴的环境。不耐寒，忌酷暑、闷热及雨淋日晒。

**播种育苗**：约 1 760 粒 /g，发芽最佳温度 21～24℃，最佳温度下 8～10 d 发芽。

**推荐品种**：“圣火”“吊钟” 系列。

**栽　　培**：生长适温 20℃，10 cm 盆栽播种后 14～17 周开花，25 cm 吊篮栽培 17～18 周开花。为使生长迅速，开花繁密，要加强水肥管理，除炎夏外，每半月追肥 1 次。栽培中应多次摘心，以形成丰满的株型，摘心后 15～20 d 即可开花。倒挂金钟栽培管理中最关键的是安全越夏问题。我国大部分地区夏季炎热多雨，难以满足倒挂金钟要求凉爽干燥生长环境的需要。栽培中要采取各种降温的措施，如在荫棚下栽培，经常向叶面和地面喷水，加强通风等。若能在控温的现代化温室栽培，夏季室温保持 25℃以下，可正常生长不休眠。防止日晒雨淋。夏季高温叶片枯落时，剪除上部枝条，控制浇水，使之进入休眠。待秋季气温降低时，植株萌芽，再逐渐浇水施肥，使其正常生长。

**12. 飞燕草**

**英 文 名：**Delphinium

**学　　名：***Delphinium grandiflorum*

**原 产 地：**南欧

**科　　属：**毛茛科翠雀属

**特　　性：**多年生草花，植株挺拔，叶纤细清秀、花穗长，色彩鲜艳而丰富，有蓝、红、粉白等，花序大，着花繁密观赏性强。对温度适应性较强，但还是喜气温不太高的环境。忌高温多湿，喜充足光照。喜肥沃、排水好的沙质土壤。矮的品种可以做盆栽观赏，高的品种可达 90～120 cm，可作为切花或者花镜栽培。

**播种育苗：**约 600 粒 /g，发芽最适温度 10～15℃，发芽时间 14～18 d，发芽湿度略低一些有利于发芽，需用粗蛭石覆盖。

**推荐品种：**矮秆的有“蓝蝴蝶”系列；高秆的有“神秘之水”“北极光”“净泉”“太平洋巨人”系列等。

**栽　　培：**生长适温为 10℃，秋播或者早春播种，春季定植，夏季开花，花期长。

**13. 风铃草**

**英 文 名：**Campanula

**学　　名：***Campanula medium*

**原 产 地：**南欧

**科　　属：**桔梗科风铃草属

**特　　性：**多年生草本，常作一年生栽培。总状花序，钟形花冠，单瓣或重瓣，花色以白、蓝、粉红为主。喜腐殖质丰富、排水良好而湿润的土壤。

**播种育苗：**每克种子约有 49 750 粒，发芽温度 18～20℃，最佳条件下需要的发芽天数 10～14 d，发芽后应注意保持湿度。

**推荐品种：**盆栽品种有“依莎贝拉”系列，吊篮品种有“星光”系列。

**栽　　培：**自然花期在 5～7 月，一般宜夏、秋季播种，播种后置于凉爽的环境，并遮阳。晚秋或早春移栽，能耐轻度霜冻，并生长良好。

**思政花园**

东风袅袅泛崇光，香雾空蒙月转廊。只恐夜深花睡去，故烧高烛照红妆。

——宋代：苏轼《海棠》

## 14. 风仙花

英 文 名：Balsam

学　　名：*Impatiens balsamina*

原 产 地：中国

科　　属：凤仙花科凤仙花属

特　　性：一年生草本，株高 30～80 cm。茎肉质，节部膨大。花色丰富，有粉红、玫红、白色、紫红及杂色等。喜温暖、光照充足的环境；对土壤适应性强，但喜湿润、排水良好的土壤。

播种育苗：每克约有 116 粒，在 21℃以下，播种后 8～10 d 可发芽。

推荐品种："山茶"系列。该品种株高 60 cm，绿叶。

栽　　培：一般于 4 月中、下旬播种。能自播繁衍，也可在花坛内直播，或在露地苗床育苗。广泛应用于公园住宅庭院及花坛，是主要的夏季花坛花之一。

## 15. 福禄考

英 文 名：Phlox

学　　名：*Phlox paniculata*

原 产 地：北美

科　　属：花荵科福禄考属

特　　性：一年生草花，性喜温暖，稍耐寒，忌酷暑，适合在排水良好、疏松的土壤上栽培，不耐旱，忌涝，怕碱。

播种育苗：约 520 粒 /g，发芽温度 14～15℃，发芽天数 10～18 d。

推荐品种："21 世纪"系列

栽　　培：暖地秋播，寒地春播，生长适温 10～13℃。可在花坛、花镜及岩石园布置，较适合地栽，也可以作盆栽供室内装饰。

## 16. 瓜叶菊

英 文 名：Cineraria

学　　名：*Senecio cruentus*

原 产 地：大西洋加那利群岛

科　　属：菊科千里光属

特　　性：多年生草本，通常作一、二年生栽培。喜凉爽气候，冬惧寒冷，夏畏高温，怕雨涝、强光与霜冻。适宜生长的温度为 10～20℃，高于 25℃，低于 10℃，生长缓慢。高于 30℃，低于 5℃，生长受到抑制，0℃以下极易受冻害。目前用于大规模生产的瓜叶菊，全部采用种子繁殖，较著名的品种有"完美""小丑""惑星"等。颜色有红、粉红、蓝、紫以及许多复色。近年来，市场上以色彩鲜艳的红色系销路最好，室外摆放可用多种颜色合理搭配。

**播种育苗：** 瓜叶菊种子1 g在2 500～4 200粒之间。在长江中下游地区保护地条件下，可作为元旦春节期间的用花。瓜叶菊一般在7月下旬至9月上旬播种，常通过降温措施或在高山上进行育苗。播种宜采用较疏松的人工基质，采用平盘或者穴盘育苗。基质pH 6.5～7.5，EC值在0.7以下为宜，经过消毒处理，播后保持温度20～24℃，湿度95%以上，3～5 d出苗。

**第一阶段：**

瓜叶菊播种后，一般不覆土，所以基质必须始终保持湿润，为防止种子冲积成堆，决不能用大水滴的洒水壶浇水，只能喷细雾保湿。不用施肥，给予1 000 lx左右的光照强度利于发芽。

**第二阶段：**

出苗后，逐渐加强光照，加强通风，基质仍需保持湿润，但要防止过湿。气温25℃以上，晴天强光时，应盖遮阳网。子叶完全张开时，开始用50～75 mg/kg的水溶性肥料，之后要施用保护性的杀菌剂以防止茎腐病。这一阶段需要时间7～8 d。

**第三阶段：**

种苗已长出真叶，开始快速生长。基质湿度保持在50%～70%，浇水前让土壤有轻微的干燥。尽量做到早上浇水，傍晚落干。需要补充光照，补光4 900～7 500 lx补充2～3周，每天光照时间达14 h左右，此阶段用100 mg/kg的20－10－20与14－0－14肥料增加施肥量。

**第四阶段：**

本阶段已形成良好的根系，5～6片真叶。浇水前允许基质干燥，但要避免干燥过长时间引起萎蔫，施肥以100 mg/kg的14－0－14水溶性肥料为主，加强通风。

**种植/上盆：** 如果是用开敞式育苗盘撒播育苗的，最好在2～3片真叶时，用72或128穴盘移植一次。当长到6～7片真叶时移植上盆，可直接定植到13～15 cm口径的盆中。用于春节前供应市场的盆花，多数是放在室内，因此多采用红色或白色的塑料盆。

**光照调节：** 瓜叶菊为阳性植物，生长期要求光照充足，花芽形成后，长日照能促使其提早开花，增加人工光照能防止茎的伸长。

**温度控制：** 夏季正午前后要遮阴降温，可向地面洒水，向叶面喷水降温。但要防止水分过多，引起植株徒长和腐烂。气温较低后，应及时做好保暖防冻工作。气温在5℃以下时，晚上还应盖上薄膜防止植株受冻。改变温度还可以催延花期。通过提高室温，可以提早开花，花初开时降低温度则可以延长花期。

**水肥管理：** 水分管理的关键是采用排水良好的基质。每次浇水前保持适当的干燥。浇水按照早上浇水，傍晚落干的原则。栽培中完全采用人工基质的，则施肥宜采用20－10－20和14－0－14肥料，以200～250 mg/kg的浓度，一周交替使用一次。在冬季气温较低时，要减少20－10－20肥料的施用次数。若栽培基质是沙质壤土的，可以用复合肥作基肥，生长期结合施用水溶性肥料。在快速生长期，应当增加施肥次数和数量。但在花芽分化前两周，应停止施用氮肥，减少浇水，抑制营养生长，促进花芽分化，提高着花率。显蕾后开始正常管理，逐渐恢复浇水和施肥，但不能往叶丛中浇水施肥，避免花蕾和花朵霉烂。

**病 虫 害：**瓜叶菊的病虫害有灰霉病、茎腐病、白粉病、叶斑病（用甲基托布津 1 500 倍液进行防治）；虫害主要有蚜虫、红蜘蛛（药物防治为吡虫啉、毒死蜱）。病虫害的防治更重要的是应该做好温室的卫生整洁、水肥管理、温湿度控制、通风、光照、虫源的隔离、基质与水源的消毒等方面的工作，为其提供良好的生长条件。

**出圃质量：**瓜叶菊出圃前应加强通风换气，使植株经受锻炼，以免产生盆花售后，因环境不适应而影响生长开花，并摘去黄叶、病叶。要求株型紧凑，开花整齐一致，冠幅一般在 25 ～ 30 cm，在花初开时至盛花前出圃。瓜叶菊长途运输时，可进行套袋，上下无封口，以免叶片折断，影响美观。运输中要做好防冻工作。

### 17. 观赏辣椒

**英 文 名：**Capsicum

**学　　名：***Capsicum frutescens*

**原 产 地：**美洲热带

**科　　属：**茄科辣椒属

**特　　性：**适合吊篮栽培。无论是露地栽培、袋栽、盆栽，还是吊篮栽培都有很好的观赏价值，花大，量极丰富；绿色和红色的果实，在冠径达 42 cm 的植株上绽放光彩，叶小，丰满的枝条给该品种很好的视觉效果。

**播种育苗：**约 380 粒 /g，发芽需要用粗蛭石覆盖，发芽温度 21 ～ 24℃，最佳条件下需要的发芽天数 6 ～ 14 d。

**推荐品种：**果实狭长形有“梦都莎”；圆果型有“紫炎”“珍宝”“五彩旭光”“彩色甜椒”等。

**栽　　培：**袋栽时，播种 6 周可以出售，吊篮栽培中，14 周可以出售，拥有丰富的颜色。不耐寒，霜降之后植株死亡。

### 18. 鸡冠花

**英 文 名：**Celosia

**学　　名：***Celosia cristata*

**原 产 地：**印度

**科　　属：**苋科青葙属

**特　　性：**一年生草本花卉。喜干热温暖气候，喜强光，能耐高温，不耐低温，15℃以下叶片泛黄，5℃以下便会受冻害。现今用于大规模商品生产的鸡冠花在生产上多用种子繁殖。分为两大类，一类为冠状或头状，主要品种有“东方 2 号”“阿迷哥”“红顶”等；另一类为羽状，较著名的品种有“城堡”“和服”“世纪”“新景象”等。其中“阿迷哥”“和服”“世纪”和“城堡”等品种除红色外，还有黄色、玫红、粉红、橙色、白色及复色等颜色。虽然各品种高矮不同，但植株一般都在20～45 cm之间。

**播种育苗：** 鸡冠花种子每克在1 200～1 600粒之间。在长江中下游地区保护地条件下，春季和夏季可播种。供花期从4月下旬开始到11月中旬，在夏季和国庆节等节日期间的用量较大，所以其播种时间多在3～7月。播种宜采用较疏松的人工基质，采用平盘或穴盘育苗。基质pH为5.8～6.5，EC值0.5～0.75，须经消毒处理，播种后保持基质温度22～24℃，4～7 d出苗。

**第一阶段：**

播种后2～4 d胚根展出。初期保持育苗基质的湿润非常重要，所以，播种后需覆盖一层薄薄的蛭石，厚度以刚覆盖种子为好，温度保持在22～24℃，早春播种需特别注意温度不要偏低。光照有利于鸡冠花种子的发芽，因此，在发芽时最好有1 000～10 000 lx的光照强度。

**第二阶段：**

从胚根长出到子叶展开，仍需保持基质的湿润，但也不要过湿。此阶段后期，主根可长至2～3 cm，长出第一片真叶。子叶展开后可开始施肥，施肥浓度以50～75 mg/kg的20－10－20水溶性肥料为主。

**第三阶段：**

鸡冠花种苗已进入快速生长期。适当控制水分，有利于根系的生长。每隔5～7 d交替施用75～100 mg/kg的20－10－20和14－0－14水溶性肥料。此阶段后期，植株根系可以长至4～5 cm，苗高也有3～4 cm，真叶2～3对。

**第四阶段：**

本阶段根系已完好地形成，有3对真叶，温度和湿度要求同第三阶段。适当控制水分，施用75～150 mg/kg的14－0－14肥料，加强通风，防止徒长。需要注意的是，鸡冠花种苗在这一阶段很容易因肥水管理不当而导致花芽分化，产生小老苗，提前开花。基质不能过干或过湿，每隔4～5 d施肥一次，及时移植上盆。从品种来看，羽状的品种，黄色的品种，矮性的品种，也相对容易出现早花现象。

**移植/上盆：** 及时上盆对鸡冠花来说是非常重要的。上盆不及时会导致花芽分化提前，从而使植株产生老苗现象，品质下降，严重时整批花报废。用穴盘育苗的，应在3对真叶完全展开时移植上盆。在长江流域一带，大部分都用12 cm×13 cm口径的营养钵，一次上盆到位，不再进行一次换盆。如果是用开敞式育苗盘撒播育苗的，最好在1对真叶时，用72或128穴盘移苗一次，然后再移植上盆。

**光　　照：** 鸡冠花为阳性植物，生长期要求阳光充足，光照充足还有利于防止植株徒长，特别是在苗期更应注意加强光照。

**温度控制：** 上盆后温度最好在20～25℃，生长温度在15～30℃均可良好生长。开花后降低温度对延长花期很有效，一般来讲，鸡冠花只要在5℃以上就不会受冻害，超过35℃对植株的生长有影响，植株高度难以控制，且花穗容易畸形生长。

**水肥管理：** 水分管理的关键是采用排水良好的基质，保持基质的湿润虽然重要，但每次浇水前适当的干燥也是必要的，当然不能使基质过干而导致植株枯萎。对于完全用人工基质栽培的，则施肥宜采用20－10－20和14－0－14肥料，以200～250 mg/kg的浓度7～10 d交替施用一次为宜。在冬季气温较低时，要减少20－10－20肥的施用量。如果是以普通土壤为基质的，则可以用复合肥在基质装盆前适量混合作基肥。当肥力不足时，再追施水溶性肥。

**栽培管理：** 一般品种的鸡冠花均不必摘心，但对某些品种可以打顶，如大部分的羽状鸡冠及头状鸡冠"红顶"，在生产上由于要求不同可以选择打顶或不打顶，如果要打顶，在3～4对真叶时进行。"世纪"系列鸡冠花为切花品种，但现在多通过喷施矮壮素控制株高，作为草花栽培。具体做法是在移栽前，2～3对真叶时喷2～15 mg/kg，后期看长势，上盆后7～10 d，再喷一次，第3次要看植物的长势，若控制好，就不用喷了，若长势还很旺，就必须再喷一次。

**病 虫 害：** 鸡冠花的病害主要是：苗期有猝倒病、叶斑病、疫病等（用普力克800～1 500倍，采用百菌清800～1 000倍，代森锰锌1 000～1 500倍进行防治）；生长期有叶斑病、灰霉病、疫病、根腐病；虫害主要有蚜虫、菜蛾、蓑蛾等。

**出圃质量：** 采用12～13 cm口径的营养钵栽培。在出圃前，冠幅一般应在15～22 cm间，株型整齐、饱满，开花一致。鸡冠花可进行一定距离的长途运输，高温季节运输过程最好不要超过24 h，低温季节也不要超过48 h。

**注意事项：**

（1）**气温：** 早春由于气温过低，会造成不发芽，或发芽率偏低。出芽后遇到低温会造成老小苗。夏季气温过高，鸡冠花生长迅速。一方面像"世纪"红叶红花会一个劲地往上蹿，如果不及时打头，喷$B_9$就易形成植株过高过大，而"和服""城堡"等会迅速开花，迅速老化。进入秋季鸡冠花就进入了生殖生长大于营养生长，植株就会及容易老化。

（2）**肥料：** 由于鸡冠花生长期短，所以前期就要喂足养分，一般是要掌握薄肥勤施的原则。鸡冠花见红点后就要减施或不施氮肥。前期肥不足会造成植株老化，开花提前，花期短暂；中后期氮肥过大，会造成植株营养生长过旺，植株过大，花期推迟，花朵偏小或变异。

（3）**水分：** 苗期水分过大，会易形成猝倒病，主茎过长，极易形成笔杆苗。生长期水分过大，会造成根腐病、黄叶病。水分缺少，会形成老小苗，造成植株间的差异大。

（4）**播种时间：** 鸡冠花在4～6月开花效果最好，选择在2月播种效果最好，这段时间的生长期有60～70 d，植株有充足的生长期。最难种的是7～8月的花，播种时间一般在5月中旬到7月上旬，这段时间是高温期，最快的35 d就开花，如"城堡""和服"等。国庆用花要在7月20日播种，迟于8月15日最好用"世纪"系列。

**19. 角堇**

**英 文 名：** Viola

**学　　名：** *Viola cornuta*

**原 产 地：** 北欧，西班牙比利牛斯山

**科　　属：** 堇菜科堇菜属

**特　　性：** 同属品种约有500种，株高10～30 cm，花径2.5～4.0 cm，花繁多。喜凉爽环境，耐寒性强，耐热性比三色堇略好。角堇栽培宜选用肥沃、排水良好、富含有机质的壤土或沙质壤土栽培。南方多秋播，北方多春播。条件适宜的情况下，播种到开花所需的时间为10周。

**播种育苗：** 种子每克1 300～1 400粒，发芽适温为15～20℃，覆盖粗蛭石，一周左右发芽。

**推荐品种：** "珍品""珠宝""公主""小钱币"等系列。

**栽　　培：** 角堇栽培与三色堇相似，生产过程中注意通风，防止阴雨天气徒长，温度高时需遮阴通风。温度低时忌用过多肥水，特别是尿素。防止矮壮素及其残留引起中毒。角堇开花早、花期长、色彩丰富，适合盆花、花坛及大型容器栽培，是布置早春花坛的优良材料，也可用于风景园林和花园地栽而形成独特的园林景观，还有家庭常用来盆栽观赏。

**播种育苗：** 一般播种时间为7～12月。播种宜采用较为疏松的人工基质，可采用床播、箱播，播种后保持基质温度15～20℃，避光遮阴，5～7 d陆续出苗。

**第一阶段：**

5～7 d胚根展出，播种后必须始终保持基质湿润，需覆盖粗蛭石或垄糠灰，覆盖以不见种子为度。播种后必须加盖双层遮阴网，一方面保证土壤湿润，另一方面因种子发芽后，直接见光，容易造成根系生长不良。此阶段不需要施肥。角堇种子发芽经常会很不整齐，前后可相差一周时间出苗，在这段时间内充分保持土壤基质的湿润相当重要，管理不当很容易影响种子的发芽。为确保元旦用花，播种时间一般控制在7～8月间，此时为夏季高温季节，若不采取一定的降温措施，会严重影响种子发芽和幼苗的生长，杭州地区一般选择采用发芽室或人工控制降温或选择半阴半阳地点或高山育苗，当然也可直接向种苗生产单位购苗。

**第二阶段：**

第一片真叶出现（10～15 d），此阶段土壤适宜温度为17～24℃，促进幼苗生长。真叶长出两片后，可开始施以淡肥，此阶段仍为夏季高温季节，应注意病虫防治和通风，防病应做到以防为主，防止苗期猝倒病。

**第三阶段：**

成苗期，小苗生长迅速，床播的可先移植一次。植株可充分见光，若气温超过35℃以上，只需在中午太阳直射时，稍加以遮阴以降温。适当地施一些肥料，浓度不可过高，以免造成肥害。浇水前可先让土壤干透，但要以保证植株叶片不出现萎蔫为度。此阶段仍应做好通风工作，防治病害发生。

**第四阶段：**

根系已完好形成，有5～6片真叶，温度、湿度要求同第三阶段，适当控制水分，可以增加施肥次数，加强通风，经过炼苗阶段，准备移栽上盆。

**移植/上盆：**穴盘育苗的，有5～6片真叶时，即可移植上盆。

**光照调节：**7～9月育苗期应注意避免正午太阳直射。在小苗上盆后，应给予全光照的环境条件，光照不足，营养生长旺盛，对开花不利。

**温度调控：**角堇为二年生草本花卉，生长要求温度相对偏低，发芽适温18～22℃，生长适温为12～18℃。要满足元旦供花，首先需解决小苗生长期间的降温问题。上盆后的温度调控，如果希望达到一定的株径，可利用保护设施条件栽培。在大棚内生产虽可达到一定的温度，但必须注意经常通风，否则容易引起徒长和病害。

**栽培管理：**角堇具有一定的耐寒性，可在露地生产越冬，但株形很不理想，所以一般采用在保护地设施条件下生产。角堇的生长速度相当快，日常养护须注意水肥的控制，浇水要适度，过湿容易造成茎部腐烂，多病害，过干容易造成植株萎蔫。在10～11月气温已开始下降，此阶段角堇可以忍耐一定的干燥，不会影响植株的正常生长，一般以植株叶片轻度萎蔫为基准。应勤施薄肥，角堇生产过程中一般不使用摘心控制高度。

**病虫害：**角堇的病害主要是：苗期猝倒病、生长期茎腐病、炭疽病、灰霉病；虫害主要有：夜蛾、蚜虫、红蜘蛛等。

**出圃质量：**生产采用10 cm×12 cm的营养钵，在第一朵花露色至盛花前即可出圃，冠幅一般应在12～15 cm之间，株形较饱满，开花整齐、一致，耐运输。

### 20. 金莲花

**英 文 名：**Nasturium

**学　　名：***Tropaeolum majus*

**原 产 地：**南美

**科　　属：**旱金莲科旱金莲属

**特　　性：**喜凉爽，但不畏寒，能耐0℃低温，叶圆形，似荷叶，蔓生性好，花繁多，橙黄色靓丽，适合盆栽或吊篮栽培。

**播种育苗：**春季或秋季开花，冬季种植，约7粒/g，发芽需要黑暗条件，用粗蛭石进行覆盖，发芽温度18～21℃，最佳条件下需要的发芽天数7～14 d。

**推荐品种：**“阿拉斯加”“曙光”“印度女皇”系列。

**栽　　培：**栽培管理简单，在阳光充足的环境下，生长迅速，花、叶都具有观赏性。12月至翌年4月播种，3～7月开花；6月播种，9～10月开花；温度适宜时生长快，扦插极易生根。

## 21. 金鱼草

**英 文 名：** Snapdragon

**学　　名：** *Antirrhinum majus*

**原 产 地：** 南欧地中海沿岸及北非

**科　　属：** 玄参科金鱼草属

**特　　性：** 较耐寒，－2℃时不受冻害，但5℃下已停止生长，不耐高温。

**播种育苗：** 6 000 粒 /g，发芽阶段需要光照，种子不需要覆盖，发芽最适温度21～24℃，最佳条件下需要的发芽天数7～14 d。

**推荐品种：** 矮型品种有“花雨”“调色板”系列；中型品种有“自由颂”系列；高型品种有“火箭”“香蒂尔” 系列。

**栽　　培：** 9～10月播种，3～5月开花；1月播种，5月底开花；7月高山育苗，9～10月开花。4～5对真叶时，摘心一次，可达到株型饱满的目的。

## 22. 金盏菊

**英 文 名：** Calendula

**学　　名：** *Calendula officinalis*

**原 产 地：** 南欧至伊朗一带

**科　　属：** 菊科金盏菊属

**特　　性：** 一、二年生草本，喜强光，耐寒，喜凉爽湿润，怕炎热，对土壤要求不严，适应性强。株高20～35 cm，叶长卵圆形，基部抱茎，头状花序，单生茎顶，花茎6～10 cm，舌状花单轮或多轮，平展为重瓣花，8～10月播种，花期11～12月到翌年3～5月，是冬春季节良好的花坛用花，特别是在元旦、春节用得较多，到“五一”由于气温偏高，株型容易长高，花易谢。主要有“棒棒”“悠远”“黑眼”“加力骚”等品种，颜色有黄色和橙色。“棒棒” 比其他品种开花早10～14 d。可作切花的有 “塔奇”“星辰” 系列。

**播种育苗：** 金盏菊种子每克在130～170粒之间，呈星月形，冬春用花一般在9～10月播种。可用穴盘或平盘育苗，采用人工无土基质，基质经消毒处理，pH为6.0～6.8，EC值为0.5～0.75为宜。播种后用蛭石覆盖，对种子发芽更有利，播后基质湿度在60%～70%，8～15 d出苗。不同于其他花卉种类，金盏菊育苗需要相对干燥的条件，否则极易发生苗期病害而导致幼苗成批死亡。

**第一阶段：**

播种后4～6 d发芽，金盏菊要求基质湿度较干。水分过多不能够正常发芽。温度保持在20～25℃，金盏菊喜光，不需遮阴，如在9月播种，为降温可适当遮阴。

**第二阶段：**

此阶段仍要保湿，但湿度比第一阶段降低。这样根能很好地扎入基质，而不会翘根（根不扎入基质中）。随着根系往下生长，子叶渐渐展开，至第一对真叶完全展开即可开始喷施肥料，以浓度为50 mg/kg的20－10－20的水溶性肥料为主。

**第三阶段：**

这一阶段种苗进入快速生长期，对水分和肥料的要求较高，可用50～100 mg/kg 20－10－20和14－0－14的水溶性肥料交替施用，以减少盐离子的积累。在种苗生产中，施肥以少量多次效果较好，即每浇一次水即浇一次肥，用50 mg/kg 20－10－20和14－0－14的水溶性肥料就能保证种苗的生长需要。但浇水需要干湿交替，有利于调节和促进根系生长，温度可适当降低到18℃左右，在此阶段苗长有2～3对真叶，苗高有3～4 cm，根系可长至3～5 cm。

**第四阶段：**

此阶段为炼苗期，由于苗的根系基本长好，且有3对真叶，故要注意控制水分，施14－0－14的肥料，温度、湿度比上一阶段稍低，加强通风，防止徒长。

**移植/上盆：** 在炼苗期过后，即可移植上盆。金盏菊一般采用12 cm×13 cm口径的营养钵，一次上盆到位，不再换盆。如果是用撒播育苗的，最好在1～2对真叶时，用128或288的穴盘移苗一次，之后再上盆。上盆时基质中可混入少量的复合肥作为基肥。

**光照调节：** 金盏菊为喜光植物，生长、开花都需要有足够的阳光，不需遮阴。

**温度控制：** 上盆后温度可适当保持在15℃左右。因金盏菊属冷季型花卉，南方在冬春季，对温室不需加温。只要适当保温就可以避免冻害，在上盆后生长期如温度太低，会使花期延迟。温度过高时加强通风。

**水肥管理：** 水肥管理主要是基质的选择。对保水性能和排水性要求严格。在保证种苗有充足的水肥外，浇水前的适当干燥也至关重要。这样更有利于根系的生长。但不能使基质干透，而造成植株的枯萎死亡。追肥采用20－10－20和14－0－14的水溶性肥料交替施用为宜。每7～10 d施一次矮壮素，浓度在200～250 mg/kg。一般生产者由成本问题，施用复合肥较为普遍，但在冬季气温较低时应少用20－10－20的肥料。另外金盏菊对缺微量元素较敏感，容易造成叶间失绿、枯黄，失去观赏价值。

**栽培管理：** 金盏菊一般不用打顶，这样花开得较整齐。如要分枝多则多采用打顶。在冬季要注意保暖，这样可使其青枝绿叶，花团锦簇，但也要注意通风。

**病 虫 害：** 苗期主要病害有猝倒病、灰霉病、细菌性芽枯病（用普力克800～1 500倍，百菌清800～1 000倍，可杀得500～800倍进行防治）；生长期主要病害有白粉病、炭疽病及细菌性芽枯病（用粉锈净1 000～1 500倍，炭疽福美800倍，1∶200波尔多液进行防治）；主要虫害有蚜虫等（用40%氧化乐果1 000倍进行防治）。

**出圃质量：** 花朵开始显色至盛花期前期出圃为宜，冠幅在15～20 cm之间。株型整齐，叶色鲜绿。在装车运输中最好不要超过12 h。如果第一次出花未销售完，可进行修剪一次，除去残留花，仍可出售。

## 23. 孔雀草

**英 文 名：** Marigold（French）

**学　　名：** *Tagetes patula*

**原 产 地：** 墨西哥

**科　　属：** 菊科万寿菊属

**特　　性：** 一年生草本。暖季型植物，喜光，喜温暖，能耐高温，但在盛夏气温高、长日照时种植，宜采用生长调节剂控制植株高度。叶对生，羽状全裂，裂片披针形，具明显的油腺点。头状花序顶生，具长总梗，中空。植株高度 20～30 cm，花径 3～7 cm，总苞钟状。舌状花有长爪，边缘常皱曲。耐瘠薄土壤，耐移栽，病虫害少，但以肥沃、深厚、富含腐殖质、中性偏碱、排水良好的沙壤土为宜。孔雀草品种较多，冷凉季节宜用株型较大的品种，如“沙发瑞”“英雄”或“金门”；炎热季节宜用“小英雄”或“杰妮”等株型较矮品种，另“杰妮”黄色品种早春苗期易患病，建议改用淡黄色品种。

**播种育苗：** 孔雀草种子的每克粒数在 290～350 粒之间。在长江中下游地区的保护地条件下，一年四季均可播种。但由于用花条件的限制，以五一、国庆两个节日的用花量最大。又由于孔雀草的播种要求气温高于 15℃（或有加温保温条件），因此长江中下游一带的可播种期在 11 月至翌年 8 月。气候暖和的南方可以一年四季播种，在北方则流行春播。如果是在早春育苗，应注意确保一定的生长温度，尽量避免生长停滞。播种宜采用较疏松的人工基质，床播、箱播育苗，有条件的可采用穴盘育苗。基质要求 pH 在 6.0～6.2（稍高于其他品种），EC 值小于 0.75，经消毒处理，播种后用蛭石稍稍覆盖。孔雀草的发芽适温为 22～24℃，发芽时间 5～8 d。

**第一阶段：**

播种后 2～5 d 露白（胚根显露）。孔雀草种子发芽无须光照，通常在播种后覆盖一层薄薄的基质，建议以粗片蛭石为好，这样，既可以遮光，又可以保持育苗初期基质的湿润。保持基质湿润，但要防止过湿，温度保持在 22～26℃。

**第二阶段：**

从胚根显露至子叶完全展开约 7 d。一旦胚根显露，就要降低湿度，并要在基质略干后再浇水以利于更好地发芽和根的生长。给予 4 500～7 000 lx 的光照，并保持基质 pH 在 6.0～6.2，EC 值小于 0.75，基质温度 20～21℃。如果所使用的基质不含有营养启动剂，则可以在子叶完全展开时施以 50 mg/kg 的 14－0－14 水溶性肥料。

**第三阶段：**

种苗快速生长期。孔雀草的种苗生长要防止湿度过高，所以在两次浇水之间要让基质干透，当然不能使基质过干而导致小苗枯萎。保持基质 pH 在 6.0～6.2，EC 值小于 1.0，基质和环境温度可适当降低至 18℃。每隔 5～10 d 时间交替施用 100～150 mg/kg 的 20－10－20 和 14－0－14 水溶性肥料。如果基质温度低于 18℃，则避免施用硝酸铵。此阶段后期，植株根系可以长至 3～5 cm，苗高也有 3 ～ 4 cm，2 ～ 3 对真叶。

**第四阶段：**

炼苗期。本阶段根系已形成完好，有 3 对真叶，温度可降低至 15℃，但最好不要低于 15℃。如果需要，此阶段可施以 100 ～ 150 mg/kg 的 14 - 0 - 14 水溶性肥料，但要避免施用硝酸铵。与第二阶段一样，在两次浇水之间要让基质干透，并加强通风，防止徒长。

如果育苗失败或存在问题，排除可能的种子质量问题，主要原因有：

（1）基质的 pH 过低导致铁、锰、锌中毒。主要症状是老叶上有坏死的斑点、焦边，生长点坏死。

（2）早春低温育苗，如湿度过高，易发生疫病。开始表现为茎基部水渍状，继而坏死倒伏。因此要注意早春育苗尽可能提高温度，控制湿度，以防病害发生。

（3）注意苗期营养，如果苗期缺肥，植株瘦弱，则会形成小老苗，即植株因缺肥而引起的在苗期开花的现象，这样的苗往往因为不能形成良好的株型而无法销售，造成损失。

**移植 / 上盆：** 用穴盘育苗的，应在长至 2 ～ 3 对真叶时移植上盆。用 12 cm 口径的营养钵，一次上盆到位。如果是用开敞式育苗盘撒播育苗的，则要稀播，并在 2 ～ 3 对真叶时，直接移苗上盆。

**光照调节：** 孔雀草为阳性植物，生长、开花均要求阳光充足，光照充足还有利于防止植株徒长。但是在光照强烈的夏季中午，需要避免直射阳光，正午前后要遮阴降温。

**温度控制：** 上盆后温度可由 22℃降至 18℃，经过几周后可以降至 15℃，开花前后可低至 12 ～ 14℃，这样的温度对形成良好的株型是最理想的，但在实际生产中可能难以达到此条件。所以，一般来讲，只要在 5℃以上就不会被冻害，10 ～ 30℃间均可良好生长。

**水肥管理：** 水分管理的关键是采用排水良好的基质，保持基质的湿润虽然重要，但每次浇水前适当的干燥是必要的，当然不能使基质过干而导致植株枯萎。对于完全用人工基质栽培的，则施肥宜采用 20 - 10 - 20 和 14 - 0 - 14 水溶性肥料，以 200 ～ 250 mg/kg 的浓度 7 ～ 10 d 交替施用一次。在冬季气温较低时，要减少 20 - 10 - 20 肥的使用量。如果是以普通土壤为基质的，则可以用复合肥在基质装盆前适量混合作基肥。肥力不足时，再追施水溶性肥。

**病 虫 害：** 孔雀草的病虫害较少，但在温室生产中，前期生长时的蛾类幼虫会蚕食新叶，需要定期检查，一有发现即要喷药防治。注意孔雀草不能用代森类农药防治病害，该类农药容易引起植株变褐且生长不良。

**出圃质量：** 采用 12 cm 的营养钵栽培。在露色时至盛花前出圃，冠幅一般应在 20 ～ 25 cm 间，株型整齐、饱满，开花一致。

**思政花园**

木末芙蓉花，山中发红萼。涧户寂无人，纷纷开且落。

——唐代：王维《辛夷坞》

## 24. 六倍利

**英 文 名：** Lobelia

**学　　名：** *Lobellia speciosa*

**原 产 地：** 美国

**科　　属：** 桔梗科半边莲属

**特　　性：** 冬季种植，春季或秋季开花。花色丰富，适合花坛镶边和较低的绿篱用，株型适合吊篮摆放。

**播种育苗：** 约 35 000 粒 /g，发芽需要黑暗条件，用粗蛭石进行覆盖，发芽温度 24℃，最佳条件下需要的发芽天数 14～20 d。

**基　　质：** 泥炭与小颗粒蛭石混合，比例为（2：1）～（3：1）。

**播　　种：** 普通种子 6～8 粒一穴，保证每穴有 4 株以上幼苗，播种时不需要覆盖任何基质，种子萌发需要散射光。

**第一阶段：**

基质温度在 20 ~ 26℃，基质表面保持湿润，胚根萌发需要 4 ~ 6 d，温度合适的话，4 d 即可看到细微根毛从种子里面伸展出来。

**第二阶段：**

茎秆和子叶发育需要 7 ~ 10 d，此阶段可以揭开保鲜膜或盖子，适当通风可以增加幼苗茎秆强度及促进基部分枝，此阶段基质湿度可以略微干些，温度 20 ~ 25℃，为了保证幼苗的生长，这个阶段开始给予较多的光照，散射光或玻璃透过的直射光即可，需要避开午间最强光照的时段。光照不足的幼苗很难生长健壮，而且适应荫蔽环境的植株一旦移植到高光照环境下会有焦枯、萎蔫的现象。肥料方面，一旦子叶出现就可以开始施肥，一般使用 13–2–13 或 14–0–14 的水溶性肥料，低磷的配方可以使植株紧凑，高磷会促进株高和茎节长度，浓度以 0.1% 左右，这种低浓度的肥料可以和纯水交替当作灌溉用水。

**第三阶段：**

14 ~ 21 d，此阶段可以把幼苗放在直射光环境下，需多通风，不可中午阳光直射，需加大施肥频率和浓度，浓度在 0.2% 左右，和纯水交替使用，有轻微干湿交替过程最佳，这样可促使根系进一步向基质内部生长发育。温度保持在 20 ~ 25℃即可。一般幼苗具有第一片小手指甲大小的叶片时，就可以进行第一次移栽疏苗了。

**第四阶段：**

保持上一阶段的管理方式，施肥浓度加大至 0.2% ~ 0.5%，和纯水交替使用。光照强度可以进一步加强，这个阶段的幼苗可以适应室外自然通风的庇荫环境，基质可以略微见干见，这样可以强化根系，使其完全裹住基质团。

**注　　意：** 六倍利属于相对长日照开花植物，在短日照条件下也可以开花但开花较迟，如果在冬季育苗阶段不补光的话，生育期至少要再延迟 3～4 周时间。育苗阶段不用施用生长调节剂。育苗阶段施肥时尽量避免长期使用 20–10–20 配方的水溶性肥料。

日常养护：交替使用 20–10–20 和 13–2–13–5 Ca–2 Mg 的水溶性肥料，N 的浓度控制在 100 ～ 125 mL/L，每周 1 ～ 2 次，生长后期 N 的浓度控制在 75 ～ 100 mL/L，每周 1 ～ 2 次，保证株型紧凑避免徒长。

为了保证株型紧凑、花色艳丽，需有较低的生长温度，白天控制在 19 ～ 22℃，晚上 10 ～ 15℃。

忌阳光直射。不耐 30℃以上温度，在全日照条件下适当遮阴能提升植株耐热性。高温高湿环境下可在移植后 3 周开始施用生长调节剂 $B_9$ 2 ～ 3 次（花期不要施用），3 000 ～ 5 000 mL/L，$B_9$ 会推迟花期 1 ～ 2 周。

在成品花阶段，避免使用高铵态氮肥料。植株较高，枝条徒长，花朵较少，表明铵态氮肥料含量过高；植株矮小，萎黄褪绿，叶片灼伤，则可能是植株缺钙和镁的表现。

推荐品种：“皇宫”“淡雅”“月亮”系列。

栽　　培：北方地区，袋栽播种后 11 周出花，盆栽 12 周，南方袋栽 10 周，盆栽 11 周。

### 25. 硫华菊

英 文 名：Cosmos sulphureus

学　　名：*Cosmos sulphureus*

原 产 地：墨西哥

科　　属：菊科秋英属

特　　性：喜欢干燥、瘠薄土壤，对日照时数及温度的适应性较宽，生性强健，生长快速，从播种到开花 40 ～ 50 d。

播种育苗：全年均可播种，约 120 粒 /g，好光性种子，发芽适温 18 ～ 22℃，育苗时湿度过高反而降低发芽率。

推荐品种：“阳光”“金鸟”“宇宙”等系列。

栽　　培：华东地区可自早春到初夏分期连续播种，使其自初夏到暮秋都能开花。生育适温为 15 ～ 35℃。硫华菊对土质要求不高，含沙及排水良好的土壤环境更能被硫华菊所适应。光照需良好，荫蔽处不易开花。

### 26. 罗勒

英 文 名：Basil

学　　名：*Ocimum basilicum*

原 产 地：西亚、非洲

科　　属：唇形科罗勒属

特　　性：一年生草本，喜欢温暖湿润环境。耐热喜光，不耐寒，耐干旱，不耐涝。茎直立，高可达 50 ～ 80 cm，叶呈椭圆形，花为白色或粉红色。在南欧以及美国加州地区有大量栽培专供香料使用，品种也比较多样，包括紫罗勒、柠檬罗勒（又名七里香）、薄荷罗勒、甜罗勒等，各品种之香气主要由3种成分组成，分别为沈香醇（linalool）、甲基蒌叶酚（methyl chavicol）及丁香酚（eugenol），各成分比例不同香气也就不同，适用于提炼香精，花苞含有更高的精油含量。开花时也可直接剪下制成干燥花，一些味道强烈的品种有驱赶蚊蝇的功效。

**播种育苗：** 约600粒/g, 发芽适温18～21℃，嫌光性种子，发芽天数5～8 d。

**推荐品种：** 矮生品种"弥特"，株高25 cm左右、密生、株形球形、叶片狭小、无须摘心、打顶。

**栽　　培：** 华南春、夏、秋三季均可随时播种，华北地区一般于3月下旬在保护地中育苗直播，4月下旬至5月初定植，也可于4月中旬直播，花期5～10月。在温暖的环境下播种种子很容易发芽，约一个月长出4片真叶时就可以移植，但播种的时候不要太密，发芽后应充分接受光照，否则罗勒苗很容易徒长倒伏，定植之后可摘心。柠檬罗勒、紫罗勒也可用扦插法来繁殖，同样取顶芽，插于潮湿没有病菌的基质中，放置于荫凉处并保持潮湿，约21 d即可定植。罗勒生性强健，很容易栽培，由于性喜温暖，一年四季都可以生长良好，冬季寒流来袭时生长速度较慢。宜栽培在阳光充足、排水良好的地方，种植后随着生长会自行分枝呈丛生状，但若能持续摘心促进分枝，枝叶会越多，同时抑制高度可使其较不容易开花。

## 27. 蒲包花

**英 文 名：** Calceolaria

**学　　名：** *Calceolaria crenatiflora*

**原 产 地：** 南美

**科　　属：** 玄参科蒲包花属

**特　　性：** 喜温暖、湿润、通风环境，播种后4.0～4.5个月开花，花期和生长极为整齐。生长适温为夜温10℃，日温20℃。

**推荐品种：** "泡泡堂"系列、"全天候"系列。

**播种育苗：** 约46 000粒/g，发芽最适温度18～21℃，最佳温度下10～18 d发芽。通常在8月中下旬播种。种子细小，播种时宜特别小心。6～7月播种的大型植株，8～9月播种12月至翌年3月开花；10月播种的小型植株，花期直到第二年的母亲节。在18～22℃的情况下，14～16 d发芽。基质为pH 5.5～6.0的低溶解度溶液，发芽需要光照，不要覆盖种子，保持种子湿润但不要太潮湿。播种后避免直接光照于遮阴的种子上。

从第二阶段起降低穴盘湿度，但是不要使穴盘过于干燥。不要使溶解盐的浓度低于0.75；当氮的浓度达到50～75 mg/kg时，以平衡的比例进行施肥。在第三阶段和第四阶段，施肥量可增加到150～200 mg/kg。

**移植/上盆：** 发芽2～3周后，把种子移植到3～4 cm的穴盘中，每穴盘一粒，4周后移栽到10～12 cm的花盆中。2次移栽能够提高幼苗的质量。为了避免损害根部，移栽时底部不要埋得过深。须有良好的排水条件，底层使用15%～30%的黏土，1.5～2.0 kg/$m^3$完全平衡施肥，螯合铁肥，微量元素，pH为5.5～6.0。

**光照调节：** 中日照植物。最初上盆时，短日照可控制植株高度。小型植物短日照时间为6周，大型植物短日照时间为10周。之后在长日照条件下栽培。夜晚没有日照不会对植株产生影响，但是可以使植株生长更整齐。补充100～200 lx/$m^2$的日照可以使花期提前。夏季在强日照情况下，可使用全遮阴。不补光只在短日照下生长的盆栽幼苗一样可以生长得很好。

**温度调控：** 在14～18℃下生长。蒲包花开花不需要急冷时间。温度超过25℃就会造成植株死亡。施肥：适度的施肥是必要的。每周向植物以平衡的比例施150～200 mg/kg的氮肥，避免高浓度的铵和氮。为了避免缺镁，可以加入1～2次的硫酸镁盐，为避免缺铁，可加入1～2次的螯合铁肥。施完螯合铁肥后用清水漂洗叶子。底部的盐分不要超过2 g/L。

**栽培管理：** 栽培时要保持植物湿润，但不要过于潮湿。移栽后加入防真菌剂预防葡萄孢菌和丝核菌。不要向花朵上浇水。把花长时间置于黑暗环境下也会使花凋谢。

### 28. 牵牛花

**英 文 名：** Morning glory

**学　　名：** *Pharbitis nil*

**原 产 地：** 温带地区

**科　　属：** 旋花科牵牛属

**特　　性：** 一年生攀缘花卉，茎长可达2～3 m，叶卵状心形，互生，常呈三裂状。花常1～2朵腋生，花冠喇叭形，花色有粉红、蓝紫、白及复色多种。蒴果球形。花期6～9月，果期9～10月。原产温带地区，我国各地多有栽培，性喜温暖向阳环境，适生温度15～30℃，耐干旱，不择土壤、中性土、微酸性土均能生长。

**播种育苗：** 发芽温度为20～30℃，湿度适中时大约10 d萌发。再过10 d左右，子叶完全张开。

**推荐品种：** “高雅宝贝”。

**栽　　培：** 一般在4月末5月初播种，若有保护地设施以及南方温暖地区还可以提前。3～4片真叶时开始长蔓，这时可以定植。通过摘心可催生更多的枝蔓，使株型饱满。定植后约1个月即开花，以后花开不断。牵牛花是美丽的庭院花卉，可在篱垣、棚架旁种植，使茎蔓攀附，绿化效果甚好。

**思政花园**

昨日一花开，今日一花开。今日花正好，昨日花已老。

——唐代：岑参《蜀葵花歌（节选）》

**29. 千日红**

**英 文 名：**Gomphrena

**学　　名：***Gomphrena globosa*

**原 产 地：**印度

**科　　属：**苋科千日红属

**特　　性：**夏季开花，喜炎热干燥气候，不耐霜冻，耐热耐旱，适宜夏季用花。千日红对环境要求不严，但性喜阳光、炎热干燥气候，性强健，耐修剪，花后修剪可再萌发新枝，继续开花。喜疏松肥沃土壤，不耐寒，耐高温，怕积水，生长适温为 20～25℃，在 35～40℃范围内生长也良好，冬季温度低于 10℃以下植株生长不良或受冻害。

**播种育苗：**约 360 粒/g，发芽需要黑暗条件，育苗时用粗蛭石进行覆盖，发芽最佳温度为 25℃，最佳条件下需要的发芽天数 10～14 d。

**推荐品种：**盆栽品种有“侏儒”系列。常见的千日红品种有“好兄弟（BUDDY）”系列、“侏儒（GNOME）”系列，颜色有紫色、玫红色、白色、玫瑰紫红色、混色等。可作为草坪边缘和花坛、花境边缘镶边材料，也可盆栽为景点或庭园布置，也是插花的好材料。是热带和亚热带地区常见花卉，我国长江以南普遍种植。

**栽　　培：**千日红对水、肥比较敏感，生长期间不宜过多浇水、施肥，否则会引起茎叶徒长，开花稀少。梅雨季节土壤水分过多，植株容易受涝造成全株死亡。夏季高温时，空气湿度不宜过高，盆土不能积水，否则均对千日红生长和开花不利。

千日红属喜光性花卉，生长和开花期需要充足阳光。如果栽培场所阳光不足，则叶片柔软，节间长，花蕾减少，花朵变细，花色变淡。相反，阳光充足，则节间密，花色鲜艳，花朵大，开花不断。土壤要求肥沃、疏松和排水良好的沙质土壤。盆栽土壤可用黄泥、木糠和鸡粪便按 5 : 2.5 : 0.1 混合堆沤半年后使用。

当播种苗长出 3～4 片真叶时可移植上盆。选盆种植应选用瓦盆，瓦盆排水性能比胶盆好。一般用 6～7 寸瓦盆栽种，每盆种 3 株。由于千日红对环境要求不严，但性喜阳光、炎热干燥气候，而且对水肥又比较敏感，所以在栽培管理上要根据其生长特性做好浇水、施肥、摘心及控制光照、温度等技术工作。

适时、适量、合理浇水，根据天气的变化进行，一般阴雨天要少浇或不浇，气温高蒸发量大时要多浇，反之则少浇，浇则浇透，平时要注意盆内有无积水现象，如发现盆内积水要及时处理，否则会造成烂根、叶枯黄，引起植株死亡。

当千日红苗高长至 10～12 cm 时可进行第一次摘心，第一次摘心在主茎上留 1～2 个节，以后长出 3 对真叶时可摘第二次心，摘心目的是促使植株多分枝，有效控制植株高度和株型，使其生长矮壮。

千日红为阳性花卉，除幼苗阶段，不宜阳光直射，上盆后一周便可在阳光充足的环境生长。光照充足，有利于形成圆整、低矮的株形，栽培过程中必须注意保持足够的株行距，以免相互拥挤，缺乏光照而株形不佳。

常见有猝倒病，可用 50% 的可湿性甲基托布津或 50% 的多菌灵 800～1 000 倍液喷洒。虫害有蚜虫，对蚜虫可用速扑杀（杀扑磷）800 倍液喷杀。

**扦　　插：** 在 6～7 月剪取健壮枝梢，长 4～6 cm，即 3～4 个节为适，将插入土层的节间叶片剪去，以减少叶面水分蒸发。插入沙床，温度控制在 20～25℃，插后 18～20 d 可移栽上盆。如果温度低于 20℃以下，发根天数会推迟 5～7 d。扦插生根的最适温度在 20～25℃，温度低于 18℃时对生根有一定的影响，成活率低。温度在 10℃以下，插条会受冻害，如要扦插繁殖一定要有温室设备。

### 30. 三色堇

**英 文 名：** Pansy

**学　　名：** *Viola tricolor*

**原 产 地：** 欧洲

**科　　属：** 堇菜科堇菜属

**特　　性：** 多年生草本，常作二年生栽培，喜欢凉爽环境，性较耐寒，在保护地条件下生产，可用于元旦、春节花坛及花境，主要品种有大花型的“阿特拉斯”“皇冠”“宾哥”“德尔塔”；小花型“自然”、中花型“闪烁”等系列。颜色有纯色、红色、黄色、紫罗兰色、橘红色、蓝色、淡黄色、白色、玫红色等；在“阿特拉斯”“闪烁”“宾哥”等系列中，还有双色品种：红黄双色、紫白双色、白色花斑、玫红花斑、蓝色花斑等。三色堇植株高度一般在 15～20 cm 之间。因为三色堇具备一定的耐寒、耐热能力，花期长可持续至五一节前夕，不存在羽衣甘蓝早期抽薹、叶片腐烂等现象，又能耐低温。所以在长江中下游地区，三色堇在冬季花坛花卉生产中占据着相当重要的位置。

**播种育苗：** 三色堇种子每克在 600～1 200 粒之间。采用保护地栽培，一般播种时间为 7～10 月。播种宜采用较为疏松的人工基质，可采用床播、箱播，有条件的可穴盘育苗，基质要求 pH 为 5.5～5.8，EC 值为 0.5～0.75，经消毒处理，播种后保持基质温度 18～22℃，避光遮阳，6～10 d 陆续出苗。

**第一阶段：**

6～10 d 胚根展出，播种后必须始终保持基质湿润，需覆盖粗蛭石，覆盖以不见种子为度，播种后必须加盖双层遮阳网，保证土壤湿润；另一方面因种子发芽后，直接见光，容易造成根系生长不良。为确保元旦用花，播种时间一般控制在 7～8 月间，此时为夏季高温季节，若不采取一定的降温措施把温度控制在 26℃以下，会严重影响种子发芽和幼苗的生长，杭州地区一般选择采用发芽室或人工控制降温或选择半阴半阳地点或高山育苗，当然也可直接向种苗生产单位购苗。

**第二阶段：**

第一片真叶出现（10～15 d），此阶段土壤适宜温度为 17～24℃，促进幼苗生长。真叶长出两片后，可开始施以淡肥，早期喷施 20－10－20 的水溶性肥料，浓度控制在 50 mg/kg。此阶段仍为夏季高温季节，应注意病虫防治和通风，防病应做到以防为主，定期喷药（百菌清或甲基托布津 800～1 000 倍），以防止苗期猝倒病。

**第三阶段：**

成苗期，小苗生长迅速，床播的可先移植一次，移至穴苗盘或苗床均可，植株可充分见光，若气温超过35℃以上，需加以遮阴以降温。用14－0－14的水溶性肥料（浓度50 mg/kg），肥料浓度不可过高，以免造成肥害。浇水前可先让土壤干透，但要保证植株叶片不出现萎蔫为度。此阶段仍应做好通风工作，防止病害发生。

**第四阶段：**

根系已完好形成，有5～6片真叶，温度、湿度要求同第三阶段，适当控制水分，可以增加复合肥或14－0－14的水溶性肥料的使用次数，加强通风，经过炼苗阶段，准备移栽上盆。

**移植/上盆：**穴盘育苗的，有4～5片真叶时，即可移植上盆；床播的，也可在2～3片真叶时，移植一次，移至穴盘或苗床上均可，待苗长至5～6片真叶时直接上盆。根据冬季草花规模化生产规格要求，一般采用10 cm×12 cm的营养钵上盆，可一次到位，不用再进行换盆。穴盘苗根系移植损坏少，容易成活；敞开式育苗，移植时间选择在傍晚或阴天进行，以提高成活率。盆栽土壤要求疏松、肥沃。

**光照调节：**7～9月育苗期应注意避免正午太阳直射。在小苗上盆后，应给予全光照的环境条件，光照不足，植物易纤细瘦弱，阴雨天要加强通风。

**温度调控：**三色堇为二年生草本花卉，生长要求温度相对偏低，发芽适温18～21℃，生长适温为10～13℃。要满足“元旦”供花，首先需解决小苗生长期间的降温问题。上盆后的温度调控，如果希望达到一定的株径，可利用保护地设施条件栽培。在大棚内生产虽可达到一定的温度，但必须注意经常通风，否则容易引起徒长和病害。

**栽培管理：**三色堇具有一定的耐寒性，可在露地越冬，但株型很不理想，所以一般均采用在保护地设施条件下生产，三色堇的生长速度还是相当快的。日常养护须注意水肥的控制，浇水要适度，过湿容易造成茎部腐烂，多病害。过干容易造成植株萎蔫。在10～11月气温已开始下降，此阶段三色堇可以忍耐一定的干燥，不会影响植物的正常生长。一般以植物叶片的轻度萎蔫为基准。应勤施薄肥，生长期可用50～100 mg/kg的20－10－20和14－0－14的水溶性肥料间隔施用，初花期只施4－0－14的水溶性肥料，盛花期适当拉长施肥时间。冬季肥水过多，特别是尿素，容易引起僵苗。三色堇生产过程中一般不使用摘心控制高度。

**病 虫 害：**三色堇的病害主要是：苗期猝倒病、生长期茎腐病；虫害主要有：夜蛾、蚜虫等。三色堇对于各种矮化剂及其残留比较敏感，容易受到药害造成植株瘦小。

**出圃质量：**生产采用10 cm×12 cm的营养钵，在第一朵花露色至盛花前即可出圃，冠幅一般应在12～15 cm，株型较饱满，开花整齐、一致。耐运输。

**品种介绍：**“阿特拉斯”在东北、西北、长江流域等经过适用，表现佳；“自然”在长江流域等经过适用，表现佳。

**31. 石竹**

**英 文 名：** Dianthus

**学　　名：** *Dianthus Chinensis*

**原 产 地：** 中国

**科　　属：** 石竹科石竹属

**特　　性：** 多年生草本常作二年生栽培，耐寒性较强、喜肥和阳光，在肥沃的沙质壤土中生长最为适宜，高温高湿条件下生长较弱，有四季开花的品种，但越夏问题比较难解决。现用于规模化生产的石竹，几乎均采用播种繁殖，但也可通过分株和扦插繁殖。主要品种有应用最为广泛的杂交石竹，有"北极星""卫星""地毯"系列，颜色有玫红、绯红、紫色、深红、红色白边、紫色白边、白色等。植株高度通过控制，一般都在 20～30 cm；须苞石竹有"小威廉""印第安"系列，以混色为主；中国石竹有"冻糕"和"魅力"系列，有红色、粉色、白色等。

**播种育苗：** 石竹种子每克一般在 800～1 200 粒。在长江中下游地区一般均采用保护地栽培，虽然可以露地越冬，但长势不能满足花坛要求。一般播种时间选择在 9～11 月，可供应春节和五一花坛应用。播种宜采用较为疏松的人工基质，可采用床播、箱播或穴盘育苗，基质要求 pH 为 3.8～6.2，EC 值为 0.5～0.75，经消毒处理，播种后保持基质温度 18～24℃，床播时，需避光遮阳，6～7 d 出苗。

**第一阶段：**

5～7 d 胚根展出，播种后必须始终保持种子中等湿润，需覆盖粗蛭石，保证种子四周充分湿润，覆盖以不见种子为度。在保护地环境下播种，必须加盖双层遮阴网，一方面保证土壤湿润，另一方面种子发芽后，直接见光，容易造成根系生长不良。此阶段不需要施肥。若为春节供应花，播种时间一般提前至 9 月份，此时，还会出现短时的高温天气，必须注意采取及时的降温措施，否则会严重影响种子发芽和幼苗的生长，一般要避免正午的太阳直射，加盖遮阴网或人工降温或使用湿帘降温。供应五一节的花卉生产，播种时间一般在 10 月以后，气温下降，种苗生产相对容易很多。

**第二阶段：**

至第一片真叶出现（7～10 d），此阶段土壤适宜温度为 17～24℃，湿度中等即可，浇水前一般等土壤偏干时再浇，浇则浇透，并提供一定的光照，促进幼苗生长。真叶长出两片后，可开始施以淡肥，早期喷施尿素（浓度控制在 0.1% 以下）或 20－10－20 的水溶性肥料（浓度控制在 50 mg/kg）。此阶段若遇气温较高时，应注意病虫为害和环境的通风工作，防病应做到以防为主，定期喷药（用百菌清或甲基托布津 800～1 000 倍进行防治），以防止苗期猝倒病。

**第三阶段：**

成苗期，小苗生长迅速，床播的可先移植一次，移至穴苗盘或苗床均可，植株可充分见光，若气温超过 35℃以上，只需在中午太阳直射时，稍加遮阳以降温。水肥管理，除了追施尿素外，可适当增加复合肥（浓度控制在 0.1%左右）

或者 14－0－14 的水溶性肥料（浓度 50 mg/kg）。肥料浓度不可过高，以免造成肥害。浇水前可先让土壤干透，但要保证植株叶片不出现萎蔫为度。此阶段仍应做好通风、防治病害的工作。

**第四阶段：**

根系已完好形成，有 5～6 片真叶，温度、湿度要求同第三阶段，适当控制水分，可以增加复合肥或 14－0－14 的水溶性肥料的使用次数，加强通风，经过炼苗阶段，准备移栽上盆。

**移植 / 上盆：**穴盘育苗的，有 4～5 片真叶时，即可移植上盆；床播的，在 5～6 片真叶时也可直接上盆。根据石竹规模化生产要求及本身的特性，一般采用 12 cm × 13 cm 的营养钵上盆，可一次到位，不用再进行换盆。穴盘苗移植根系损坏少，容易成活；敞开式育苗，移植时间选择在傍晚或阴天进行，起苗时尽量多带泥，以提高成活率。

**光照调节：**石竹为阳性植物，生长、开花均需要充足的光照。9 月育苗期应注意避免正午太阳直射。第二阶段开始可以陆续给予光照，在小苗上盆后，应给予全光照的环境条件，光照不足，容易引起营养生长旺盛，植株徒长，甚至影响开花时间。

**温度调控：**石竹为二年生草本花卉，生长需求温度相对偏低，发芽适温 18～21℃，生长适温为 10～13℃。若需供应春节用花的，可以在大棚内进行生产，以达到一定的株径，但在棚内容易引起徒长，必须注意经常通风和适当的矮壮素控制高度。供应五一的花卉，可以采用前期在大棚内生产，待气温有所回升后，再露地栽培。既能控制高度，又不影响开花时间。

**栽培管理：**在保护地设施条件下生产，石竹的生长速度还是相当快的。日常养护须注意水肥的控制，浇水要适度，过湿容易造成茎部腐烂，过干容易造成植株萎蔫。在 10～11 月气温已开始下降，此阶段石竹可以忍耐一定的干燥，但不能影响植物的正常生长。一般在植物叶片轻度萎蔫后再浇水。施肥应掌握勤施薄肥，生长期可用 0.2% 尿素和复合肥间隔施用或者以 50～100 mg/kg 的 20－10－20 和 14－0－14 的水溶性肥料间隔施用，初花期只施复合肥或 14－0－14 的水溶性肥料，并适当拉长施肥时间。石竹在生产过程中可以通过摘心控制高度，但在一般的生产中不进行摘心。石竹比较耐修剪，若在春节销售失败，可以通过修剪，控制花期在五一开花，再次进行销售。

**病 虫 害：**石竹的病害主要有苗期猝倒病、生长期茎腐病；虫害主要有菜青虫、蚜虫等。

**出圃质量：**生产采用 12 cm × 13 cm 的营养钵，在初花时至盛花前即可出圃，冠幅一般应在 20～25 cm 之间，株型较饱满、开花整齐、一致。耐运输。

**品种介绍：**“北极星”“卫星”在东北、西北、长江流域等经过适用，表现佳。

## 32. 四季海棠

**英 文 名：**Begonia Fibrous-Rooted

**学　　名：***Begonia semperflorens*

**原 产 地：** 南美巴西

**科　　属：** 秋海棠科秋海棠属

**特　　性：** 多年生草本。喜温暖湿润气候，不耐高温、低温和干旱环境。繁殖以播种为主，也可扦插，通过种子育苗的植株株型圆整丰满，扦插植株分散。目前常用的品种主要分成绿叶和红铜叶两大类。绿叶的品种主要有“超级奥林匹亚”“星空”等；红铜叶的品种有“鸡尾酒”“员老”等。原来的四季海棠基本上都是单瓣花，现在也出现了重瓣花品种，如“皇后”等。

**播种育苗：** 四季海棠种子每克在 70 000～80 000 粒之间。因为其种子特别细小，而且发芽时对湿度有特殊要求，所以它是在播种育苗种苗生产中难度最大、成功率极低的种类之一。四季海棠在保护地内可以全年播种，在长江中下游地区主要在春秋开花，非常适宜在“五一”、国庆节群体摆放或花坛种植，也适宜作为盆栽观赏。“五一”节开花的四季海棠要求在 10 月上旬播种，有加温条件的可以推迟到 11 月中旬。赶国庆节开花的需要在 5 月中旬左右播种，夏季应注意降温遮阳。

**第一阶段：**

从播种到胚根展出大约需要 10 d。种子开始发芽时，基质温度要保持在 25℃左右，而且空气湿度要接近 100%。由于四季海棠种子特别细小和发芽对高湿的要求，保证基质的细粒均匀和较好的保湿能力显得非常重要，因此，播种之前的基质准备要比较充分，建议采用泥炭和蛭石各 50%配比，并经过消毒处理。基质要求 pH 在 6.0～6.5 之间，EC 值小于 0.75。播种后不需要覆盖，建议穴盘上盖无纺布或玻璃等保湿，并经常观察基质表土的干湿，喷雾加湿。保持湿度的目的是种子保持在湿润状态可以充分地吸取水分并顺利伸展胚根。四季海棠发芽需要一定光照，如果在室内条件下发芽，建议提供一定光照，但不管在室内还是在室外，光照强度最好不要超过 1 000 lx。

**第二阶段：**

胚根伸展出来后，要求基质的湿度降低，胚根需要一定的氧气进行呼吸作用，但还需要湿度保持在 80%左右。在这个阶段，四季海棠种子的胚轴伸长，并因胚根产生根系向下伸展形成下拉而将子叶顶出。种子从播种到发芽看到子叶长出需 20～25 d 时间。子叶长出后，应将苗移到室温常态下，要求逐渐降低基质和空间湿度。子叶出现后，可以开始低浓度施肥，以 50 mg/kg 的 20－10－20 的水溶性肥料为主。

**第三阶段：**

这个阶段是种苗快速生长期。真叶长出来后，可以大胆地控水，间湿可以使种苗根系向下伸展，根系将更加壮实丰满。施肥浓度可以加大，建议每 5～7 d 交替使用 14－0－14 和 20－10－20 的水溶性肥各 100 mg/kg 左右。此时的基质和空间温度要求降低，但不能长时间低于 10℃，否则将会形成僵苗，种苗进入半休眠状态。与其他种类相比，四季海棠幼苗的这个阶段时间比较长，生长非常慢，苗期长，所以基质表面都极易长青苔，需要注意水质以及肥料的正确施用。在此期间操作好坏是决定种苗生产是否成功的关键。从2片真叶长成到6片真叶，移苗就比较容易了。

**第四阶段：**

这是最后的阶段，种苗根系已经成团，从穴孔下面可以看到白根伸出，真叶已有4片以上了，除了后期的种苗管理外，就需要做移苗的准备了。这个时候有些品种可以看到有花蕾形成，不用担心这个，可以摘除花蕾以免消耗养分。

**移栽/上盆：**如果是平盆播种的，当有2～3片真叶时可以移到128穴盘。大约12周左右，苗有4～6片真叶时就可以考虑上盆了，可以采用14或16 cm口径的花盆或营养钵。盆土要求疏松透气，可以以园土：泥炭：腐熟基肥为5：4：1的比例配制。四季海棠叶子和茎干较脆，移栽时注意轻拿轻放，避免碰断叶子或茎干，影响株型。

**光照调节：**喜半阴环境，忌强光照，光照强度要求低于25 000 lx，夏季遮阳应在50%以上，光照过强，叶色变暗，叶子容易枯焦。

**温度控制：**生长适温为15～18℃，10℃以下时停止生长，气温在3℃以下时易受冻害。

**水肥管理：**上盆后应浇一次透水，缓苗一周后开始施肥，如果是穴盆育苗可以缩短缓苗时间。施肥可以结合浇水进行，薄肥勤施，可以采用20-10-20和14-0-14肥料500 mg/kg液交替施用。浇水要讲究间干间湿的原则，有利于根系向下扎，浇水过多过勤，植株容易徒长，抗病性变差。

**栽培管理：**四季海棠开花较早，可以摘掉不需要的花蕾以促进植株生长。由于绝大多数的品种都比较矮化，不需要摘心处理，一般情况下花芽自动封顶。到花期末期，可以通过修剪来更换植株。四季海棠植株本身比较低矮，不能喷洒矮壮素类药物，其对于该类药物残留比较敏感，易造成植株小且生长停滞。

**病 虫 害：**四季海棠比较容易发生灰霉病，尤其在冬天，可用甲基托布津1 000倍液预防。生长期间会有蚜虫和红蜘蛛发生，发生时喷施一遍净或溴氰菊酯等防治。

**出圃质量：**出圃时株型圆整，至少已遮盖盆面，而且部分花蕾已现。出圃搬运时注意不要碰断枝叶。

## 33. 天竺葵

**英 文 名：**Geranium

**学　　名：***Pelargonium hortorum*

**原 产 地：**非洲南部好望角

**科　　属：**牻牛儿苗科天竺葵属

**特　　性：**又称洋葵，为多年生宿根草本花卉，花瓣5片为伞形花序，也有重瓣品种，花腋出。叶肾形带有一股特殊气味。性喜日照充足，冷凉湿润的气候，忌炎热环境，能稍耐半阴环境，发芽适温21～25℃，生育温度5～25℃。喜光，喜温暖而凉爽的环境，适生温度15～25℃，宜置于向阳处的阳台或庭院。夏季高温时，则置于树荫下或墙角边散射光充足的通风环境。天竺葵能耐0℃低温，如当地最低气温在0℃以上，可不入室，只要避霜即可安全越冬；低于0℃的地区，3℃左右入室，保持室温5℃可安全越冬。

**推荐品种：**杂交一代“地平线”系列、吊篮型“夏雨”系列、“龙卷风”系列。

**播种育苗：**

**第一阶段：**

种苗根系伸长到0.31～0.63 cm，子叶开始出现，一般为3～5 d。保持基质温度23℃。基质应浸透，轻触时，应见到基质表面的水分。不需要光照。

**第二阶段：**

此阶段种苗根系已达到0.63～1.25 cm，第1对真叶开始出现，一般5～10 d。此时基质温度要求在21～24℃，每天给予16～18 h 3 500～4 500 lx的光照能促进早花。基质从干燥到湿润状态，颜色由闪亮的黑色变为浅褐色。pH应控制在6.2～6.5，EC值以1.0～1.5为宜。出苗即开始施肥。交替施用钙肥和硝酸钾（15-5-15）肥。磷的含量在以上肥料中不能超过5～7 mg/kg。天竺葵对氨敏感，应避免施用。根系达到0.31～0.63 cm时，需要充足的氧气。此阶段基质应轻度干燥，以增加氧气和促进根系生长。

**第三阶段：**

这一阶段根系长到1.88～2.5 cm，苗高1.25 cm，第2对真叶出现，需要14～21 d。基质适宜温度为18～21℃，同时增加光照至4 500～6 000 lx，每天光照时数为16～18 h，但不能使光强超过35 000 lx。让基质每24 h干湿循环一次，以锻炼幼苗并确保根系得到充足的氧气。基质要求pH在6.2～6.5，EC值为1.5～2.0。而对养分和空气的需求则参照第二阶段。

**第四阶段（7 d）：**

根系紧紧盘结在穴盘中，穴盘苗可以移栽而不散球，此阶段一般为7 d。基质温度控制在16～18℃，如果自然光线不足，继续补给充足的光照。湿度的控制参照第三阶段，检查根系，如没有根毛，表明基质太湿。基质要求pH为6.2～6.5，EC值为1.5～2.0，养分控制参照第二阶段。在高光照的条件下，施用1 000 mg/kg的二氧化碳能促进开花。当出现3～5对真叶时开始施用750 mg/kg的矮壮素（CCC）。

**移植 / 上盆：**在幼苗长至5片真叶时便可定植上盆，盆土一般采用排水良好、腐殖质丰富的壤土为宜。若有条件可采用1份猪粪（充分腐熟的）、2份珍珠岩、3份红土、4份腐叶土混合配置，并在盆土当中适当地加入一些钙肥。

**光照调节：**天竺葵较为喜光，特别是6～8片真叶时，充足的光照是形成花芽的基础。

**栽培管理：**继续生长到盛花还需要6～8周。此时基质要求夜温16～18℃，日温21～24℃；同时，给移栽的小苗2～3周3 000～5 000 lx的光照，每天光照14～18 h，有促花作用。天竺葵是喜光植物，得到的光照越多，生长越快，开花越早。基质要求湿度在两次浇水之间轻度干燥。而基质pH在6.2～6.5，EC值在1.5～2.0。需要连续施用200 mg/kg的氮肥，并施用4～5次

750 mg/kg 的 CCC 以控制植株高度。

定植后一定要浇一次定根水，并要浇透，后期遵循间干间湿原则。天竺葵喜燥忌热，生长期保持盆土稍润即可，雨季要防渍水成涝而烂根。冬夏休眠期盆土偏干微润即可。天竺葵较耐干旱，忌积水环境，否则易患根基部病害。一般在定植缓苗后可施用一次 800～1 000 倍的尿素溶液以促进地上部的生长，后期视具体生长情况可再追施 1 次。在开花前半个月左右，增施 1 次 800～1 000 倍的复合肥溶液促进开花。它喜肥，但施肥不宜过多过勤，生长期 15～20 d 施一次氮磷钾复合肥，或施 0.2% 的磷酸二氢钾溶液。休眠期、半休眠期不施肥。天竺葵的叶片具有较高的观赏价值，应随时将枯黄叶片及开过后的残花摘掉，并适时追肥，可促进第二次开花，延长观赏期。除冬、夏两次休眠期要各重剪一次，促发新枝外，生长期的花后，要将长枝，特别是徒长枝剪短，促发侧枝，并随时将细弱枝、内膛枝、重叠枝、黄叶、残花等剪掉，过密枝疏剪，使之通风透气透光，以提高其观赏价值。

**病 虫 害：** 维持清洁的环境是防治病虫害最有效的办法。虫害主要有蚜虫、蓟马、腐土性蝇类，病害主要是根腐病，其他还有锈病、菌核根腐病、灰霉病、链格孢叶斑病等。通过定期施用一些广谱性的杀菌剂、杀虫剂，可有效防止病虫害的发生。

### 34. 万寿菊

**英 文 名：** Marigold

**学　　名：** *Tagetes erecta*

**原 产 地：** 墨西哥及美洲地区

**科　　属：** 菊科万寿菊属

**特　　性：** 一年生草本。暖季型植物，喜强光，喜温暖，能耐高温，但在盛夏气温高、长日照时种植，宜采用生长调节剂控制植株高度。茎光滑而粗壮，绿色，或有棕色晕。叶对生，羽状全裂，裂片披针形，具明显的油腺点。头状花序顶生，具长总梗，中空；花径 6～13 cm，总苞钟状。舌状花有长爪，边缘常皱曲。耐瘠薄土壤，耐移栽，病虫害少，但以肥沃、深厚、富含腐殖质、中性偏碱、排水良好的沙壤土为宜。现今用于大规模商品生产的万寿菊，几乎全部采用 $F_1$ 代种子繁殖，较著名的矮型（株高 20～30 cm）品种有“发现”“丰富”“安提瓜”等，常作盆栽；较著名的中型（株高 30～40 cm）品种有“印卡”“奇迹”“阿特兰提斯”常作盆栽、地栽，常用于冷凉季节，夏季生产应注意控制株高；较著名的高型（株高 70～100 cm）品种有“金币”“欢乐”等，常作切花及高坛花卉。万寿菊品种颜色有黄色、橙色、金色。在短日条件下，根据品种不同，从播种到开花大概需要 10～12 个星期。

**播种育苗：** 万寿菊种子的每克粒数在 260～380 粒之间。在长江中下游地区的保护地条件下，一年四季均可播种。但由于用花条件的限制，以五一、国庆两个节日的用花量最大。再由于万寿菊的播种要求气温高于 15℃（或有加温保温条件），因此长江中下游一带的播种期一般在 11 月至翌年 6 月。气候暖和的南方可以一年四季播种；在北方则流行春播。如果是在 1～3 月育苗，应注意确保一定的生长温度，尽量避免生长停滞。播种宜采用较疏松的人工基质，床播、箱播育苗，有条件的可采用穴盘育苗。基质要求 pH 在 6.0～6.5（稍高于其他品种），EC 值小于 0.75，需经消毒处理，播种后用蛭石稍稍覆盖。万寿菊的发芽适宜温度 22～24℃，发芽时间 5～8 d。

**第一阶段：**

播种后 2～5 d 露白（胚根显露）。万寿菊种子发芽无须光照，通常在播种后覆盖一层薄薄的基质，建议以粗片蛭石为好，这样，既可以遮光，又可以保持育苗初期基质的湿润。保持基质湿润，但要防止过湿，温度保持在 22～26℃。

**第二阶段：**

基质略干后再浇水以利于更好地发芽和根的生长。给予 4 500～7 000 lx 的光照，并保持基质 pH 在 6.0～6.5，EC 值小于 0.75，基质温度 20～21℃。如果所使用的基质不含有营养启动剂，则可以在子叶完全展开时施以 50 mg/kg 的 14－0－14 水溶性肥料。春夏播种的万寿菊，如果要求其开花早且整齐，则可以在发芽结束后给予 2 周的短日照（每天的光照时间为 8 h）处理。

**第三阶段：**

种苗快速生长期。万寿菊的种苗生长要防止湿度过高，所以在两次浇水之间要让基质干透，当然不能使基质过干而导致小苗枯萎。保持基质 pH 在 6.0～6.2，EC 值小于 1.0，基质和环境温度可适当降低至 18℃。每隔 5～10 d 时间交替施用 100～150 mg/kg 的 20－10－20 和 14－0－14 水溶性肥料，如果基质温度低于 18℃，则避免施用硝酸铵。此阶段后期，植株根系可以长至 3～5 cm，苗高也有 3～4 cm，2～3 对真叶。

**第四阶段：**

炼苗期。本阶段根系形成完好，有 3 对真叶，温度可降低至 15℃，但最好不要低于 15℃，如果需要，此阶段可施以 100～150 mg/kg 的 14－0－14 水溶性肥料，但要避免施用硝酸铵。与第二阶段一样，在两次浇水之间要让基质干透，并加强通风，防止徒长。温度过低或者基质过干，小苗叶片会变为暗红，影响生长。

**移植 / 上盆：** 用穴盘育苗的，应在 2～3 对真叶时移植上盆。用 12 cm 口径的营养钵，一次上盆到位，不再进行一次换盆。如果是用开敞式育苗盘撒播育苗的，最好在 1～2 对真叶时，用 72 或 128 穴盘移苗一次，然后再移植上盆。

**光照调节：** 万寿菊为阳性植物，生长、开花均要求阳光充足，光照充足还有利于防止植株徒长。在光照强烈温度高的季节和地区，正午前后要遮阴降温。

**温度控制：** 上盆后温度可由 22℃降至 18℃，经过几周后可以降至 15℃，开花前后可低至 12～14℃，这样的温度对形成良好的株型是最理想的，但在实际生产中可能难以达到此条件。所以，一般来讲，只要 5℃以上就不会被冻害，10～30℃间均可良好生长。

**水肥管理：** 水分管理的关键是采用排水良好的基质。保持基质的湿润虽然重要，但每次浇水前适当的干燥是必要的，当然不能使基质过干而导致植株枯萎。对于完全用人工基质栽培的，则施肥宜采用 20－10－20 和 14－0－14 水溶性肥料，以 200～250 mg/kg 的浓度 7～10 d 交替施用一次。在冬季气温较低时，要减少 20－10－20 肥的施用量。如果是以普通土壤为基质的，则可以用复合肥在基质装盆前适量混合作基肥。肥力不足时，再追施水溶性肥。万寿菊跟孔雀草一样，基质 pH 偏低，会引起铁、锰中毒而叶色发暗，严重时植株会生长停滞，影响观赏。

**株型控制：** 矮秆或中秆万寿菊品种作盆栽时，通常用以下方法控制植株高度：

（1）**生长调节剂的应用：** ① 80％的 $B_9$（有效成分 80％）。a. 两对真叶时喷施浓度为 2 500 mg/kg（即用约 2.9 g 80％的 $B_9$ 兑 1 L 水），频率为一周一次；天气较热、种苗徒长或遮阴过度时可用 2 500 mg/kg 叶面喷 2～3 次；天气较凉或植株较矮时，则在叶面喷 1 次即可。b. 移植 7 d 后喷浓度为 5 000 mg/kg $B_9$（即约 5.9 g 80％的 $B_9$ 兑 1 L 水），每隔 12～15 d 施用一次，第一朵花出来即可停用。② 0.4％的多效唑。a. 苗期：10～20 mg/kg，即用 0.4％的多效唑 2.5～5 mL 兑 1 L 水，喷洒。b. 移苗后：30～60 mg/kg，即用 0.4％的多效唑 7.5～15 mL 兑 1 L 水，浇灌。多效唑的使用效果比 $B_9$ 强，应非常注意使用方法。

（2）**短日处理：** 即移出发芽室的头两周保持每天 8～9 h 的光照处理，可使植株矮化。

（3）**摘心：** 国内用户种植万寿菊很少用生长调节剂和短日处理的方法控制植株高度，而是采用摘心，尤其是在万寿菊国庆用花种植时。摘心的结果是花头较多，株型更为丰满，但会推迟花期 10～15 d，同时也摘掉了最漂亮、最大的第一朵花；早春栽培的万寿菊一般很少摘心。摘心通常在 3～4 对真叶时进行。

**病 虫 害：** 万寿菊的病虫害较少，但在温室生产中，常出现潜叶蝇。前期生长时的蛾类幼虫会蚕食新叶，需要定期检查，一有发现要立即喷药防治。红蜘蛛和蚜虫也会经常发生，而且会传染病毒和病菌，建议上盆时放置呋喃丹。万寿菊忌用代森类农药，否则植株变色，生长变缓。

**出圃质量：** 采用 12 cm 的营养钵栽培。在露色时至盛花前出圃，冠幅一般应在 20～25 cm 间，株型整齐、饱满，开花一致。

### 35. 向日葵

**英 文 名：** Sunflower

**学　　名：** *Helianthus annuus*

**原 产 地：** 拉丁美洲、墨西哥一带

**科　　属：** 菊科向日葵属

**推荐品种：** 切花型"富阳""雅黄""月光""光辉"等；盆栽型"美丽微笑""大微笑"等。

**特　　性：** 向日葵有较强的耐盐性和抗旱性，而且具有高分蘖的特性，因此是一种理想的

可作为盆花和切花的植物。花色有红色、黄色、橙色等。向日葵的花为头状花序，着生在茎的顶端，俗称花盘。其形状有凸起、平展和凹下三种类型。花盘上有两种花，即舌状花和管状花。舌状花 1～3 层，着生在花盘的四周边缘，为无性花，具有引诱昆虫前来采蜜授粉的作用。管状花，位于舌状花内侧，为两性花。

**播种育苗：**向日葵生育期的长短因品种、播期和栽培条件不同而有差异，一般从播种到收获只需 55～85 d。

**第一阶段：**

播种后必须对种子进行覆盖，并保持基质湿润。从播种到胚根出现的这段时间里，基质温度应维持在 20～25℃，并且保持湿润，此阶段持续 3～5 d。

**第二阶段：**

从胚根出现到第一片真叶长出的时段里，基质温度须控制在 18～20℃，EC 值应小于 0.5，保持基质中等湿度，不用施肥。此阶段持续 2～5 d。

**第三阶段：**

从第一片真叶长出到长出 4～6 片真叶的时段里，基质温度须控制在 17～18℃，EC 值应小于 0.75，将 20-10-20 肥料和 14-0-14 肥料交替施用，浓度大约为 100～150 mg/kg，每周施肥一次。此阶段持续 10～12 d。

**第四阶段：**

炼苗期。基质温度为 15～17℃，一周施肥一次，浓度为 100～150 mg/kg，此阶段持续 2～3 d。

**种植 / 上盆：**若用苗盘移栽的方式繁育，播种时应播在深的苗盘上，种苗在播后两周即可移栽。移苗的最适土温为 15℃。定植的密度最好为 12 cm × 12 cm。在冬季无霜的地区，可在田间周年生长，而在冬天寒冷的地区，需要在温室保护地栽培。土壤在灭菌和播种之前要翻耕和疏松，以改良土壤的结构和排水性。良好的土壤通透性对向日葵的生长是至关重要的。

**光照调节：**向日葵为短日照作物。但它对日照的反应并不十分敏感。向日葵喜欢充足的阳光，其幼苗、叶片和花盘都有很强的向光性。苗期日照充足，幼苗健壮；生育中期日照充足，能促进茎叶生长和花芽分化。

**温度控制：**向日葵原产热带，但对温度的适应性较强，是一种喜温又耐寒的植物。向日葵种子耐低温能力很强，当地温稳定，2℃以上种子就开始萌动；4～5℃时，种子能发芽生根；地温达 8～10℃时，就能满足种子发芽出苗的需要。向日葵发芽的最适温度为 20～25℃。其生长时最适的白天温度是 18～30℃，夜温是 10～18℃。向日葵在整个生育过程中，只要温度不低于 10℃，就能正常生长。在适宜温度范围内，温度越高，发育越快。

**水肥管理：**向日葵播种和移栽时要求土壤湿润，之后要求土壤中等湿润。花朵成熟时，要减少浇水的次数和浇水量。向日葵植株高大，叶多而密，是耗水较多的作物。向日葵不同生育阶段对水分的要求差异很大。从播种到现蕾，比较抗旱，需水不多。而且适当干旱有利于根系生长，增强抗旱性。现蕾到开花，是需水高峰。

此期缺水，对产花量影响很大。如过于干旱，需灌水补充。向日葵喜氮肥，可采用肥水混合的滴溉系统施肥，肥料可交替施用浓度为175～200 mg/kg水溶态的硝酸钙和硝酸钾，氨态氮可用于促进茎干的生长。

**栽培管理**：向日葵对土壤要求不严格，在各类土壤上均能生长，从肥沃土壤到瘠薄的土壤、旱地、盐碱地均可种植，有较强的耐盐碱和抗旱能力。向日葵生长最适的土壤pH为5.8～6.5。摘除顶端花苞有利于侧枝的生长，使得侧枝花朵的大小均匀。经过这样的处理后，一个植株可采收7～10枝可售花茎，茎长达70～80 cm，整株的高度可达120～170 cm。温室种植的向日葵生长得更高。向日葵的栽培要点是：调节昼夜温差，使用低营养启动肥，并且控水、控肥、控光，以控制植株生长。

**病 虫 害**：危害向日葵的害虫主要有蚜虫（危害花苞）、鳞翅目幼虫（危害正在发育的胚芽）、甲壳虫（危害花瓣和萼片），可以喷施吡虫啉等除掉。病害包括锈病（盛行于高湿期）、茎腐病和白粉病。可以通过对基质的消毒、合理浇水、增加空气流通、间歇喷洒一些保护性杀菌剂等方法进行预防。感染病害后，必须先清除染病植株，然后喷洒百菌清、土菌灵、甲霜灵等。但必须注意各种药剂用量、间隔次数和药剂之间的相溶性。

**出圃质量**：当花瓣的颜色已经形成但还未完全展开时便可采收，选茎粗大的采收，并摘除病虫花、残次花以及多余叶片。常以5枝为一捆，切花捆扎时不宜太紧，否则会损伤花枝且冷藏时降温不均匀。向日葵的切花不受乙烯的影响。如需长途运输，在运输前应放在1℃的低温下进行预冷处理，并且放在保湿箱内运输，一般切花的冷藏温度为－2～0℃。保湿箱必须保证相对湿度为90%～95%，一方面尽量减少贮藏室的开门次数，另一方面在包装时采用湿包装，这样才能保证切花贮藏品质和贮藏后的开放率。

## 36. 洋凤仙

**英 文 名**：Impatiens

**学 名**：*Impatiens holstii*

**原 产 地**：非洲热带东部

**科 属**：凤仙花科凤仙花属

**特 性**：多年生草本，常用作一年生栽培。喜温暖湿润环境，不耐干旱和低温。多数品种以播种为主，扦插的植株分枝少而株型分散，开花也较散。新几内亚凤仙中也有专门的扦插品种，株型紧凑，花大而艳。与我国常见的凤仙花不同，它的栽培品种与原生种相差较大。洋凤仙是欧美国家最流行的盆栽花卉，品种极为丰富，花色多。常见的有两大类，分别是单瓣花的"节拍""重奏""重音""超级精灵""旋涡"；重瓣的"旋转木马"。这些品种中，颜色非常丰富，除纯色外还有星形、花边及其他的图案镶嵌。

**播种育苗**：洋凤仙花期很长，四季可见，温室内可以全年播种。在长江中下游地区由于夏季的高温，洋凤仙多用于春季花坛，因此其播种时间多在冬季。洋凤仙的种子在1 700～2 000粒/g，种子发芽需要一定的光照。发芽适温20～22℃，8～15 d可以发芽。播种用土应该用疏松透气的基质，可用泥炭土、蛭石、珍珠岩以6：2：2的比例配制而成，种子经消毒处理后播种，pH控制在6.0～6.2之间，EC值小于0.75。

**第一阶段：**

播种后4～5 d出现胚根。这个阶段要求湿度较高，需要保持基质潮湿。由于发芽需要100 lx的光照，建议覆盖一层薄薄的蛭石用以保湿。不宜施肥，注意保持恒定的发芽温度。

**第二阶段：**

这个阶段的湿度要求稍稍减少，以便胚根可以更好地伸展并顺利"脱帽"（种子发芽后脱掉种皮）。洋凤仙的主根不明显，后期可以看到须根1～2 cm。该阶段子叶展开并出现第一片真叶。这时可以进行少量的施肥，以50 mg/kg的20－10－20的水溶性肥料施用，最好与浇水结合起来。

**第三阶段：**

这时种苗开始快速生长，但看起来洋凤仙生长还是比较慢，因此这个阶段相对其他品种来说会长一些。每周交替施用70～100 mg/kg的20－10－20和14－0－14的水溶性肥料。控制水分与施肥相结合，使基质间干间湿。生长环境还需要保持一定的空气湿度，但温度要降低一些，以更利于生长。当苗有3～6片真叶且根部已出现在穴孔底部时表示该阶段结束。

**第四阶段：**

根系已经比较壮实，应控制水分进行炼苗，可以准备移栽或者出售种苗。加强通风，避免种苗徒长。

**移栽/上盆：**洋凤仙应该在穴盘中育苗，否则其根系发育比较慢。移栽时种苗有4～6片真叶，根系成团。通常可以上盆或移栽至12 cm的营养钵中，一次到位。

**光照调节：**洋凤仙生长时不耐强光照，尤其在夏季要遮阴，可以种植在树下阴凉处。

**温度控制：**洋凤仙不耐高温和低温，在15～25℃之间生长良好，夏季高温和冬季低温下保护不当会使植株生长缓慢，甚至死亡。

**水肥管理：**洋凤仙花茎肉质柔软，在缺水时会很快枯萎，即使种植在树下的植株也需要足量的供水和施肥，以避免与树的根系竞争。所有的洋凤仙品种在肥沃、潮湿的环境下生长良好，当然需要定期施入一定的水溶性肥料。施肥时采用20－10－20和14－0－14的水溶性肥料100～150 mg/kg，每周一次。尤其注意夏季和冬季少施，肥料浓度减半。

**栽培管理：**洋凤仙是容易养护的植物，在漂亮的株型形成中不需要收束和修剪，也不需要经常移动便能形成丰满的株型，开出新鲜亮丽的花朵。如果株型不佳，可以对植株进行修剪，半个月后就丰满起来了。

**病 虫 害：**病虫害较少，主要在夏季和冬季易受灰霉病感染，除了加强通风外，可以施加百菌清800～1 000倍液防治。蚜虫也会经常发生，定期观察，一旦发生，可以施药防治。夏季高温时，干燥常使底叶发黄脱落影响株型。

**出圃质量：**出圃时，洋凤仙应该株型丰满、圆整，30%现花，从上面看不到基质。

## 37. 洋桔梗

**英 文 名：**Lisianthus

**学　　名：***Eustoma grandiflorum*

**科　　属：**龙胆科草原龙胆属

**原 产 地：**美国南部至墨西哥之间底石灰岩地带

**特　　性：**洋桔梗又称草原龙胆，一、二年生直根系草本，茎直立，叶对生，呈卵形或长圆形。花单生或成圆锥花序。性喜冷凉，于春天降雨较多，温度较适宜的时期开始发芽、生长，遇到夏天高温，呈现簇生状态，叶子变厚，颜色变深，叶片稍微扭曲，叶面看起来像有一层白粉，最为显著的特征是节间无法伸长；但在经过冬天低温的刺激后，就会打破簇生现象，节间开始伸长，并进行生长，花芽分化，随着温度升高，日照延长而开花，于秋天结实，冬天种子成熟。但要想生产出极好品质的切花，需控制生长期的温度，最低不低于 15℃，最高不高于 25℃。同时要注意种植地块的轮作或消毒。

**推荐品种：**切花"阿林娜""典礼"系列；盆花"莉莎"系列。

**播种育苗：**洋桔梗种子非常细小，每克约 20 000 粒，包衣种子每克 1 000 粒左右。育苗期间对温度、湿度、水分和光照都有特定的要求，其育苗基质既要有较好的保水、保肥能力，又要有较好的通气、排水性能，要求始终保持潮湿，但不饱和。一般以泥炭、蛭石、珍珠岩比例 6∶3∶1 为宜。建议最好使用进口泥炭播种。下面就分四个阶段详细说明洋桔梗的育苗过程。

**第一阶段：**

基质温度 22～25℃，始终保持潮湿，但不要过湿。在穴盘上铺一层无纺布，有助于保持基质的湿度，提高萌芽的整齐性。整个育苗期间保持气温白天 21～24℃，夜间 18～21℃。播种后不需要覆盖。如果能补充 1 000～3 000 lx 的光照，效果更好。pH 6.2～6.5。EC 值小于 0.75 mS/cm。对高盐很敏感，保持铵的浓度小于 10 mg/kg。

**第二阶段：**

基质温度 20～22℃。为了防止簇生现象发生，白天温度不要超过 25℃，夜间不要低于 15℃。胚根出现后降低基质温度。又因洋桔梗为直根系植物，根系生长迅速。若能在子叶完全展开后再适当降低温度，生长更好。从第二阶段开始接受光照是必须的，若在黑暗的催芽室中放置时间太长会导致幼苗死亡。若是冬季生产，补光 4 500～7 000 lx，可使生长期缩短。基质 pH 6.5～6.8，EC 值小于 0.75 mS/cm。待子叶完全展开后，开始施肥，采用 14–0–14 的肥料，每周 1～2 次，氮肥浓度 50～75 mg/kg。但是必须保持铵态氮浓度低于 10 mg/kg。施肥与浇清水交替进行。为了促进发芽及根系发育，使基质略干一点再浇水。

选择在早上浇水，天黑前使叶片干燥可以最大限度防止病害发生。

**第三阶段：**

基质温度 18 ～ 20℃。为了防止簇生现象发生应避免温度太高或太低，同时还要防止低光照及湿度太大，以减少植株徒长及病虫害。为了促进根系发育，控制嫩叶生长，应等基质完全干了再浇水，前提是不能让植株枯死。pH 6.5 ～ 6.8，EC 值 1.0 mS/cm 左右。20–10–20 和 14–0–14 的肥料交替施用，氮的浓度为 100 ～ 150 mg/kg。每浇 2 ～ 3 次清水就施一次肥。

**第四阶段：**

基质温度 17 ～ 18℃。干透了再浇水，但不能让植株干死。pH 6.5 ～ 6.8。EC 值 0.75 mS/cm 左右。若需要，用 14–0–14 的肥料施肥，氮的浓度为 100 ～ 150 mg/kg。穴盘苗要及时移栽以保证根系活力，不要保存太久使根系缠绕、老化，否则会造成茎秆短，开花迟。

**移　　植：**一般以第 2 对真叶完全展开、第 3 对真叶未展开时为最适宜定植期。洋桔梗的根为直生根，再生能力较弱，需要适时移植。如果推迟移植，会窝根，发育迟缓。同时在移植时要防止伤根，否则极易引起生长迟缓或产生簇生苗。移植前铺黑色地膜和配套安装滴灌，可以减少杂草危害，提高保水、保肥能力，也有利于冬季保温以及施肥、浇水。洋桔梗的育苗环境与栽培环境相差很大，需要一周的缓苗期，以适应栽培环境。在移植初期必须注意避免基质干燥、强光、高温等不良环境。可以使用遮阳网来避免强光，以及在高温时加装固定或临时性的喷雾设备，来降低设施内的温度，直到植株新生叶呈狭长形，没有圆、厚形叶以及叶片平展等簇生现象时即可停止喷雾，随即保持土壤适当的水分。

**光照调节：**洋桔梗对光照反应较敏感，长日照会促进其茎叶生长和花芽的形成，一般以每天 16 h 的光照效果最好。加光栽培一般有两种方法：一是间断加光，也就是在夜间加几个小时的光照时间；二是延长光照，就是在傍晚时延长光照时间，一般第一种方法效果比较好。在冬季和早春期间，尤其要注意补光，通常在夜间加补 2 ～ 4 h。

**温度控制：**洋桔梗生长适宜温度是白天 20 ～ 24℃，夜间 16 ～ 18℃。它的生育速度如节间的拉长程度、花芽分化的快慢、收获期的长短极容易都受到温度的影响而发生变化。因此秋冬至早春需加温，尤其是在夜间或寒流期如果能够加温则更好。一般来讲早生种对温度要求较低。温度过高则生育期缩短，植株变矮，增加簇状化的可能性。特别是在出苗期，高温会导致花数减少，上位节间徒长，花梗软弱，质量低下；但如果温度过低，生长就会迟缓甚至不开花。

**施　　肥：**洋桔梗属于需肥量较高的植物，如果基肥不够，追肥就很重要。

洋桔梗不仅要求有充足的大量元素，还要求土壤中保证有较多的钙，同时要保持适当高的土壤 pH，以利于钙、锌等元素的吸收。通常在生长期每半个月施肥 1 次，交替使用 14–0–14 和 20–10–20 肥料，浓度以 100 ～ 200 mg/kg 为宜。施肥时要注意硝态氮与铵态氮的比例，通常铵态氮会让茎叶的生长速率较快，叶片会较大较软，叶色较浓，但易造成徒长，尤其是在温度过低时不宜使用。

可以补充硝酸钾及硝酸钙，但在花苞形成时期，则以补充硝酸钾为主。大约在移植后6周生长到第7节位时，必须特别补充磷、钾肥，可以用水溶液喷施于植株上，以使茎枝粗壮不致软垂。若再继续补充氮肥则除了茎细之外，节间长度也会伸长，造成上下节间长度不一致。

种植洋桔梗的基质盐分浓度不能过高，EC值要低于1 mS/cm。因此移植前首先要测定基质中的盐分浓度。

夏季高温植株新叶尖端会呈焦枯状，这是缺钙现象。加强通风，增加蒸散作用，是避免缺钙最好的方法。钙离子通常是靠蒸散作用时产生地真空吸力而被带进叶中。应该在缺钙发生之前就做好通风才有效，通风的好处是还可以降温，以免花色因高温而表现不出来。

在生长中后期如出现茎容易折断，或者有茎纵裂的现象，可能是由于缺硼所导致。使用硼酸的稀释溶液喷洒植株，可以改善这种现象。

**浇　　水：** 洋桔梗对水分的要求严格，过多的水分会引起根部生长不良，也容易侵染病害；过少的水分会使茎叶细弱，提早开花。移植后的一个月内要保持基质的湿润，可以采用滴灌来控制水分，特别在花蕾形成之后，应尽可能地避免高温高湿的生长环境。

**pH：** 因洋桔梗原生地的pH为7.0～8.0，所以栽培土的pH以7.0为最好，一般掌握在6.5～7.0。pH过低，会引起生长不良，叶片枯焦，甚至不长花蕾。可通过施用生石灰来调整pH。

**拦　　网：** 为了防止倒伏，株高15 cm时拦网，网随植株生长而拉高，网眼根据植株密度调整，以15 cm×15 cm或15 cm×20 cm较适宜。株高80 cm以下的拉一层网，80 cm以上的拉二层网。

**病 虫 害：** 洋桔梗常见的病害主要有立枯病、灰霉病、菌核病等。除了及时拔除病株、摘除病叶和病花，施用抗枯宁、万霉灵、代森锰锌等药剂进行预防和处理以外，平时要加强通风换气，降低空气湿度。虫害有蚜虫、卷叶虫、斜纹夜蛾、潜叶蝇等。根据发生情况，施用相应农药。

**采　　收：** 一般花朵开放1～2朵即可采收。为了提高品质及延长切花寿命，以1/3花蕾开放为最佳。由于洋桔梗吸水性好，采收后应立即浸入清水中。在瓶插前两天放入少量的糖可以延长瓶插时间，通常放糖一定要放防腐剂，洋桔梗对乙烯不太敏感。如在采收前一个月控制水分，减少氮肥施用量，可以明显提高切花品质。

**常见问题：** 目前栽培上最常见的问题是因不良环境造成的簇生现象。主要表现有：植株叶呈椭圆形、平坦，节间不伸长，生长缓慢，花农称之为“睡觉”。从原生地的环境条件来探讨簇生现象的原因，可以发现簇生现象是不良环境所造成的生长状态，栽培洋桔梗若发生簇生现象势必延长栽培时间，增加生产成本。

苗期遭遇高温干燥的环境或定植后田间的环境都会引起簇生现象。避免簇生现象发生最有效的方法首先是在冷凉环境下育苗，即在播种后保持日温23℃，夜温18℃的育苗环境。或在2～4对真叶时以10℃左右温度条件养苗30 d。其次，定植初期应避免强光、高温、缺水等不良环境因子。再次，采用穴盘育苗的，移植时要避免伤根，并注意水分管理，防止幼苗老化。最后，可以选用早生或低温需求量少的品种。

另外，和簇生现象的情形很像但又不是簇生现象的是低温所造成的节间不伸长现象，簇生现象是植株所有的叶片包括新叶呈平坦状，而植株因低温造成节间不伸长者，其新叶则呈直立状，这两者很容易混淆，尤其在冬春交际之时，日夜温差大，在南部种植时设施白天的温度可接近30℃，凌晨温度可降低至15～20℃，有寒流来袭时温度会更低，因此夜晚须防风保温，白天通风降温的步骤很重要，如此才可防止簇生现象但又不致因低温造成节间不伸长或节间长度不一。

**38. 一串红**

**英 文 名：** Salvia

**学　　名：** *Salvia splendens*

**原 产 地：** 南美巴西

**科　　属：** 唇形科鼠尾草属

**特　　性：** 一年生草本。喜光，喜温暖，较耐高温，但盛夏气温过高时生长发育转弱，30℃以上生长迟缓，植株和开花会有不良表现。10℃以下叶片泛黄、脱落，5℃以下便会受冻害。现今用于大规模商品生产的一串红，几乎全部用种子繁殖，较著名的品种有“火凤凰”“展望”“帝王”“热线”“皇后”和“西兹”等。其中“西兹”“展望”和“热线”等品种除红色外，还有紫、白、干红、玫红、鲑鱼肉色及复色等颜色。上述品种间虽各有高矮不同特性，但一般都在20～35 cm之间。相比较之下“火凤凰”比其他品种耐热、耐湿性更强，园林地栽效果更佳、花期更长。

**播种育苗：** 一串红种子每克在220～300粒之间。在长江中下游地区保护地条件下，一年四季均可播种。五一、国庆等节日的用量较大，所以其播种时间以12月和6月为大量。播种宜采用较疏松的人工基质，采用床播、箱播育苗，有条件的可采用穴盘育苗。基质要求pH为5.8～6.2，EC值0.5～0.75，经消毒处理，播种后保持基质温度22～24℃，5～10 d出芽，播种后注意防止鼠害。

**第一阶段：**

播种后4～5 d胚根展出。初期保持育苗基质的湿润非常重要，所以，播种后需覆盖一层薄薄的保湿基质，建议以粗片蛭石为好。不用施肥，温度保持在22～24℃，冬季育苗时温度要保证，如果温度偏低或者偏高，容易造成发芽势降低。

**第二阶段：**

仍保持基质的湿润，但要防止过湿。此阶段，主根可长至1～2 cm，子叶展开，长出第一片真叶。可开始施肥，施肥浓度以50 mg/kg的20－10－20水溶性肥料为主。

**第三阶段：**

种苗已进入快速生长期。由于一串红对过高的EC较敏感，可每隔5～10 d交替施用70～100 mg/kg的20－10－20和14－0－14水溶性肥料。可适当控制水分，促进根系生长。基质和环境温度可适当控制在18℃左右。此阶段后期，植株根系可以长至3～5 cm，苗高也有3～4 cm，有2～3对真叶。

**第四阶段：**

本阶段根系已完好地形成，有3对真叶，温度和湿度要求同第三阶段。适当控制水分，施用50～100 mg/kg的14－0－14肥料，加强通风，防止徒长。

**移植/上盆：** 用穴盘育苗的，应在长至2～3对真叶时移植上盆。用12～13 cm口径的营养钵，一次上盆到位，不再进行换盆。如果是用开敞式育苗盘撒播育苗的，最好在1～2对真叶时，用72或128穴盘移苗一次，然后再移植上盆。

**光照调节：** 一串红为阳性植物，生长、开花均要求阳光充足，光照充足还有利于防止植株徒长。但是在长江一线以南的7～9月，需要避免直射阳光，晴天要遮阴降温。

**温度控制：** 上盆后温度可由22℃降至18℃，经过几周后可以降至15℃，开花前后可降低至12～14℃，这样的温度对形成良好的株型是最理想的，但在实际生产中可能难以达到此条件。所以，一般来讲，只要在5℃以上就不会受冻害，10～30℃间均可良好生长。夏季35℃以上的高温，除非是极短时间或偶尔有之，否则，大多数的品种都难以承受。

**水肥管理：** 水分管理的关键是采用排水良好的基质，保持基质的湿润虽然重要，但每次浇水前适当的干燥也是必要的，当然不能使基质过干而导致植株枯萎。对于完全用人工基质栽培的，则施肥宜采用20－10－20和14－0－14肥料，以200～250 mg/kg的浓度7～10 d交替施用一次。在冬季气温较低时，要减少20－10－20肥的使用量。如果是以普通土壤为基质的，则可以用复合肥在基质装盆前适量混合作基肥。当肥力不足时，再追施水溶性肥。

**栽培管理：** 本来新的矮生品种均不必摘心的，但由于国内用户大多喜欢大盆大株型的，所以仍常常摘心一次或二次。第一次在3～4对真叶时；第二次新枝留1～2对真叶。如果第一次出花后未销售掉，还可以修剪一次，之后再栽培养护3～5周，虽然质量上有所下降，但如果机会把握得好，仍可获得收益。

**病 虫 害：** 一串红的病害主要是：苗期猝倒病、灰霉病、霜霉病（用普力克800～1 500倍，采用百菌清800～1 000倍，甲霜灵1 000～1 500倍进行防治）、生长期叶斑病、灰霉病、疫病、根腐病；虫害主要有蚜虫、菜蛾、蓑蛾等。

**出圃质量：** 采用12 cm的营养钵栽培。在露色时至盛花前出圃，冠幅一般应在20～25 cm间，株型整齐、饱满，开花一致。一串红不耐长途运输，高温季节装车后最好不要超过8 h，低温季节也不要超过16 h。

**推荐品种：**

“火凤凰”“太阳神”在全国各地等经过适用，表现佳。

**39. 羽扇豆（多叶羽扇豆）**

**英 文 名：**lupinus

**学　　名：***lupinus polyphylle*

**原 产 地：**美国加利福尼亚，北美西部，后传至欧洲

**科　　属：**蝶形花科羽扇豆属

**特　　性：**多年生草本，性喜凉爽，不耐严寒。阳光充足，忌炎热，稍耐阴。要求土层深厚、肥沃疏松、排水良好的酸性砂壤土质（pH 5.5），中性及微碱性土壤植株生长不良。喜阳光，不耐碱性土，宜排水良好，肥力中等的沙质壤土

**播种育苗：**约 40 粒 /g，发芽适温 25℃左右，保证基质湿润，7～10 d 种子出土发芽。

**推荐品种：**“尖塔”“奖品”系列。

**栽　　培：**羽扇豆根系发达，移苗时保留原土，以促进缓苗。在定植以前视长势情况应进行1～2次的换盆，针对秋播种植，越冬时应做相应的防寒措施，温度宜在5℃以上，避免叶片受冻害，影响前期的营养生长和观赏效果。羽扇豆性喜凉爽，加上本身又属于多年生植物，因此在夏季高温时的管理中应特别注意，防止高温多湿、阳光灼晒造成的叶片发黄、植株生长矮小甚至死亡。盆栽观赏后，要及时剪除残余花穗和枯老叶片，控制肥水，做好高温期遮阳防护工作，确保安全越夏。

**花　　期：**6～8 月。

**生产周期：**盆栽 10～12 周，包括春化作用；切花生产 3～4 年。

**销售季节：**4～7 月。

**播种时间：**绿植盆栽 12 月至翌年 5 月播种；7～8 月播种翌年开花；露天切花生产 3～6 月播种。

**播种方法：**一穴一粒，有利于主根系生长，直接播种于最终栽培容器或栽培用地中。

**萌发阶段：**萌发时间 5～12 d，播种基质要求极低的 EC 值，pH 为 5.0～5.8，温度 18～24℃。播种前将种子浸泡于热水中 24 h。播种前对基质进行炭疽病消毒处理。播种表面覆盖蛭石、沙或者栽培基质。保持基质湿润但不可过湿。植物根系对土壤湿度非常敏感。

**第二阶段：**需要减低土壤湿度，但是绝不可以过干，温度保持在 16～18℃。EC 值低于 0.75，此阶段开始施肥，肥料需含氮量 50～75 mg/kg 的全效肥，育苗第三阶段和第四阶段施肥浓度为 150 mg/kg。

**上　　盆：**播种后 4～6 周，将 1～3 株移栽于栽培容器中（5～10 L）。作为盆花栽培为了保证根系正常生长以及良好的种苗质量，要保证栽培容器大小合适。作为切花栽培（无霜条件）株距为（50～60）cm×（50～80）cm，并需为花序设网。

**介　　质：**基质需排水良好，可掺园土 10%～30%，0～20% 的松鳞、沙、珍珠岩，1～2 $kg/m^3$ 全效肥，2～4 $kg/m^3$ 缓释肥（有效期 3～9 个月），螯合铁，微量元素，pH: 5.0～5.8。露天栽培需土壤肥沃的非碱性沙质土壤，要求排水良好。施肥标准：80～100 $g/m^2$ 的缓释肥。不可以用泥炭改良土壤。保持土壤无覆盖。植株喜欢非碱性的沙质土壤，这样能够使花卉栽培时间更长。

**光 周 期：**长日照花卉。长日照（14 h/d）可使花芽分化。冬季或早春需要必要的补光。

**温　　度：**白天温度13～16℃，晚间或者室外温度10～13℃。冬季无霜条件下1～5℃。露天栽培需要覆盖绒布或草帘。春季开始生长时，需要9～10周保持15～18℃，并满足长日照条件。10～13℃的低温会导致栽培时间延长。一定时间的低温可以是春化作用所必需的。

**肥　　料：**本品种需肥量大，每周需要含氮量100～150 mg/kg的全效肥（基质中可施用4 kg/m³ 的缓释肥），避免使用铵态氮肥，且氮肥施用量不能过高。9月中旬起停止施肥。春季需要含氮量100～150 mg/kg的钾肥（N：$K_2O$–ratio: 1：1.5）。施用酒石酸镁（0.05%）1～2次可有效防止缺镁，并使用螯合铁1～2次。露天栽培必要时通过检测分析，可通过施用80～100 g/m² 缓释肥改良土壤肥力。

**切花栽培：**当花茎变硬并且花序有20%的花开放时切花就可以收割了。去除底部叶片。瓶插时间10～15 d。不推荐冷藏切花。

**栽培提示：**本花卉有毒。根部对基质湿度非常敏感。避免过度浇水并保证露天栽培土壤排水良好。容器栽培同露天栽培一样需要有干湿循环。及时清除杂草，保证土壤无覆盖物。

## 40. 羽衣甘蓝

**英 文 名：**Flowering

**学　　名：***Brassica oleracea* var. *acephalea* f. *tricolor*

**原 产 地：**西欧

**科　　属：**十字花科甘蓝属

**特　　性：**二年生草本花卉，株高30 cm，抽薹开花时达150 cm，耐寒，喜阳光，喜凉爽，极好肥好水。大规模生产的羽衣甘蓝全部用种子繁殖。市场上最受欢迎的是皱叶品种“红、白鸥系列”“名古屋”；波浪叶品种“大阪”；圆叶品种“鸽系列”“东京”；裂叶品种“珊瑚系列”“孔雀系列”等。一般羽衣甘蓝4月抽薹开花，6月种子成熟。自收种子变异度大，不宜再次种植。

**播种育苗：**羽衣甘蓝种子每克250～400粒。长江流域一般在立秋前后播种，主要用作元旦及春节用花。播种采用疏松透气保水的人工基质，采用保护地播种。主要防止暴雨及曝晒。基质要求pH在6左右，EC值0.6左右，需要消毒处理。播种后保持苗床温度24℃左右，3 d出芽，5 d苗齐。

**第一阶段：**

播种后2 d胚根长出，此时要保持苗床的湿度，浇水要用雾状水喷湿苗床，防止曝晒及暴雨的袭击，不宜施肥。温度保持在24℃左右。

**第二阶段：**

一般3 d以后，子叶展开，主根可达2 cm。此时要保持苗床的温度，给予一定的光照以防止高脚苗的产生。5 d左右苗全部出齐，并长出真叶，根系长到4 cm左右，苗高也有4 cm。此时可以适当地施水溶性薄肥（20–10–20,

50 mg/kg）。

**第三阶段：**

苗进入快速生长期，光照要充足，同时苗床也要保持一定的干燥，防止高脚苗及病害的产生，特别是红色品种。如果播种密度过大，这个时期可以间苗。可以交替施用 100 mg/kg 的 20－10－20 及 14－0－14 的水溶性肥料，每周一次。

**第四阶段：**

植株已经有 4～6 片真叶，要加强通风、补光照、控水分等措施，防止植株徒长，促使苗健康。

**水肥管理：**羽衣甘蓝为需肥需水植物，因此种植羽衣甘蓝的基质的选择非常重要。一般基质选用疏松、透气、保水、保肥的几种基质的混合。可以适当加入鸡粪等有机肥作基肥。生长期一般选用 200 mg/kg 的 20－10－20 的肥料，7 d 施用一次。

**栽培管理：**花盆选用营养钵 14 cm 以上，盆距 35 cm 左右可露天种植。无须摘心。羽衣甘蓝变色期在 10 月底至 11 月初，如果后期水肥过多，底肥过足，或进行不必要的保温，或自然气温过高都会影响变色。

**病 虫 害：**苗期病害多，上盆后虫害增加。苗期猝倒病，可用百菌清或敌可松进行防治，而根腐病可用甲基托布津防治；虫害主要有蚜虫和菜青虫等用除虫菊酯进行综合防治。

**出圃质量：**出圃时，一般冠幅保持在 30～35 cm，株型整齐，颜色均匀一致。

**注意事项：**羽衣甘蓝因其良好的耐寒性，适应范围较广，除南方冬季最低温在 10℃以上的地区不能种植。各地因温度差异变色期有所差异，总体而言在北方“鸥系列”的耐寒性更好。

## 41. 醉蝶花

**英 文 名：**Cleome

**学　　名：***Cleome spinosa*

**原 产 地：**美洲热带

**科　　属：**白花菜科醉蝶花属

**特　　性：**高 90～120 cm。喜阳光充足和温暖干燥环境，耐热，不耐寒；稍耐半阴；喜欢富含腐殖质、排水良好、疏松肥沃的沙质土壤。管理较粗放。

**播种育苗：**420～530 粒 /g，发芽最佳温度白天 27℃，晚上 21℃，发芽需 7～14 d。

**推荐品种：**“皇后”“光耀”系列。

**栽　　培：**可于春季 3～4 月间播于露地苗床，也可提早于 2 月间温室盆播。露地播种发芽后，要及时间苗，长出真叶 2 枚时按 10 cm 左右距离分栽一次，苗长至 5～6 cm 高时，可以 30～40 cm 的株行距定植。温室盆播时，当幼苗长出 3～4 片真叶，上盆栽植，每盆 1 株。待露地温度适宜时，脱盆定植。生长期每半月施肥一次，如施肥过多植株易徒长，影响株态和开花。一般春播者秋季开花，秋播者冬、春季可在室内观花。

## 42. 盆栽非洲菊

英 文 名：Gerbera

学　　名：*Gerbera jamesonii*

原 产 地：非洲南部

科　　属：菊科大丁草属

推荐品种："新贵"系列

特　　性："新贵"是一个早花、多花型系列，产品特征为众多色彩亮丽、引人注目的大花朵。植株大小适中，叶片暗绿色很美观，其平卧匍匐的习性对小花蕾的生长至关重要。这一系列整齐度很好，但销售期相对较短。株高：25～30 cm；花径：7～10 cm。"新贵"系列的花比非洲菊任何其他系列的都大，且生长期很短，从播种到开花仅需100 d时间。

播种育苗：将种子直接播在孔径约3.5 cm的穴盘中，播种基质为略施肥的泥炭，pH在5.0～5.5之间，EC值在1.2～1.5之间。确认穴盘里填充合适的泥炭。

每个穴盘孔中播一粒种子，浇水并加杀菌剂。非洲菊种子萌发需要光照，因此播种后不要遮盖种子。将穴盘放在种植隔间或温室的台板上，萌芽时前者加盖透明塑料罩，后者加盖塑料罩（日光强烈时用白色，低光照射时用透明罩）。萌芽期保持高湿度是非常重要的，因此有必要轻度灌溉或使用空中喷雾。

发芽温度：22～25℃。播种后3～4 d开始萌发，当子叶展开时除去塑料罩（指在种植隔间发芽的情况）。若是在温室发芽的，塑料罩要一点一点地去除，比如可以先刻开些孔洞。当第一片真叶展开的时候就得完全去除塑料罩。

萌芽期的最适日照长度为16 h。建议在低光照时期人工增光每平方米35～40 W（3 500～4 000 lx）。

由于浇过量的水、施过多的肥很容易导致畸形幼苗，因此要格外小心，特别是在生产期的后3周内。

播种后约5周半至6周半幼苗长成，长出4～5片真叶的时候可以上盆。

移栽/上盆：盆栽的基质为完全施肥的土壤，pH在5.0～5.5之间，EC值在1.2～1.5之间。注意不要将植株种得太深。

种植管理：为使植株根系生长良好，要等根系略干时再浇水，同时再补点肥。

生长温度在18～22℃。建议在强烈光照时遮阴以避免过高的温度。如果外界气温适宜，我们建议采用负差即夜温在22℃而日温17℃，或者间歇地将早晨温度定在12℃，保持3～5 h。

建议使通风良好，空气湿度最好不要超过70%。

"新贵"系列生长时不需要使用生长调节剂，但如果当地不适，则可以采用以下建议：即在上盆后2～3周花蕾形成前采用0.1%～0.4%的Alar溶液。如果在花蕾出现时使用调节剂，则会导致过短的花茎。

植株间距：上盆后3周植株的间隔为每平方米20～22盆。如果没有及时增加植株间距，会影响花的数量、使叶片变大以及延长生长期。

水肥管理：理想的肥料通过盆器中土壤浸出液检测，pH应该在5.5～6.0之间，EC值应该在 2.5 ～ 3.5 之间。当植株处于成花期时，不能让它们干渴，否则会影响花朵质量。

**光照调节：**最适日长 11 ～ 13 h。在低光照时期人工补光每平方米 35 ～ 40 W（3 500 ～ 4 000 lx）。

**病 虫 害：**为防治蚜虫建议上盆后用预防性的 Acrobat 处理。喷洒配比为每 100 L 67 g Acrobat 溶液。一周以后重复一次。为防治镰刀霉腐病，上盆后 2 ～ 3 周喷洒 0.1% 的 Octave 溶液。

### 43. 观赏南瓜

**英 文 名：**Ornamental Gourds

**学　　名：***Cucurbita pepo var. ovifera*

**原 产 地：**美洲

**科　　属：**葫芦科南瓜属

**推荐品种：**"玉女""金天鹅""鸳鸯梨""佛手"等系列

**特　　性：**南瓜为一年生蔓性草本植物，观赏南瓜是通过自然变异和人工选择而培育出的果形奇特的品种，是既具有观赏价值又可食用的特色蔬菜，常被园艺界当作观赏植物栽培，是发展观光旅游农业的首选栽培种类。南瓜为一年生草本，茎蔓性，根系强大；被半透明毛刺，卷须多分杈，叶片大，浓绿色，掌状有浅裂，叶面有茸毛；雌雄同株异花，花色鲜黄或橙黄色，筒状；瓜形有扁圆、长圆、钟形、梨形、瓢形、碟形等，瓜色有绿、橘红、黄等，间有条纹或斑纹，表面平滑或有棱线、凸起，果肉多为黄色或深黄色；种子扁平，椭圆形，多为白色、淡黄色或淡褐色。

**栽培技术：**（1）种植适期。观赏南瓜一般采用基质栽培方式，有袋培、槽培和盆栽等形式。华北地区分春秋两季种植，春植于 2 ～ 3 月份播种，秋植 7 ～ 8 月份播种，育苗移植，春季注意防寒育苗。华南地区露地栽培分春秋两季种植，温室周年可种植；露地春植在 1 ～ 2 月份播种，秋植在 7 ～ 8 月份播种。

（2）育苗。育苗的营养土配制，可选用泥炭土 6 份、河沙 3 份、珍珠岩 1 份及 1 kg/m$^3$ 氮、磷、钾复合肥混合配制成营养土，用 8 cm × 8 cm 的塑料育苗杯育苗。

（3）培育壮苗。在育苗过程中，注意保持适宜的温度和土壤湿度，一般早春棚内温度以 25℃左右为宜，育苗杯的育苗土不能过湿或过干，用 500 倍敌可松或 800 倍多菌灵喷雾进行土壤消毒，防治猝倒病。苗期幼苗长势弱或叶色变黄，可淋 1 ～ 2 次 1%的复合肥溶液。4 ～ 5 片真叶期定植。

（4）定植。温室栽培法：每 667 m$^2$ 施放腐熟鸡粪 1 000 kg，复合肥 30 kg 作基肥，地面要整平，在定植前 10 d 扣膜，进行高温闷棚，以杀菌灭虫。双行定植，株距 50 cm 左右，一般为 1 200 株 / 亩（1 亩 ≈ 667 m$^2$）左右。花盆栽培可选取直径 25 ～ 35 cm，高 30 ～ 40 cm 的塑料或陶瓷花盘栽培，培养土可用泥炭土、河沙、珍珠岩按 5 : 3 : 2 的比例混合配制，装入培养土前每盆在底部加入 250 g 左右的花生麸或鸡粪作基肥。定植选择晴天的傍晚，定植前半天淋透水，定植后淋足定根水，夏季要覆盖遮阳网。

**栽培管理：** **水分管理：** 缓苗后保持土壤湿润，生长盛期及开花结果后需水较多，要保证水分供应。

**温度管理：** 棚内温度控制在 15～30℃内。

**肥料管理：** 定植 7 d 后，用 1% 的复合肥水溶液淋根，促发新根。抽蔓至开花前，每星期淋 1 次 2% 的复合肥水溶液，使植株生长健壮。开花至坐果期间要加强水肥，促进植株生殖生长和提高坐果。一般在坐 2～3 个果后，追施腐熟花生麸 150 kg+ 复合肥 20 kg/ 亩，促进幼瓜膨大及保持营养生长和生殖生长旺盛，方法是在距茎基部 25 cm 外的范围采用穴施或条施，注意不能在太近基部施肥，否则引起烧根，施后淋水。盛果期、采收期视植株的坐果情况和叶色，再追施一次肥料，方法同上次一样。

**引蔓整枝：** 当苗有 25～30 cm 高时，就要插竹或吊绳引它向上生长；南瓜生长过程中分生较多的侧蔓，但观赏南瓜以主蔓结瓜为主，所以在 1 m 以下的侧蔓要及时全部摘除，以免消耗营养，影响开花结果。在主蔓上棚架后，可适当多留 1～2 条侧蔓增加结果。

**人工授粉：** 开花后最好采用人工授粉，一般每天早上 8 时开始授粉，选择当天开花的雄花，除去花冠，将雄蕊的花粉涂到雌花柱头上，如果太早授粉，花粉未散，太迟授粉，花粉会失水降低活力，影响坐果率。

**病 虫 害：** 南瓜易发生白粉病、病毒病、枯萎病、蚜虫、螨类等病虫害，苗期可用 1 000 倍液的瑞毒霉喷雾防治猝倒病和疫病。生长期可用 800 倍灭病威 +800 倍多菌灵或 600 倍粉锈宁喷施以防治白粉病，用 40% 乐果乳油 800～1 000 倍或蓟蚜清 1 000 倍喷雾防治蚜虫，用 800 倍的抗螨 23 喷雾防治螨类，用 20% 病毒 A500 倍防治病毒病，喷药时要均匀喷洒叶子正反两面，提高防治效果。

**采　　收：** 观赏南瓜以观赏为主，如果用于食用的，可在成果后 20 d 左右，果皮没有变硬前采收，方法是用剪刀带柄采收，如果是用于观赏或作艺术品的，则要待果实充分老熟、果皮变硬时采收。假如你是书法爱好者，可趁嫩果时在瓜表皮刻写上自己喜欢的诗词，待老熟后采收晒干，很有欣赏留念价值。

## 44. 长寿花

**插　　穗：** 理想的插穗长度为 3～4 cm，重 3～5 g，并带有两片成熟的叶片。

**收货须知：** 插穗收到后，应在 1～2 d 内扦插完毕。否则，需将其暂放在冷凉处（6～12℃）存放。

**扦插 / 上盆：** 可以将插穗直接扦插到盆中。要求基质为中等颗粒的泥炭混入石灰、肥料、黏土等。pH 为 5.5～6.0，EC 值为 1.2～1.6。可用塑料膜覆盖插穗以促生根。生根需要 2～3 周的时间。若在 9 月 15 日至翌年 3 月 15 日期间生产，为了避免植株过早开花，需在扦插后对植株进行 5～6 周的长日照（≥ 13 h/d）处理。补光可以使用生长灯或 SON-T 灯。

**扦插盆径：**标准的花盆规格为 9 cm、10 cm 或 11 cm。

**浇　　水：**要求有节制，避免植株过旺生长。

**施　　肥：**施用复合肥，配合浇水进行。营养液中各种元素的浓度（mg/kg）比为 100N ∶ 18P ∶ 110K ∶ 12Mg ∶ 120$Ca^{2+}$ 微量元素。营养液 pH 为 5.5～5.8。注意：施肥前，需要进行水样分析。要求每周检测一次盆中基质的 pH 和 EC 值；而对基质则需每月抽样测定一次。

苗圃的测定结果应参考如下：pH 为 5.0～6.0，EC 值为 1.8～2.5；

实验室的测定结果应参考如下：pH 为 5.5～6.0，EC 值为 1.5～2.5，N、P、K 肥比例为（50～70）∶（25～35）∶（30～40）。

**温　　度：**生根的适宜温度为 22℃。此后植株生长的适宜温度为 19℃。当室外光照过强时，需使用通风设备，将温度降低。另外，应避免温度超过 25℃，否则高温会减弱短日处理效果。

**$CO_2$ 的施用：**理想的 $CO_2$ 浓度为 600～800 mg/kg。注意：夏季不需施用。

**遮　　阴：**在夏季，室外高温容易造成的叶片变红，因此应在温室外进行轻度地遮阴。

**相对湿度：**应达到 75% 以减少病菌的危害。

**摘　　心：**建议植物短日处理后的 2～7 d 内进行第一次摘心，这样可以减少后期生长延缓剂的使用次数。

**扦插育苗：**（1）叶片扦插。将叶片全部摘下（叶片越大越好），放在阴凉处晾干伤口，数小时后，将叶柄完全插入湿润的基质中，入夜并果断，也可将叶片的一部分插入基质中以代替短小的叶柄，此阶段不可过湿，以免叶片染病腐烂，扦插完后将其放在日光稍弱处，温度保持在 18～25℃之间。3～4 周后根系开建立，这时可将其放在全日照条件下并可使用低浓度的肥料，在 7～10 周后便可看见有愈伤组织分化的幼苗了，待幼苗长到 15～20 cm 时便可将其与叶片分开，单独栽培，而叶片可继续产生幼苗。分开的幼苗可作为无根插穗的母本苗使用。

（2）定芽扦插。将准备好的无根插穗直接插入装好的基质的花盆中，保持基质湿润，光照强度不宜过强，保持温度在 18～25℃之间，2～3 周便可生根，之后便可进入生产期管理了，定芽扦插一半多用于盆花生产。

注意：长寿花是典型的长日照植物，在扦插繁殖期间一定要使日照时间长于 12.5 h，在冬季扦插繁殖时一定要补光。

**生产期管理：**长寿花不同品种不同盆景的栽培管理时间不同，以下仅以“丰花”系列的长寿花（10～15 cm 盆径）为例。扦插到花盆 2～3 周后，便生根了，生根后 1～2 周便可进入旺盛的生长阶段。繁殖容易和栽培管理相对简单的长寿花对花卉生产者和消费者同样具有强大吸引力。

**前期管理（扦插后 2～3 周）：**

众所周知，植物扦插在插条或插穗不至萎蔫时是生根最好、最快的。虽然长寿花生根容易，但也不要在插穗萎蔫后再进行扦插，这样不仅使生根时间延长而且易造成生根不整齐，给生产管理造成不便。在扦插长寿花时，直接将无根插穗扦插到装好基质的花盆中（长寿花栽培基质详见繁殖育苗部分的介绍），务必使插穗与基质紧密接触，这样插穗就不会抽干，最好是扦插完后浇一次透水。浇完后将扦插完的长寿花摆放整齐，将其放至蔽荫处或覆盖1～2层遮阴网，温度保持在18～25℃。注意：在生根前不可使生根基质干透，特别是插穗末端周围的基质，不然将严重影响生根的速度和一致性。

一般扦插后2周，长寿花便已生根了，只是根系还很不发达。如果大部分扦插都已生根，就将其全部移植到全日照条件下或撤去遮阴网，温度保持在18～22℃之间，再过1～2周后基本都已生根了，此时要控制好浇水，尽量遵循“见干见湿”的原则。一般土壤变干时颜色会变浅，且摸起来较硬，可以作为浇水的一个标志，当然也可通过观察叶片萎蔫情况来判断是否需要浇水，当叶片稍有萎蔫时，说明该浇水了。如果长寿花并没有出现某些水分亏缺的迹象时，仍频繁地浇水而使土壤一直保持在相当高的湿度，植株长的就会很高，且变得软弱，不健壮。通过限制浇水的次数，用水量充足且浇得透彻的方式，使植株体内保持一个适度的水压，最终一定能获得高品质的植株。

除了控制好浇水外，施肥也很重要。长寿花属于厌肥植物，中等浓度的肥料便可保证满足其生长需要。一般扦插后20～25 d便可施肥，此时浓度不宜高，以20-10-20的肥料为主，使其氮的浓度保持在100 mg/kg左右，每周一次。

**中期管理：（生根后10～13 d）**

长寿花其性喜光，在全日照条件生长最好，长时间的光照不足将导致枝条细长、叶片薄小，甚至会大批落叶，失去观赏价值。此阶段必须继续保持高质量的光照水平，尤其是南方，雨季较多，有连续较低水平的光照强度，而北方地区冬季和春季的日照时间短都会严重影响长寿花的长势及后期开花。所以，在光照强度或光照时间不足时，必须补光。在环境条件适宜的情况下，长寿花极易徒长，尤其是花枝特别宜伸长，为了获得低矮健壮的植株和浓密繁茂的花序，必须在生长中期就对其进行相应的控制，否则发现植株或花枝徒长时，再采取措施进行控制，收效甚微。国外一般采用负DIF和化学生长调节剂两种方法综合的做法来控制其长势。负DIF即负的昼夜温差，使夜间温度高于白天温度。白天使温度保持在18℃左右，晚上将温度提高到20℃左右（即DIF=-2）。不要让夜间温度过高否则会引起植株生长紊乱或白化、黄化等现象。浇水时持续遵循“见干见湿”的原则，施肥的浓度和次数要相应增加，氮的浓度提高至150 mg/kg，且每周2～3次。

此阶段开始之初就可使用生长调节剂以控制其长势，一般采用负DIF控告的方法对温控系统要求较严格，并不是人人都能做到的，而代用喷施生长调节剂是相当不错且简单方便的做法。在进行中期管理之初就对长寿花进行一次喷施，第一次喷施后每周再喷一次，最后一次要在前一次喷后5周再喷施，一般喷施3～5次便可收到较好的效果。由于各厂出售的生长调节剂的成分和浓度不同，这里就不做详细介绍，建议采用Cycocel、A-rest或Bonzil，而不要用其他如$B_9$等生长迟缓剂。

**生长调节剂**：对于大多数长寿花品种来说，均需喷施生长调节剂，建议选择 $B_9$（有效成分为 Daminozid 85%）。但具体喷施浓度和次数主要取决于生长季节、生长条件和品种。一般，在短日处理后进行第一次喷施，浓度为 3 mg/kg；在夏季，每 8 d 喷施 2～4 次，而冬季每两周喷施 2～4 次。为了减少喷药次数，可在 $B_9$（0.3%）中添加矮壮素（CCC）（0.1%）。另外，浇水时施用 Cycocel Extra，或者喷施多效唑（Bonzi）或 Toppflor（0.025%～0.05%）也可以取得同样的效果。

**扩大株距**：植株密度因种植的目标盆径而异。一般 9 cm 盆径的植株密度为 50 盆 /$m^2$，而 10 cm 和 11 cm 的密度分别为 45 和 40 盆 /$m^2$。

**人工补光**：在冬季，为了缩短植株 1～2 周的生长时间，使之形成更多的花序，需要对其人工补光。光照强度要求达到 3 000 lx。一般在短日照处理前进行，日照长度为不少于 18 h/d。

**促花处理**：长寿花的临界夜长为 12.5 h，冬天繁殖时必须保持长日照以维持营养生长，必须保持 11.5 h 以上的日照时间，可采用间断式补光，每次 8～10 min，保持 18～20 min 的黑暗，补光时不一定要用高光照强度的光源，只要能使植株感光即可。在开始进行短日照处理 6～7 周前开始施用 10–30–10 或 15–30–15 等高磷含量的肥料，与 20–10–20 间隔施用，一周 1 次，浓度为 150～200 mg/kg，在进行短日照处理后 4 周开始仅使用比例为 20–20–20 的肥料，浓度为 200 mg/kg，一周一次，一直持续到上市驯化阶段不再施用任何肥料为止。在短日照天数增加的情况下长寿花花序上的小花数也会相应地增加，但当短日照天数增加到一定程度后则小花数不再增加。如果是在夏天，短日照期间用长日照代替，每天用一天长日照，将会使花期推迟 1～2 d。为了使短日照的效果达到最快最好，可以连续不断 40 d 进行短日照，40 d 以后无论是长日照还是短日照对花期都没有影响了。即在 3 月 1 日至 10 月 1 日期间生产时，植株每天必须严格接受 14 h 的遮光处理，并连续维持至少 5 周后，才能开花。

**后期管理及上市的销售管理**：在盆花上市前 2～3 周要对植株进行驯化处理。使其适应室内的低光照、低温、低肥的环境。在驯化期间施低浓度的肥，施肥次数也要减少到每周 1 次，并在上市前 10 d 停止施肥。在驯化期间光照也要降至 40 000～50 000 lx，一直持续到上市为止。温度控制在 16～18℃之间，长寿花的最佳储运温度为 13～15℃。

**病　　害**：长寿花容易发生以下几种病害：

Milldew：可以通过硫黄熏蒸的方法达到防治目的；也可以喷施 Afugan（Pyrazophos）（仅可喷施 1 次）、Saprol（Triforin）Meltatox 或（Dodemorph）。但注意：LILAC 品种对后两种药剂比较敏感。

**灰霉病（Botrytis）**：可以喷施 Ronilan（Vinclozolin）或 Rovral Aqua（Iprodion），但注意喷药后应让植株干燥。

**–Pythium Phytophtora**：防治药剂：Aaterra35（Etridiazol）、Aliette（Fosetyl）、

Fongarid 25WP（Furalaxyl）或 Previcurn（Propamocab）。

**– 镰刀霉菌病（Fusarium）**：防治药剂：Benlate（Benomyl）

**流 行 病**：主要有以下几种：

**蕈蚊（Sciara）**，防治：在土壤中施入 Volaton（Phoxim）或土壤 Gamasids（Hypoaspis miles）

**线虫（Nematodes）**。

**蚜虫（Aphids）**，防治药剂：Pirimor 或 Protex（Pirimicarb）。

**温室白粉虱 Trialeuroded**，防治药剂：Ripcord（Cypermethrin）。

**顶芽螨（Polyphagotarsonemus latus）**，防治药剂：Thiodan（Endosulfan）Lannate 20L（Methomyl）

**准备销售**：要求植株株型整洁紧凑、优美、健壮，有很多花苞并且这些花苞可以分几次开放。以下是要求达到的具体标准：株高：20～25 cm；冠径：15～20 cm；开花数目：5～10 朵 / 株。

一般 10 cm 盆径的植株每 14 株 / 箱包装，24 箱 / 集装箱。

**生产时间表：（举例）**

| 项目 | 夏季生产 | 冬季生产 |
|---|---|---|
| 扦插 | 6 月 1 日 | 1 月 1 日 |
| 开始短日处理 | 6 月 20 日 | 2 月 15 日 |
| 上市 | 9 月 1～14 日 | 5 月 7～25 日 |
| 扦插 | 4 月 7 日 | 1 月 1 日 |
| 上盆 | 5 月 20 日 | |
| 摘心 | 6 月 1 日 | |
| 开始短日处理 | 7 月 1 日 | 2 月 15 日 |
| 上市 | 9 月 5～14 日 | 5 月 7～25 日 |

## 45. 生石花

**拉 丁 名**：*Lithops*

指番杏科生石花属植物，品种繁多，是著名的小型观赏植物，原产地在南非及非洲西南部干旱地区，该地区阳光充足，年降水量 500 mm 上下，有明显干湿季之分。雨期集中在冬季，最冷平均 12℃。原产地生石花喜温暖干燥和阳光充足的环境。怕低温忌强光，冬季温度 10℃以上，夏季 30℃左右，但地表多石砾，沙砾。表面温度可达到 50℃以上。它是一种夏休眠植物。适宜疏松的中性沙壤土。生长期主要在冬季。9 月开始生长到来年 5 月进入休眠。属于冬型种。但也有夏型种的。约从 3 月开始生长到 10 月进入休眠。冬型种的开花期在 9～11 月，休眠期在 7～8 月的盛夏。夏型种的开花期在 6～7 月，休眠期在冬天。当然这不是绝对的，应视培养环境的气候而定。生石花其茎很短，加上变态叶肉质肥厚，两片对叶连接而成为倒圆锥体，外观酷似石头。其体形、体色及纹路皆是对原生地岩石的拟态。生石花通常用播种繁殖，繁殖要首先了解生石花的生长习性，当我们收到生石花种子时，只要气候不是十分苛刻，应该立即播种，推迟播种会使种子发芽率降低，播种前要做好播种准备工作。

（1）**播种时间**：一般春播在4月中旬以后，秋播在10月上旬最为有利。在冬季播种要注意温度，一般温度控制在10～25℃最好。

（2）**播种钵**：播种盆最好使用瓦盆，瓦盆透气透水性好，土壤容易干，有利于种子发芽，其他的陶盆、紫砂盆等亦可，盆要用浅盆，土壤放入盆中厚度约10 cm以下，盆上留边2～3 cm。在冬季播种时为保持湿度，也可以用不透气的塑料盆等。

（3）**土壤**：播种用土，应采用疏松透气，且保水性能好的土壤，推荐采用的土壤配置方法是：营养土4份：煤灰4份：沙子2份：草木灰1份：珍珠岩1份（要少），一般情况不宜采用纯沙和无土栽培基质及腐殖土因为生石花发芽后植株很小，没有营养物质生长不好，早期移植也操作不便，而腐殖土因容易生长细菌及病毒容易引起腐烂，土壤要事先消毒（微波炉中温消毒15 min），消毒后放进盆里，把盆用洇水法浸湿，等土壤完全浸湿后，放在通风状况下2～3 d，这时就可以准备播种了。

（4）**播种**：播种前在土壤表面撒一层沙子，喷水将沙子喷湿。生石花种子十分细小，播种时要仔细均匀地撒在沙子上，也可以用干燥的细沙拌匀，撒在盆里。一般不要覆土，种子要播的适当密些，切不可在大盆里只播种几粒种子。播种后立即用玻璃片将盆盖上，白天气温高时，掀开玻璃片一角通风，下午盖严，保持湿度。播种一般在晴天上午进行，阴雨天气最好不播，播种后遇上连续阴雨天气，发芽会推迟。播种后将花盆放在温暖湿润和能晒到阳光的地方，温度30℃以上时要遮阴，种子一般10 d后即可以发芽，发芽后要特别注意管理，才能很好地生长。

（5）**苗期管理**：种子发芽后，可以将玻璃片逐渐除去，适应周围环境。不要立即浇水，等土壤表面干燥后才可以用洇水法浸湿土壤，等土壤再次干燥时再进行下一次浇水。要检查小苗根部是否暴露在土壤表面，如果是，要轻轻地将它埋到土里去，幼苗喜温暖湿润、阳光充足而不强烈的环境，夏天要适当遮阴，温度高时，可用套盆法浇水，或在盆子下面放水盘，浇少量水在水盘里，使播种盆低部湿润即可。冬季要尽量多见阳光，盆土不可过于干燥，其他季节可粗放一点。施肥在种子发芽后1～2个月后，才可以进行，肥要极淡，可当作浇水，用洇水法施肥。没有把握时请不要急于施肥，土壤中营养足够它生长一段时间了，在这样精心照顾下，生石花用不了1年时间就可以长到黄豆大小，这时植株显得拥挤了，可以适当分盆种植，管理也相对容易。

## 46. 新几内亚凤仙

新几内亚凤仙（New Guinea Impatiens）原产澳大利亚北部的新几内亚岛屿，它们的商品化栽培开始的比较晚，市场上第一批商品化的品种约出现在 20 世纪 70 年代，自从美国在 1972 年引进新几内亚凤仙以来，它已经成为流行花卉，多应用于做垂吊花卉或阳台花卉，除纯黄色、纯蓝色外其他颜色均有的丰富花色。世界各地的园丁都非常喜爱这种美丽而用途广泛的花卉，它们不仅可以做不同容器大小的盆花和垂吊花卉，而且适宜园林中的花坛布置、庭院中的容器种植美化和组合盆栽。

**与播种型洋凤仙的区别：**新几内亚凤仙通常用扦插的方式进行繁殖，它很难进行播种繁殖；而洋凤仙极易播种繁殖，而且大部分是播种而来。洋凤仙花形较小但是花量多，较多用于园林绿化的花坛中；而新几内亚凤仙用于花坛中时，只是作为节日摆花，而且一般采用盆栽花卉的形式，也可用于室外大型容器的摆花。这两种类型的凤仙所需的栽培环境相似，都需要排水良好的土壤，较湿润的条件且午后需要遮阴。

**生根苗生产：**

（1）**插穗的选择：**选择生长良好，无病虫害的植株作为母株，专门用于剪切插穗。2～2.5 cm 的带顶芽插条是最佳的繁殖材料，要求带有不超过 2 片完全展开的叶片和 3～4 片未完全展开的叶片。最下部叶片以下留 1.0～1.3 cm 茎段，以便能插入基质。扦插密度以插穗叶片不相互覆盖为宜。若切穗已经出现花蕾，应将所有花蕾摘除，或弃置不用。国内进行新几内亚凤仙扦插繁殖时，插穗有时长达 6～7 cm，甚至超过 10 cm，造成母株养护困难，浪费繁殖材料。另外较长的插穗成熟度高，可能已经完成了花芽分化，生根困难，且带有各种病虫害的可能性较大，破坏植株生长的整齐度。插穗应随剪随插，若不能及时扦插，则应放在开口袋中，连续喷雾。新几内亚凤仙插穗生根率接近 100%，一般不需使用生根素处理。

（2）**消毒：**与扦插有关的所有物品均需保持洁净状态，一切与插穗接触的物品均需消毒。扦插器具可用 10% 医用消毒剂浸泡 60 min，也可用 10% 家用漂白剂消毒 30 min。

（3）**扦插基质：**可以采用多种扦插基质，如泥炭土、蛭石、珍珠岩、素沙等，但所有基质必须排水良好，具有较高的透气性。实践证明泥炭土与蛭石按 1 ∶ 1 的体积比混合非常适宜新几内亚凤仙插穗生根。扦插基质可溶性盐含量低于 EC=0.75，pH 维持在 5.5～6.5 之间。

（4）**环境条件：**扦插期间光照强度控制在 250 $\mu mol/m^2s$ 左右。生根以后可将光照强度增大到 400 $\mu mol/m^2s$ 左右，以提高根的生长速度。白天温度 24℃，夜温控制在 21～22℃。基质温度为 22～24℃时最适宜生根，最好通过地温加热。如果采用室内全光喷雾扦插，随着天气的不同，喷雾频率从晴天的每 15 min 喷雾 5 s 递减到阴天的每 2 h 喷雾 5 s；夜间没必要喷雾，否则对生长不利。若采用小拱棚扦插，则每天喷雾 1～2 次，白天适当通风，夜间覆盖。

在高温高湿条件下，5～7 d形成愈伤组织；10～14 d根长达到0.6 cm，喷雾频率减至每半小时一次；3～4周后，根长至足够长度，可进行移栽上盆。扦插期间不必施肥。插条根长至足够长度以后应立即移栽上盆，否则将限制根的自由发展。

**成品花生产：**

（1）**栽培基质：**新几内亚凤仙栽培基质要求排水与通气良好，但其保水性要稍微好于其他花卉的栽培基质，因其所有品种均需要大量水分，不能使其产生萎蔫，保水性较高的基质可以为其正常生长提供充足的水分。生产过程中一般采用泥炭土和珍珠岩按（2～3）：1的比例混合作为栽培基质，可适当添加有机肥料。栽培基质的pH不能低于5.8，否则容易引起微量元素中毒。

（2）**肥水管理：**条件较好的温室最好以滴灌的方式提供肥水。在植株冠幅达到栽培容器的边缘以前不要施肥或仅少量施肥，施肥时氮肥与钾肥的浓度大体相当。如果栽培基质中使用了过磷酸盐，则氮钾肥的浓度为150～200 mg/kg，否则施肥时应含有磷50～75 mg/kg。有资料显示，当N肥浓度为12 mmol/L（约170 mg/kg）时新几内亚凤仙生长最快。新几内亚凤仙在不同的生长阶段对氮素的吸收量不同，前期对氮素要求不多，但生长后期（40～70 d以后）要求有充足的氮肥供应，在其整个生长期内吸收的总氮量为0.5 g/株，而且硝态氮（Nitrate-N）的吸收量大于氨态氮（Ammonium-N），过多的氨态氮常导致植株叶片与花蕾脱落。因此管理过程中应以使用硝态氮为主。如果不能每次浇水时都施肥，则应该保证每浇水三次以后施一次营养液，浓度为：N 300～350 mg/kg、P100 mg/kg、K 300～350 mg/kg。新几内亚凤仙喜欢较低浓度肥料，实践证明营养液电导率（EC）超过1.5 mS/cm，植株生长不良。基质盐度太高，叶片窄小而卷曲，不伸展，根系生长受抑制，甚至腐烂，但若肥料缺乏则叶色斑驳。新几内亚凤仙对微量元素比较敏感，微量元素过量导致中毒，使下部叶片或叶缘出现坏死斑，顶梢枯死或腐烂，顶部叶片发育受障碍。新几内亚凤仙镁缺乏症非常常见，可每月施一次硫酸镁加以治疗，浓度为每100 L水加硫酸镁600 g。肥水管理条件好，新几内亚凤仙植株叶片鲜亮厚实，硬挺伸展，叶面积大，否则叶片薄而皱缩，植株生长缓慢。

（3）**温度：**上盆后前2～3周，白天温度24℃，夜间温度20℃，之后夜温可降至13～18.5℃。如果夜温超过22℃，则会延迟开花。有研究表明，在气温不变的情况下将根区温度增加到24℃，植株干物质产量增加15%～20%，生长速度大幅度增加，因为根区温度升高，提高了根际水气分压，增加了植株对水分的利用率。因此从温度角度考虑，新几内亚凤仙生长的制约因素是根区（栽培基质）的温度，而不是大气温度，所以在盆花生产过程中，适当提高基质温度有利于其生长。新几内亚凤仙对低温的适应性较一年生花卉（如天竺葵、矮牵牛等）差，夜晚温度低于10℃生长受抑制，低于7℃可能出现冻害。如果白天温度太高，应适当遮阴，并保护植株免受干热风的伤害。新几内亚凤仙会对DIF（昼夜温差）作出反应，节间长度随着昼夜温差的增加而增加。有条件的温室可以在白天将室温提高 1～1.5℃，同时进行二氧化碳施肥，施肥浓度为 1 000 mg/kg 左右。

（4）**光照**：新几内亚凤仙喜阳光充足，比何氏凤仙能忍受较强的光照，对光周期没有明显反映。光照不足造成叶色斑驳。在冬天和春天应该提供尽可能多的光照。白天中午最低光照为 500 μmol/$m^2$s，否则延缓开花。如果光照强度超过 1 000 μmol/$m^2$s，则应该进行遮光处理。栽培过程中应经常转盆，以使植株均匀受光，以免偏冠。

（5）**湿度**：生产过程中水分供应情况直接关系到盆花的质量。新几内亚凤仙有肥厚的肉质茎，体内水分含量可达 92% 以上，生产过程中除了要保证栽培基质有充足的水分供应外，必须保证一定的空气湿度，一般空气湿度不低于 85%，否则生长受抑制，叶片枯焦失绿，叶片变薄，叶面积、花径减小，品质降低。水分供应不及时可能导致叶片和花蕾脱落，增加滋生病虫害的可能性。

（6）**生长调节**：大部分新几内亚凤仙栽培品种具有侧生生长优势，分枝性与自我整枝能力较强，不需掐心，相反，掐心能推迟开花 2～3 周，可作为花期调控的一种手段。一般来说，新几内亚凤仙不需要施用生长调节剂。矮壮素、$B_9$ 以及 A-rest（嘧啶醇 Ancy midol，可抑制花芽分化）对新几内亚凤仙的生长几乎不起作用，但 Bonzi（多硝唑，抑制节间伸长）却对其生长有明显影响。如果昼夜温差大于 12℃，或植株徒长，可喷 0.5～2 mg/kg Bonzi 1～3 次。

（7）**栽培空间安排**：上盆后花盆的摆放以不妨碍植株冠幅发展为原则，如果花盆距离太近，可能造成植株偏冠、冠幅减小、下部秃裸形成“高腿”植株，另外，植株过于密集，叶片相互摩擦，罹患病虫害的可能性增加。新上盆的植株在其冠幅相互接触以前，花盆可以并列摆放，并随着冠幅的增大而逐渐增大生长空间。新几内亚凤仙温室盆栽生产中推荐的花盆摆放标准见附录。

（8）**成花时间**：随着栽培地区、花盆大小、品种、气候条件的不同，盆花成品时间也不同，比如，将植株定植于 4 英寸盆中，在阳光充足的温暖季节 8～9 周即可形成成品花，而在光照较弱、温度较低的季节需 10～16 周才可形成成品花。因此各地应因地制宜安排周年生产，以提高生产效益。

（9）**病虫害防治**：新几内亚凤仙肉质多汁，极容易成为各种有害昆虫和微生物危害的对象。在温室栽培过程中极易患灰霉病，在气温较低（低于 22℃）、空气湿度较大的情况下，灰霉病发病严重。灰霉病可能引起叶片与插穗腐烂，植株下部叶片染病，形成水渍状斑，湿度大时呈黑色腐烂，产生灰色霉层，迅速扩大至茎基部，并向植株上部发展。灰霉病一旦浸染到茎部，植株存活的可能性极小。新几内亚凤仙温室栽培一年四季均可能受到灰霉病浸染，尤其以 3～4 月、11～12 月发病严重。灰霉菌为弱浸染性真菌，对健康植株一般不造成危害，但却极易在残叶败花上大量滋生，并进而对整个植株造成伤害，因此在管理过程中应注意及时清除残败花叶。另外腐霉属（Pythium）真菌能导致根部腐烂，而丝核菌导致茎秆腐烂。

## 47. 丽格海棠

丽格海棠是用冬季开花的索科秋海棠与许多种球根类秋海棠杂交得出的一群冬季开花的杂交品种。这些杂交品种结合了索科秋海棠短日开花的特征和球根秋海棠花朵大且色彩丰富的优点，具有冬季开花且多花、大花、抗病、没有块茎形成和明显的休眠期等特性，是难得的温室盆栽花卉，非常适合做盆栽观赏。丽格海棠为须根系，株形丰满，株高 20 ～ 30 cm，枝叶翠绿，茎枝肉质多汁。单叶互生，不对称心形，叶色多翠绿，少有红棕色。花形多样，多为重瓣，花色丰富，有红、橙、黄、白等，花朵硕大、色彩艳丽，具有独特的姿、色、香；而且花期长，可从 12 月持续至翌春 4 月。丽格海棠的枝叶、花蕾、花序、花朵均有很高的观赏价值；多用于家庭几案、桌饰、窗饰、宾馆大堂、客厅、餐厅和会议厅堂摆放，还可剪取花枝作艺术插花花材，是冬、春季美化室内环境的重要花卉，也是国际十大盆花之一。盛花期为 4 ～ 6 月和 9 ～ 12 月。

**丽格海棠分级标准：**

丽格海棠的质量检测标准包括植株健康程度、冠幅大小、紧凑度、株型形态及花朵的大小、多少、整齐度等等。一般来说，在销售上分为以下等级：

**丽格海棠在销售上的分级**

| 等级 | 冠幅 | 冠根比 |
|---|---|---|
| 二级 | 25 cm 以上 | 1.6 |
| 一级 | 30 cm 以上 | 2.0 |
| 特级 | 35 cm 以上 | 2.4 |

**生产计划的制订：**

制订生产计划除需要考虑市场容量、销售能力和生产面积等因素外，还需要考虑植物的生长速度及加光、加温的成本。然后根据自己的生产能力来安排生产。现有南方地区秋冬的生产时间安排表可供参考。但必须注意，光照、温度及生产技术等因素都会极大地影响植物的生长速度。因此，最终的生产计划必须根据当地的情况，在栽培专家的指导下确定。在生产计划确定后，应及早订购种苗。

**南方地区秋冬生产时间安排表**

| 盆径 | 时间 |
|---|---|
| 13 cm 盆 | 13 ～ 17 周 |
| 30 cm 吊盆 | 15 ～ 19 周 |

**温　　度：**适宜温度为 15 ～ 22℃。当低于 5℃时，会受冻害；低于 10℃，生长停滞；超过 28℃，生长缓慢；超过 32℃，生长停滞。为了达到最大的营养生长量，夜温应该维持在 19 ～ 20℃。温度超过 24℃时，丽格海棠易发生徒长。当温度超过 24℃后，就要开始减少光强。此外，日温低于夜温有助于控制植株徒长，提高成品的质量。建议北方的种植者尝试将日温控制在 16 ～ 18℃，夜温 20 ～ 21℃生产。

**水分和湿度：** 丽格海棠具有肉质根茎，根系纤细、容易受损，因此适当的水分供应显得特别重要。水分供应不足会影响植株生长，过湿时轻则导致植株生长缓慢、茎干变软，重则引起根茎病害。因此，浇水应遵循“见干见湿”的原则，同时浇水时注意不要沾湿叶片。

丽格海棠前期的生长需要较高的相对空气湿度，相对湿度应控制在80%～85%。在南方，中午应经常向地面洒水以提高空气湿度。北方由于天气比较干燥，温室内加湿是必要的，但须注意在下午太阳落山时要保证叶面不要沾有水珠。当形成花蕾后要注意降低相对湿度，使其维持在55%～65%的水平。

湿度维持在70%～80%可以有效地控制白粉病和灰霉病。注意空气流通以预防湿气在叶片上凝结成水。黄昏时注意保持叶面干燥。一早浇水以确保到黄昏叶片能变干。

**光的控制：** 在南方，栽培初期室外的光强一般达到60 000～80 000 lx，同时此时的温度也在25℃以上，因此需要70%以上的遮光。到10月下旬温度下降后可适当增强光照，到11月中旬开始短日照处理后，应尽量让其有充足的阳光，光强可到2.5 000 lx。北方的种植者在最初上盆的两周内应注意遮阴，开始正常生长后，应使植株充分接受光照。在出货前两周又要注意遮阴，以延长货架寿命。

**基　　质：** 丽格海棠喜欢排水良好的基质如椰糠、泥炭土、蛭石、珍珠岩、炭化树皮等，我们建议采用80%高纤维的泥炭土+20%珍珠岩。土壤pH调节到5.2～5.5。

**肥　　料：** 丽格海棠对养分缺乏或养分过多都很敏感，因此施肥应薄施。可用15-5-15或20-10-20的复合肥，维持溶液的pH在5.0～6.0之间。以已溶解的液肥的含氮量计，每周施一次肥的N的浓度为250～300 mg/kg；一周施三、四次或天天施肥，N的浓度为100～200 mg/kg比较合适。同时，也可选用丽格海棠专用肥。

**上　　盆：** 一般采用15 cm盆。上盆后土壤表面应与生根苗基质表面持平或略高。种后淋透水，然后在接下来的3 d每天淋少许水。海棠是“群居植物”，在小苗生长过程中应盆挨盆放置以促进芽形成，并在侧芽已充分发育但还没发生徒长之前拉疏。成品花最后的株行距请参照丽格海棠的分级标准。

**打顶及整形：** 上盆后10～14 d打顶以使植株能达到预期的成花大小。打顶会促进侧芽生长及促使基质介面以下的不定芽发育。这种生长对于得到合适的成花冠幅及控制适宜的高度很关键。另外，打顶也减少了对支撑物的需要并且可作为调控开花的手段。一般来说打顶后10周左右可以出圃。

**病虫害防治：**

（1）**细菌性叶斑病：** 这种病没有特效药来防治。控制这种病的最好办法首先是选取没有这种病害的扦条。对于染病植株，如果感染程度较轻，只需除掉感染部分；如果病情严重，则必须清除掉整个病株，以减少这种病害的发展和扩散。另外使用比建议浓度稍高的肥料也会有助于减轻病害。

（2）**灰霉病：** 冬季温室封闭时控制灰霉病显得特别重要。控制好小环境，保持空气流通；夜晚让叶片表面保持干燥并减低湿度；杀菌剂可喷亿力、灰霉速克等。

(3) **真菌性叶斑病：**施用杀菌剂；减少损伤；以推荐的施肥浓度施肥，可以减少这种病菌的危害。

(4) **黑根腐病：**消毒栽培基质；适度控水以促进生根，同时也可以减少根茎腐病害；施用亿力，BANROT 等杀菌剂。

(5) **丝核菌茎冠腐病：**施用杀菌剂，以灌根为常用。常用的杀菌剂有亿力，Subdue Cleary 等。

(6) **蚜虫、蠕虫：**蚜虫相对来说比较容易控制，许多杀虫剂都有效。根部蚜虫可以通过灌根防治。

(7) **真菌蚊子：**真菌蚊子是小小的黑蚊子（约 30 mm 长），经常能看到在基质表面或叶片上飞来飞去。成虫有长长的念珠状的触角。幼虫是小的无腿的"蠕虫"，头黑、身体透明，生活在栽培基质中。在基质表面结像蜘蛛网一样的网。幼虫吃根、根毛、贴在基质表面的叶片及下部的茎，从而对植株造成伤害。这种伤害使植株易于染病，他们常与有病的植株或插条连系在一起。成虫不会对植株造成任何直接的伤害。因此，尽可能减少淋水量，避免藻类生长；土壤灌根或土壤表面喷药是控制幼虫的有效方法。成虫对大部分杀菌剂都非常敏感。

(8) **棉蚧：**根部的棉蚧可以通过杀虫剂土壤灌注控制。灌注杀虫剂时，必须注意保证盆土排水良好，且下面不能放底碟，否则容易导致中毒。

(9) **螨类：**防治步骤的关键是用杀菌剂全面喷施。最好是尽量减少将螨类带进生产区域的途径。

(10) **蜗牛和蛞蝓：**可以通过喷施杀虫剂或放诱饵在植株附近的潮湿地面上诱杀控制。需要重复施用。

(11) **粉虱：**许多杀虫剂都对粉虱有效。一种杀虫剂应该每周喷施两次，连续喷一个生活周期（3 周），以达到比较好的杀虫效果。若粉虱已产生抗药性，可使用不同的杀虫剂以同样的方法喷施。若残留的粉虱数量不多，可以每周喷一次已用过的、同样的杀虫剂，连喷 3 次后换一种杀虫剂。

**思政花园**

## 庭中有奇树

两汉：佚名

庭中有奇树，绿叶发华滋。攀条折其荣，将以遗所思。
馨香盈怀袖，路远莫致之。此物何足贵，但感别经时。

# 附 | 录

中华人民共和国国家标准

## 主要花卉产品等级

第 2 部分：盆花　　GB/T　18247.1—2000

**Product grade for major ornamental plants—Part 2:Flowering potted plants**

**1　范围**

本标准规定了盆花产品质量与等级划分技术要求、检测方法等。

本标准适用于经规范生产管理的整批盆花销售时评价。

本标准适用于陆地和保护地栽培的盆花。

未列入的植物种类参照其中同类植物的分级原则。

**2　引用标准**

下列标准所包含的条文，通过在本标准中引用而构成为本标准的条文。本标准出版时，所示版本均为有效。所有标准都会被修订，使用本标准的各方应探讨使用下列标准最新版本的可能性。

GB/T 2828-1987 逐批检查计数抽样程序及抽样表（适用于连续批的检查）。

**3　定义**

本标准采用下列定义。

3.1　**盆花** flowering pot plants

栽培于花盆、花槽等容器中以观花为目的的植物。

3.2　**基质** media

无土栽培中用来固定植株的材料。常采用的基质有椰糠、草炭、苔藓、珍珠岩、蛭石、岩棉等。

3.3　**品种形态特征** morphological character of cultivar

各品种所具有的茎、叶、花、果等外部形状、色泽、质地等特性。

3.4　**冠幅** crown diameter

植物冠部投影直径的平均值。

3.5 植株高度（简称株高）height

以栽培容器的沿口边为基准线，从基准线到株丛的最高点之间的直线距离。

3.6 花朵 flowers

花的总称，是种子植物有性繁殖的器官，形态上实为一短枝。典型花朵由花托、花萼、花瓣、雄蕊、雌蕊组成，具各种颜色。

3.7 花序 inflorescence

许多小花按一定顺序排列在仅有苞片的花枝上，此花枝称为花序。

3.8 花枝（花茎）flowering shoots

着生花的枝，其上有节、节间和叶片或分枝。

3.9 花葶 scapes

由植物基部抽生出来无叶、无节的花茎，或无叶的总花梗。

3.10 花梗 pediceles

花的柄，是茎的分枝，结构与茎相同，但无节、无叶片。

3.11 花形 flower forms

花冠的形态，即花瓣在花托上组合排列的状况，因植物的种类而不同，是植物分类的重要形态特征之一、如金鱼草的花形呈唇形，牵牛花的花形呈漏斗形等。

3.12 花型 flower types

花的姿态在空间的造型。如菊花有平瓣型、莲座型、管球型、托桂型等。

3.13 花被 perianth

花萼和花冠的总称，常位于花的外轮。

3.14 花径 flower diameter

花朵的大小，以花冠或整朵花的横向或竖向直径表示。

3.15 花盖度 coverage percent

花朵（或花序）数量占冠幅面积的百分数。

3.16 茎 stems

植物生长枝叶的部分，有一年生、二年生和多年生的。

3.17 块茎 tubes

肥大的地下变态茎，形状不规则，可以顶端抽芽，如大岩桐、球根秋海棠等。

3.18 球茎 corms

地下变态茎呈球形或锥形，坚硬而实心，顶部有肥大的顶芽，侧芽不发达，如仙客来、小苍兰等。

3.19 叶 leaves

为一扁平的绿色器官，着生在茎枝的节上，是植物进行光合作用制造养分的重要部分。

3.20 病害 disease

植物的各部位因病原微生物（包括真菌、细菌、类菌质体、病毒）的侵染或因生理的原因导致的各种病斑、组织溃烂、坏死、穿孔、褪色等伤害。

3.21 虫害 insect pest

植物各部位因害虫危害造成的穿孔、缺损、褪色、斑点等伤害。

3.22 破损 breakage

植物因人为或机械原因造成的撕裂、折损、穿孔、缺损等伤害。

## 4 质量分级

### 4.1 评价原则

4.1.1 盆花产品标准的划分，采用规格等级和形质等级相结合的分级方法。

4.1.2 规格等级：以所规定的花盖度、株高、冠幅 / 株高、株高 / 花盆、叶片或花朵等数量指标进行分级。

4.1.3 形质等级：根据盆花产品的整体效果、花部状况、茎叶状况、病虫害或破损四个指标进行分级。

4.1.4 等级划分中的某一项指标，同时满足两个等级的评价指标时，要根据该项指标在这两个等级中的评价指标是否相同来决定归属哪一级。如果该项指标在这两个等级中不同，则应归属下一个等级，否则，应归属上一个等级。

4.1.5 各主要种产品等级的划分，依据本标准表 1 盆花产品质量等级划分公共标准和表 2 至表 21 主要盆花产品等级划分标准进行。

### 4.2 盆花产品质量等级划分公共标准

见表 1

**表 1 盆花产品质量等级划分公共标准**

| 评级项目 | 等级 | | |
|---|---|---|---|
| | 一级 | 二级 | 三级 |
| 整体效果 | 外观新鲜，花朵大小和数量正常；生长正常，无衰老症状；符合该品种特性<br>植株大小与盆的大小相称 | 外观较新鲜，花朵大小和数量较正常；生长正常，无衰老症状；符合该品种特性<br>植株大小与盆的大小相称 | 外观较新鲜，生长正常，符合该品种特性<br>植株大小与盆的大小相称 |
| 花部状况 | 含苞欲放的花蕾≥ 90%，初花者 10% ～ 15%<br>花色纯正，无褪色或杂色斑点，花形完好整齐；花枝（花梗、花序梗或花葶）健壮 | 盛花者 30% ～ 50%<br>花色纯正，无褪色，花形完好较整齐；花枝（花梗、花序梗或花葶）较健壮 | 盛花者 60%<br>花色纯正，无褪色，花形完好较整齐；花枝（花梗、花序梗或花葶）较健壮 |
| 茎叶状况 | 茎、枝（干）健壮，分布均匀；叶片排列整齐，匀称，形状大小完好，色泽正常，无褪色 | 茎、枝（干）健壮，分布较均匀；叶片排列整齐，匀称，形状大小完好，色泽正常，无褪色 | 茎、枝（干）健壮，分布较疏；叶片排列较整齐，色泽正常，略无褪色、落叶 |
| 病虫害或破损状况 | 无病虫害、折损、擦伤、压伤、冷害、水渍、药害、灼伤、斑点、褪色 | 无病虫害、折损、擦伤、压伤、冷害、水渍、药害、灼伤、斑点、褪色 | 有不明显的病害斑迹或微小的虫孔，有轻微折损、擦伤、压伤、冷害、水渍、药害、灼伤、斑点或褪色 |
| 栽培基质 | 必须使用经过消毒的无土基质 | | |

### 4.3. 主要盆花产品质量等级划分

4.3.1 金鱼草（*Antirrhinum majus*）盆花质量等级划分标准见表 2

表 2　金鱼草盆分质量等级划分标准

| 评级项目 | 等级 | | |
|---|---|---|---|
| | 一级 | 二级 | 三级 |
| 花盖度 | ≥ 90%；花朵分布均匀 | 75% ～ 89%；花朵分布均匀 | 60% ～ 74%；花朵分布较均匀 |
| 植株高度，cm | 中型：40 ～ 50<br>矮型：20 ～ 25 | 中型：30 ～ 39<br>矮型：15 ～ 19 | 中型：＞ 50，或＜ 30<br>矮型：＞ 25，或＜ 15 |
| 冠幅，cm | 中型：40 ～ 50<br>矮型：25 ～ 35 | 中型：30 ～ 39<br>矮型：20 ～ 24 | 中型：＞ 50，或＜ 30<br>矮型：＞ 25，或＜ 20 |
| 花盆尺寸（$\phi \times h$）cm | 中型：18 × 15<br>矮型：12 × 10 | 中型：15 × 12<br>矮型：12 × 10 | 中型：15 × 12<br>矮型：10 × 8 |
| 上市时间 | 初花 | 初花 | 初花 |
| 注：形态特征：多年生草本，常作一、二年栽培。叶对生或上部互生，全缘；总状花序，小花有短梗，花冠唇形，外被绒毛，基部膨大呈囊状，上唇直立，二裂，下唇三裂，开展。品种及花色繁多。花期 5 ～ 9 月 | | | |

4.3.2　四季海棠（*Begonia semperflorens*）盆花质量等级划分标准见表 3

表 3　四季海棠盆花质量等级划分标准

| 评级项目 | 等级 | | |
|---|---|---|---|
| | 一级 | 二级 | 三级 |
| 花盖度 | ≥ 90%；花朵分布均匀 | 75% ～ 89%；花朵分布均匀 | 60% ～ 74%；花朵分布较均匀 |
| 植株高度，cm | 20 ～ 30 | 20 ～ 25 | ＞ 30，或＜ 20 |
| 冠幅，cm | 30 ～ 40 | 25 ～ 29 | ＜ 25 |
| 花盆尺寸（$\phi \times h$）cm | 15 × 12 | 12 × 10 | 12 × 10 |
| 上市时间 | 初花 | 初花 | 初花 |
| 注：形态特征：多年生常绿草本，茎直立，肉质，光滑。叶互生。边缘有锯齿，基部歪斜；聚伞花序腋生，花单性，雌雄同株，雄花花瓣 2 片，宽大，萼片两片，较小；雌花较小，花被 5 片。可周年开花，盛花期 6 ～ 10 月。 | | | |

4.3.3　蒲包花（*Calceolaria herbeohybrida*）盆花质量等级划分标准见表 4

表 4　蒲包花盆质量等级划分标准

| 评级项目 | 等级 | | |
|---|---|---|---|
| | 一级 | 二级 | 三级 |
| 花盖度 | ≥ 90%；花朵分布均匀 | 75% ～ 89%；花朵分布均匀 | 60% ～ 74%；花朵分布较均匀 |
| 植株高度，cm | 大花类：25 ～ 30<br>多花类：15 ～ 20<br>多花矮生类：15 ～ 20 | 大花类：20 ～ 24<br>多花类：15 ～ 20<br>多花矮生类：15 ～ 20 | 大花类：＞ 30，或＜ 20<br>多花类：＞ 20，或＜ 15<br>多花矮生类：＞ 20，或＜ 15 |
| 冠幅，cm | 大花类：30 ～ 40<br>多花类：20 ～ 30<br>多花矮生类：20 ～ 25 | 大花类：20 ～ 29<br>多花类：15 ～ 25<br>多花矮生类：15 ～ 20 | 大花类：＞ 40，或＜ 20<br>多花类：＞ 30，或＜ 15<br>多花矮生类：＞ 25，或＜ 15 |
| 花盆尺寸（$\phi \times h$）cm | 中型：15 × 12 | 12 × 10 | 12 × 10 |
| 上市时间 | 初花 | 初花 | 初花 |
| 注：形态特征：多年生草本，常作一年生栽培。茎叶均有绒毛，叶对生；具二唇花冠，上唇小，前伸，下唇膨胀呈荷包状并向下弯曲。花期 2 ～ 5 月，盛花期 4 ～ 5 月。 | | | |

4.3.4 温室凤仙（*Impatiens hyrida*）盆花质量等级划分标准见表 5

**表 5 温室凤仙盆花质量等级划分标准**

| 评级项目 | 等级 | | |
| --- | --- | --- | --- |
| | 一级 | 二级 | 三级 |
| 花盖度 | ≥ 90%；花朵分布均匀 | 75% ～ 89%；花朵分布均匀 | 60% ～ 74%；花朵分布较均匀 |
| 植株高度，cm | 25 ～ 30 | 20 ～ 24 | ＜ 20 |
| 冠幅，cm | 26 ～ 35 | 20 ～ 25 | ＜ 20 |
| 花盆尺寸（$\phi \times h$）cm | 12 × 10 | 12 × 10 | 10 × 8 |
| 上市时间 | 初花 | 初花 | 初花 |
| 注：形态特征：茎光滑多汁，质脆，节部常膨大；花两性，单生叶腋或稍簇生，萼片 3，侧两枚小，下面一枚大，呈囊状，向外延展成距，花瓣 5 枚。品种及花色繁多。可周年开花，盛花期 6 ～ 10 月。 | | | |

4.3.5 矮牵牛（*Petunia hybrida*）盆花质量等级划分标准见表 6

**表 6 矮牵牛盆花质量等级划分标准**

| 评级项目 | 等级 | | |
| --- | --- | --- | --- |
| | 一级 | 二级 | 三级 |
| 花盖度 | ≥ 90%；花朵分布均匀 | 75% ～ 89%；花朵分布均匀 | 60% ～ 74%；花朵分布较均匀 |
| 植株高度，cm | 20 ～ 30 | 20 ～ 24 | ＜ 20 |
| 冠幅，cm | 30 ～ 35 | 24 ～ 29 | ＜ 24 |
| 花盆尺寸（$\phi \times h$）cm | 15 × 12 | 12 × 10 | 10 × 8 |
| 上市时间 | 初花 | 初花 | 初花 |
| 注：形态特征：多年生草本，常作一年生栽培。茎倾卧或稍直立；叶全缘，茎无柄；花单生圳腋或枝端，花冠漏斗形，先端具有波状浅裂。花期 4 ～ 10 月，盛花期 6 ～ 9 月。 | | | |

4.3.6 半支莲（*Portulaca grandiflora*）盆花质量等级划分标准见表 7

**表 7 半支莲盆花质量等级划分标准**

| 评级项目 | 等级 | | |
| --- | --- | --- | --- |
| | 一级 | 二级 | 三级 |
| 花盖度 | ≥ 90%；花朵分布均匀 | 75% ～ 89%；花朵分布均匀 | 60% ～ 74%；花朵分布较均匀 |
| 植株高度，cm | 15 ～ 20 | 15 ～ 20 | ＜ 15 |
| 冠幅，cm | 20 ～ 25 | 20 ～ 25 | ＜ 20 |
| 花盆尺寸（$\phi \times h$）cm | 12 × 10 | 10 × 8 | 10 × 8 |
| 上市时间 | 初花 | 初花 | 初花 |
| 注：形态特征：一年生草本。茎匍匐或斜生，叶贺柱状，肉质，花单生叶腋或数朵簇生枝端，花径 2.5 ～ 4 cm，花色繁多。花期 6 ～ 8 月。 | | | |

4.3.7 四季报春（*Primula obconica*）盆花质量等级划分标准见表 8

**表 8 四季报春盆花质量等级划分标准**

| 评级项目 | 等级 | | |
|---|---|---|---|
| | 一级 | 二级 | 三级 |
| 花盖度 | ≥ 90%；花朵分布均匀 | 75% ～ 89%；花朵分布均匀 | 60% ～ 74%；花朵分布较均匀 |
| 植株高度，cm | 25 ～ 30 | 20 ～ 24 | ＜ 20 |
| 冠幅，cm | 25 ～ 30 | 20 ～ 24 | ＜ 20 |
| 花盆尺寸（$\phi \times h$）cm | 15 × 12 | 12 × 10 | 12 × 10 |
| 上市时间 | 初花 | 初花 | 初花 |
| 注：形态特征：多年生草本，常作一、二年生栽培。叶基生，叶长贺形至卵圆形，有长柄，叶缘有波状浅齿，叶及叶柄上有白色腺毛；花葶多数，伞花序，花漏斗状，萼筒倒圆锥形。可周年开花，盛花期 1 ～ 5 月。 | | | |

4.3.8 一串红（*Salvia splendens*）盆花质量等级划分标准见表 9

**表 9 一串红盆花质量等级划分标准**

| 评级项目 | 等级 | | |
|---|---|---|---|
| | 一级 | 二级 | 三级 |
| 花盖度 | ≥ 90%；花朵分布均匀 | 75% ～ 89%；花朵分布均匀 | 60% ～ 74%；花朵分布较均匀 |
| 植株高度，cm | 中高型：45 ～ 50<br>矮生型：25 ～ 30 | 中高型：35 ～ 39<br>矮生型：20 ～ 24 | 中高型：＞ 45 或＜ 35<br>矮生型：＞ 30 或＜ 20 |
| 冠幅，cm | 中高型：45 ～ 50<br>矮生型：25 ～ 30 | 中高型：39 ～ 44<br>矮生型：19 ～ 24 | 中高型：＞ 50 或＜ 39<br>矮生型：＞ 30 或＜ 19 |
| 花盆尺寸（$\phi \times \mathrm{h}$）cm | 中高型：15 × 12<br>矮生型：10 × 8 | 中高型：15 × 12<br>矮生型：10 × 8 | 中高型：15 × 12<br>矮生型：10 × 8 |
| 上市时间 | 初花 | 初花 | 初花 |
| 注：形态特征：多年生草本，常作一年生栽培。茎四棱，光滑；叶对生，卵形，边缘有锯齿，顶生总状花序，被红色柔毛，花红色，2 ～ 6 朵轮生；花冠唇形，伸出萼外萼钏状，宿存，与花冠同色。花期 5 ～ 11 月。 | | | |

4.3.9 瓜叶菊（*Senecio cruentus*）盆花质量等级划分标准见表 10

**表 10 瓜叶菊盆花质量等级划分标准**

| 评级项目 | 等级 | | |
|---|---|---|---|
| | 一级 | 二级 | 三级 |
| 花盖度 | ≥ 90%；花朵分布均匀 | 75% ～ 89%；花朵分布均匀 | 60% ～ 74%；花朵分布较均匀 |
| 植株高度，cm | 35 ～ 40 | 30 ～ 35 | ＜ 30 |
| 冠幅，cm | 35 ～ 40 | 30 ～ 35 | ＜ 30 |
| 花盆尺寸（$\phi \times h$）cm | 15 × 12 | 15 × 12 | 10 × 8 |
| 上市时间 | 1/4 ～ 1/3 花朵开放时 | 1/4 ～ 1/3 花朵开放时 | 1/4 ～ 1/3 花朵开放时 |
| 注：形态特征：多年生草本，常作一、二年生栽培。全株密被绒毛，茎直立，革质，叶片心脏状卵形，叶缘波状或多角状，头状花序聚生成伞房状；花色繁多。花期 12 月至翌年 4 月，盛花期 2 ～ 4 月。 | | | |

### 4.3.10 长春花（*Catheranthus rosea*）盆花质量等级划分标准见表 11

**表 11 长春花盆花质量等级划分标准**

| 评级项目 | 等级 | | |
|---|---|---|---|
| | 一级 | 二级 | 三级 |
| 花盖度 | ≥ 80%；花朵分布均匀 | 65% ～ 79%；花朵分布均匀 | 50% ～ 64%；花朵分布较均匀 |
| 植株高度，cm | 20 ～ 25 | 15 ～ 19 | ＞ 25，或＜ 15 |
| 冠幅，cm | 20 ～ 30 | 20 ～ 25 | ＞ 30，或＜ 20 |
| 花盆尺寸（$\phi \times h$）cm | 15 × 12 | 12 × 10 | 12 × 10 |
| 上市时间 | 初花 | 初花 | 初花 |
| 注：形态特征：多年生草本，常作一、二年生栽培。茎基部木质化；叶对生，长圆形，深绿色有光泽；花单生或数朵腋生，花冠筒细长，花冠裂片 5，倒塌卵形；萼片线状，具毛；花径 2.5 ～ 4 cm。花期 7 ～ 10 月。 | | | |

### 4.3.11 国兰（*Cymbidium* spp.）盆花质量等级划分标准见表 12

**表 12 国兰盆花质量等级划分标准**

| 评级项目 | 等级 | | |
|---|---|---|---|
| | 一级 | 二级 | 三级 |
| 假球茎 | 5 个以上连生在一起 | 4 ～ 5 个连生在一起 | 4 个连生在一起 |
| 总叶片数，片 | 春兰：≥ 19<br>蕙兰：≥ 29<br>建兰：≥ 17 | 春兰：14 ～ 18<br>蕙兰：24 ～ 28<br>建兰：13 ～ 16 | 春兰：11 ～ 13<br>蕙兰：18 ～ 23<br>建兰：10 ～ 12 |
| 冠幅，cm | 春兰：20 ～ 25<br>蕙兰：30 ～ 40<br>建兰：40 ～ 50 | 春兰：15 ～ 20<br>蕙兰：20 ～ 30<br>建兰：30 ～ 40 | 春兰：＜ 15<br>蕙兰：＜ 20<br>建兰：＜ 30 |
| 花朵 | 苞片长而宽、色纯正；萼厚、较宽；瓣色纯正；清香<br>春兰：1 ～ 2 朵<br>蕙兰：≥ 9 朵<br>建兰：≥ 5 朵 | 苞片中等大小、色纯正；萼厚、较宽；瓣色纯正；清香<br>春兰：1 朵<br>蕙兰：7 ～ 8 朵<br>建兰：3 ～ 4 朵 | 苞片中等大小、色纯正；萼厚、较宽；瓣色较纯正；香气稍淡。<br>春兰：1 朵<br>蕙兰：5 ～ 6 朵<br>建兰：2 朵 |
| 上市时间 | 初花 | 初花 | 初花 |
| 注：形态特征：春兰为多年生草本，具有球形的假球茎，多年生假球茎常排成一行，连接在一起，叶 4 ~ 6 片着生在假球茎上，带形或线形，直立或弯曲，革质、绿色。有些品种具黄白色斑或条纹，为叶艺兰。花单生，少数 2 朵，花葶直立，有苑片，花径 4 ~ 5 cm，少数可达 7 ~ 8 cm，具 3 枚萼片，3 枚花瓣及蕊柱 1 枚，绿色或红色。具芳香，由于萼片与花瓣质地、形态的不同，常分为梅瓣、水仙瓣、荷瓣、蝴蝶瓣和畸瓣等。花期 2 ~ 3 月。<br>蕙兰为多年生草本，假球茎不显著，叶 3 ~ 9 枚一丛，长 25 ~ 80（120）cm，宽 0.6 ~ 1.4 cm，直立或弯曲呈弓形，绿色，花葶直立，高 30 ~ 80 cm，着花 9 ~ 13 朵，均匀排列，多数为浅黄绿色，有香味、花径 5 ~ 8 cm，花瓣小于萼片，唇瓣具有分散的红斑，由于萼片、花瓣质地、形态的不同，常分为梅瓣、水仙瓣、荷瓣、蝴蝶瓣和畸瓣等。花期 4 ~ 5 月。<br>建兰为多年生草本，具有圆形的假球茎，叶 2 ~ 6 片丛生，长 30 ~ 50 cm，宽 1.2 ~ 1.7 cm，有光泽，带形或线形，绿色或具有黄白色斑纹或边缘，花葶直立，高 25 ~ 35 cm，着花 5 ~ 9（13）朵，浅黄绿色，花径 4 ~ 6 cm，芳香，花期 7 ~ 10 月（12 月）。花芽、花蕾或开花。 | | | |

4.3.12 菊花（大中型）（*Dendranthema grandiflorum*）盆花质量等级划分标准见表 13a）

**表 13a） 菊花（大中型）盆花质量等级划分标准**

| 评级项目 | 等级 | | |
|---|---|---|---|
| | 一级 | 二级 | 三级 |
| 植株 / 容器 | 协调 | 基本协调 | 不协调 |
| 花序（朵数） | 舌状花：<br>单轮平瓣型瓣宽＞ 3 cm<br>管瓣型瓣长＞ 15 cm<br>花朵数目（朵）<br>独本菊：1<br>多头菊：4 ～ 5，分布均匀 | 舌状花：<br>平瓣型瓣宽 2 ～ 3 cm<br>管瓣型瓣长 10 ～ 15 cm<br>花朵数目（朵）<br>独本菊：1<br>多头菊：3，分布均匀 | 舌状花：<br>单轮平瓣型瓣宽 2 cm<br>管瓣型瓣长 10 cm<br>花朵数目（朵）<br>独本菊：1<br>多头菊：3，分布均匀 |
| 上市时间 | 初花 | 初花 | 初花 |
| 注：形态特征：多年生宿根亚灌木。茎高可达 2 cm，多分枝，绿色或褐色，有绒毛，花后地上部枯死，地下茎基部可萌生蘖芽。单叶可互生，边缘有锯齿，圆形、卵圆形或长椭圆形，有托叶或消化。头状花序着生于枝顶端，花径大于 6 cm，花序中部为两性的筒状花，外围为只具雌蕊的舌状花，筒状花少数为桂瓣，黄色，舌状花形状变化较大，分平、匙、管、桂、畸瓣等形状。花色有白、黄、粉红、紫、褐及复色等，花期 10 ～ 12 月。 | | | |

4.3.13 小菊盆花质量等级划分标准见表 13b）

**表 13b） 小菊盆花质量等级划分标准**

| 评级项目 | 等级 | | |
|---|---|---|---|
| | 一级 | 二级 | 三级 |
| 花盖度 | ≥ 95%；花朵分布均匀 | 80% ～ 94%；花朵分布均匀 | 65% ～ 70%；花朵分布较均匀 |
| 植株高度，cm | 30 ～ 40 | 20 ～ 29 | ＞ 40 或＜ 20 |
| 冠幅，cm | 40 ～ 50 | 30 ～ 40 | ＞ 50 或＜ 30 |
| 花盆尺寸（$\phi \times h$）cm | 15 × 12 | 12 × 10 | 12 × 10 |
| 上市时间 | 初花 | 初花 | 初花 |
| 注：由于小菊品种繁多，有早菊、晚菊之分，且由于栽培目的不同，差异较大，如株高、株形等，评级时应考虑到品种特性及栽培方式等特点。<br>形态特征：多年生宿根亚灌木。茎高可达 3 cm，多分枝，绿色有绒毛，花后地上枯死，地下茎基部可萌生蘖芽。单叶可互生，边缘有锯齿，卵圆形。头状花序着生于枝顶端，花径小于 6 cm，密布于株冠，花序中部为两性的筒状花，筒状花少数为桂瓣，外围为舌状花，舌状花形状变化较大，分平、匙、管、桂、畸瓣等形状。花色有白、黄、粉红、紫、褐及复色等，花期 5 ～ 12 月。 | | | |

4.3.14 仙客来（*Cyclamen persicum*）盆花质量等级划分标准见表 14

**表 14 仙客来盆花质量等级划分标准**

| 评级项目 | 等级 | | |
|---|---|---|---|
| | 一级 | 二级 | 三级 |
| 花盖度 | ≥ 70%；花朵分布均匀 | 50% ～ 69%；花朵分布均匀 | ＜ 50；花朵分布较均匀 |

续表 14

| 评级项目 | 等级 | | |
|---|---|---|---|
| | 一级 | 二级 | 三级 |
| 植株高度，cm | 25～30 | 20～24 | 20～24 |
| 冠幅，cm | 30～35 | 25～30 | ＜25 |
| 花蕾数，朵 | ≥50 | 35～49 | 20～34 |
| 叶片数，片 | ≥40 | 30～39 | 20～29 |
| 花盆尺寸（$\phi \times h$）cm | 15×12 | 12×10 | 12×10 |
| 上市时间 | 初花 | 初花 | 初花 |
| 注：形态特征：多年生球根花卉，球茎扁圆形。叶片心形，丛生于球茎上方，叶柄红褐色，肉质。花单生，蕾期先端下坠，由于球茎顶端叶腋处抽出；花梗肉质，15～20 cm；花冠 5 深裂，基部连成筒状；花冠长椭圆形，向上翻卷形似兔耳，花色绚丽多彩。有的品种具香味。 | | | |

## 4.3.15 大岩桐（*Sinningia speciosa*）盆花质量等级划分标准见表 15

**表 15 大岩桐盆花质量等级划分标准**

| 评级项目 | 等级 | | |
|---|---|---|---|
| | 一级 | 二级 | 三级 |
| 花盖度 | ≥85%；花朵分布均匀 | 70%～84%；花朵分布均匀 | 55%～69%；花朵分布较均匀 |
| 植株高度，cm | 15～20 | 15～20 | ＜15 |
| 花朵数，朵 | ≥12 | 9～12 | 5～8 |
| 冠幅，cm | 20～25 | 15～20 | ＜15 |
| 花盆尺寸（$\phi \times h$）cm | 15×12 | 12×10 | 12×10 |
| 上市时间 | 初花 | 初花 | 初花 |
| 注：形态特征：球根花卉，地下茎扁球形，地上茎极短，全体密被绒毛；叶对生，边缘有钝锯齿，花梗比叶长，顶生和腋生，花冠阔钟形，裂片 5～7，距圆形，花色繁多。花期 3～7 月。 | | | |

## 4.3.16 四季米兰（3～4 年生）（*Aglaia dupereana*）盆花质量等级划分标准见表 16

**表 16 四季米兰（3～4 年生）盆花质量等级划分标准**

| 评级项目 | 等级 | | |
|---|---|---|---|
| | 一级 | 二级 | 三级 |
| 花盖度 | ≥85%；花朵分布均匀 | 70%～84%；花朵分布均匀 | 55%～69%；花朵分布较均匀 |
| 植株高度，cm | 40～50 | 30～39 | ＜30 |
| 冠幅，cm | 50～60 | 30～40 | ＜30 |
| 花盆尺寸（$\phi \times h$）cm | 24×20 | 20×18 | 20×18 |
| 上市时间 | 初花 | 初花 | 初花 |
| 注：通常栽培米兰为四季米兰，是米兰的变种，米兰叶大、花稀，花期较短。<br>形态特征：常绿灌木或小乔木，多分枝，奇数羽状复叶，小叶 3～7 枚，绿色有光泽，锥形花序腋生，花序长 10～16 cm，着小花 100～300 朵，花小，圆形，黄色，极芳香，花期 7～10 月。 | | | |

4.3.17 山茶花（3～4 年生）(*Camellia japonica*) 盆花质量等级划分标准见表 17

**表 17 山茶花（3～4 年生）盆花质量等级划分标准**

| 评级项目 | 等 级 | | |
|---|---|---|---|
| | 一级 | 二级 | 三级 |
| 花盖度 | ≥ 90%；花朵分布均匀 | 75%～89%；花朵分布均匀 | 65%～74%；花朵分布较均匀 |
| 植株高度，cm | 30～40 | 20～30 | ＜20 |
| 花朵数，朵 | ≥ 20 | 16～19 | ＜16 |
| 冠幅，cm | 40～50 | 30～40 | ＜30 |
| 花盆尺寸（$\phi \times h$）cm | 20×18 | 15×13 | 15×13 |
| 上市时间 | 初花 | 初花 | 初花 |
| 注：形态特征：常绿灌木，株丛开展均匀；叶互生革质，仅边缘有锯齿，叶色浓绿有光泽。花两性，常单生或 2～3 朵着生于枝顶或叶腋间。花型变化大，有单瓣和重瓣，花径 5～15 cm，花色繁多。花期 12 月至翌年 2 月。 | | | |

4.3.18 一品红（2 年生）(*Euphorbia pulcherrima*) 盆花质量等级划分标准见表 18

**表 18 一品红（2 年生）盆花质量等级划分标准**

| 评级项目 | 等级 | | |
|---|---|---|---|
| | 一级 | 二级 | 三级 |
| 花盖度 | ≥ 90%；花朵分布均匀 | 75%～89%；花朵分布均匀 | 65%～74%；花朵分布较均匀 |
| 植株高度，cm | 40～45 | 35～39 | ＜35 |
| 冠幅，cm | 40～50 | 35～40 | ＜35 |
| 花盆尺寸（$\phi \times h$）cm | 24×20 | 20×18 | 20×18 |
| 上市时间 | 苞片显色时 | 苞片显色时 | 苞片显色时 |
| 注：形态特征：灌木，茎直立光滑。单叶互生，全缘。花序多数，顶生，下具 12～15 枚披针形苞片，有红、粉红、黄、白等色；花小，无花被，着生于淡绿色、坛状总苞内，总苞边缘齿状分裂。花期 11 月～翌年 3 月。 | | | |

4.3.19 茉莉花（3～4 年生）(*Jasminum sambac*) 盆花质量等级划分标准见表 19

**表 19 茉莉花（3～4 年生）盆花质量等级划分标准**

| 评级项目 | 等级 | | |
|---|---|---|---|
| | 一级 | 二级 | 三级 |
| 着花情况 | 繁茂、分布均匀；每花序着花≥ 7 朵 | 较繁茂、均匀；每花序着花：4～6 朵 | 稀疏、不均匀；每花序着花：2～3 朵 |
| 植株高度，cm | 40～45 | 35～39 | ＜35 |
| 冠幅，cm | 40～50 | 35～40 | ＜35 |
| 花盆尺寸（$\phi \times h$）cm | 24×20 | 20×18 | 20×18 |
| 上市时间 | 初花 | 初花 | 初花 |
| 注：形态特征：常绿灌木，单叶对生，聚伞花序顶生或腋生，每花序 3～9 朵花，花白色，花茎 2～3 cm，有芳香。花期 6～10 月。 | | | |

4.3.20 杜鹃花（西鹃）（*Rhododendron* spp.）盆花质量等级划分标准见表 20

**表 20 杜鹃花（西鹃）盆花质量等级划分标准**

| 评级项目 | 等级 | | |
|---|---|---|---|
| | 一级 | 二级 | 三级 |
| 花盖度 | ≥ 95%；花朵分布均匀 | 80% ～ 94%；花朵分布均匀 | 65% ～ 79%；花朵分布较均匀 |
| 植株高度，cm | 25 ～ 30 | 19 ～ 24 | < 19 |
| 冠幅，cm | 40 ～ 45 | 35 ～ 40 | < 35 |
| 花盆尺寸（$\phi \times h$）cm | 12 × 10 | 10 × 8 | 10 × 8 |
| 上市时间 | 含苞欲放时 | 含苞欲放时 | 含苞欲放时 |
| 注：形态特征：常绿灌木，株形矮壮、树冠紧密；叶片厚实，深绿色，花名 2 ～ 3 朵簇生，每株约 10 簇以上，花冠漏斗状，花径 6 ～ 8 cm，花色、花型多样。自然花期 4 ～ 5 月，经花期调控，可于元旦、春节开花。 | | | |

4.3.21 大花君子（*Clivia miniata*）兰盆花质量等级划分标准见表 21

**表 21 大花君子兰盆花质量等级划分标准**

| 评级项目 | 等级 | | |
|---|---|---|---|
| | 一级 | 二级 | 三级 |
| 花朵数目，朵 | 24 ～ 30 | 18 ～ 23 | ≤ 17 |
| 花葶长度，cm | 30 ～ 40 | 10 ～ 29 | 10 ～ 29 |
| 花盆尺寸（$\phi \times h$）cm | 24 × 20 | 20 × 18 | 20 × 18 |
| 上市时间 | 初花 | 初花 | 初花 |
| 注：形态特征：多年生常绿草本。基部具叶基形成的假鳞茎。叶剑形，宽可达 10 cm 以上，革质叶厚、深绿色；全缘互生，相对排成两列；叶片脉纹清晰或有明显隆重起。伞形花序顶生，小花 30 朵以上；小花有柄，漏斗形，大多橙红色。花葶直立挺拔，扁平，长 30 ～ 40 cm。可全年开花，但以春、夏为主。此外有（1）狭叶君子兰，又叫细叶如君子兰，叶狭，宽度 6 ～ 7 cm。（2）垂笑君子兰，聚伞花序，花开时花头下坠。 | | | |

## 5 检测方法

### 5.1 抽样

5.1.1 同一产地、同一品种、同一批次的产品作为一个检测批次。

5.1.2 样本应从提交的检查批中随机抽取，单位产品以盆计。

5.1.3 对成批的盆花产品进行检测时，整体效果、花部状况、茎叶状况、花色、冠幅、株高、花径、盆径、盆高、病虫害、缺损分别按 5.2.1 ～ 5.2.5 的规定，其检验样本数和每批次合格与否的判定，均执行 GB/T 2828—1987 中的一般检查水平 I，按正常检查一次抽样方案执行，其合格质量水平（AQL）为 15。见表 22。

**表 22 抽样表**

| 批量范围 | 样本大小 | 合格判别定数 AC | 不合格判定数 RE |
|---|---|---|---|
| < 25 | 3 | 1 | 2 |
| 25 ～ 50 | 5 | 2 | 3 |

续表 22

| 批量范围 | 样本大小 | 合格判别定数 AC | 不合格判定数 RE |
|---|---|---|---|
| 51 ～ 100 | 5 | 2 | 3 |
| 101 ～ 150 | 8 | 3 | 8 |
| 151 ～ 280 | 13 | 5 | 4 |
| 281 ～ 500 | 20 | 7 | 6 |
| ＞ 500 | 32 | 10 | 11 |

5.2 **检测**

5.2.1 整体效果、花部状况、茎叶状况通过目测检验。

5.2.2 花色按照英国皇家园艺学会色谱标准（Colour Chart, the Royal Horticulural Society, London）检验纯正度。

5.2.3 冠幅、株高、花径、盆径、盆高用直尺测量，单位厘米。

5.2.4 病虫害：检查植株上是否有销往地区或国家规定的危险性病虫害的病状，并进一步检查是否带有该病的病原菌或虫体和虫卵，必要时可作培养检查。

5.2.5 缺损：通过目测判定。

**思政花园**

**宣城见杜鹃花**

唐代：李白

蜀国曾闻子规鸟，宣城又见杜鹃花。
一叫一回肠一断，三春三月忆三巴。

中华人民共和国国家标准

# 主要花卉产品等级

## 第 3 部分：盆栽观叶植物　　GB/T　18247.3—2000

**Product grade for major ornamental plants—Part 3:Foliage potted plants**

**1　范围**

本标准规定了主要盆栽观叶植物产品的质量等级划分技术要求及检测方法等。

本标准适用于生产和市场上常见的(表 1～表 23 中所列)盆栽观叶植物产品的等级评价。

本标准中未列入的盆栽观叶植物的等级划分可参照其相近的品种标准进行。

**2　引用标准**

下列标准所包含的条文，通过在本标准中引用而构成为本标准的条文。本标准出版时，所示版本均为有效。所有标准都会被修改，使用本标准的各方应探讨使用下列标准最新版本的可能性。

GB/T 2828—1987 逐批检查计数抽样程序及抽样表(适用于连续批的检查)。

**3　定义**

本标准采用下列定义。

3.1　**观叶植物**　foliage

以观赏叶形、叶色为主的植物。

3.2　**盆栽观叶植物**　pot foliage

栽培于花盆等容器中的观叶植物。

3.3　**基质**　media

无土栽培中用来固定植株的材料。常采用的基质有椰糠、草炭、苔藓、珍珠岩、蛭石、岩棉等。

3.4　**叶**　leaves

为一扁平的绿色器官，着生在茎枝的节上，是植物进行光合作用制造养分的重要部分。

3.5　**叶质**　leaf texture

叶片质地，主要是指是否坚挺、柔软等。

3.6　**叶色**　leaf color

叶片的颜色。

3.7　**斑纹**　streak

特指叶片上分布的具各种颜色的正常斑点或花纹。

3.8 **冠幅** crown diameter

植物冠部投影直径的平均值。

3.9 **植株高度（简称株高）** height

以栽培容器的沿口边为基准线，从基准线到株丛最高点之间的距离。

3.10 **三桩型** triple-stake form

特指龙血树的一种盆栽观赏方式，即茎干截成高、中、低三种长度，促其生根发芽后，按不同茎干数组合种植到同一花盆中，三个茎干一组的，称三桩型。

3.11 **单桩型** single-stake form

一盆内种植一个茎干的龙血树，称单桩型。

3.12 **桩高** stake height

从栽培容器的上口到桩的最高点之间的距离。

3.13 **桩径** stake diameter

截下来的茎干段的粗度，以茎干段中部的直径为标准。

3.14 **自根型** auto-root form

用香龙血树叶丛枝扦插形成的幼苗种植形式。

3.15 **3～5 鞭型** 3～5whips form

特指马拉巴栗茎干的一种编扎形式，即茎干编成鞭型，由 3 根茎编成的为 3 鞭型，5 根茎编成的为 5 鞭型。

3.16 **病害** diesese

植物的各部位，因病原微生物（包括真菌、细菌、类菌质体、病毒）的侵染或生理的原因导致的各种病斑、组织溃烂、坏死、穿孔、褪色等伤害。

3.17 **虫害** insect pest

植物各部位因害虫危害造成的穿孔、缺损、褪色、斑点等伤害。

3.18 **破损** breakage

植物因人为或机械原因造成的撕裂、折损、穿孔、缺损等伤害。

3.19 **边缘枯萎** dead margin

叶片的边缘或先端枯萎或焦边。

## 4 质量分级

### 4.1 评价原则

盆栽观叶植物产品质量等级的划分遵循以下原则：

4.1.1 为了便于操作，盆栽观叶植物产品质量等级的划分采用规格标准和品质标准相结合的评价方法。

4.1.2 规格标准用数字表示。

4.1.3 品质标准用文字表示。

4.1.4 盆栽观叶植物产品质量等级划分以简明、代表性强、便于操作为原则。

### 4.2 盆栽观叶植物产品质量等级划分公共标准

盆栽观叶植物产品质量等级划分公共标准见表 1

**表 1　盆栽观叶植物产品质量等级划分公共标准**

| 项目 \ 等级 | 一级 | 二级 | 三级 |
|---|---|---|---|
| 整体效果 | 植株生长旺盛，处于观赏前期 | 植株生长旺盛，处于观赏前期或最佳观赏期 | 植株生长一般，处于观赏前期或最佳观赏期 |
| | 株型瑞正、丰满，基部叶片完整无缺 | 株型较丰满，基部叶片完整无缺 | 有轻微的偏冠或基部叶片部分缺失 |
| | 植株大小与容器相称、协调 | 植株大小与容器基本相称、协调 | 有轻微的偏冠或基部叶片部分缺失 |
| 茎叶状况 | 茎、叶生长健壮，具有光泽，叶片形状、大小、质地、色泽、斑纹等符合其品种特性 | 茎、叶生长正常，具有光泽，叶片形状、大小、质地、色泽、斑纹等符合其品种特性 | 茎、叶生长较政党或有轻微的徒长或偏小现象，质地较柔软，斑纹较模糊 |
| 病虫害情况及其他 | 无病虫害，叶片无干尖、焦边、折损或机械损伤 | 无病虫害，叶片无干尖、焦边、折损现象，有轻微的机械损伤 | 少量的害虫、不明显的病斑、轻微的干尖、焦边、折损或机械损伤，无检疫对象 |
| 栽培基质 | 必须使用经过消毒的无土基质 | | |

## 4.3　主要盆栽观叶植物产品质量等级划分

4.3.1　盆栽香龙血树（巴西木、巴西铁）（三桩型）（*Dracaena fragrans*）质量等级划分标准见表 2

**表 2　盆栽香龙血树（巴西木、巴西铁）（三桩型）（*Dracaena fragrans*）质量等级划分标准**

| 项目 \ 等级 | | 一级 | | | 二级 | | | 三级 | | |
|---|---|---|---|---|---|---|---|---|---|---|
| 各桩高度，cm | 高桩 | 180 | 150 | 120 | 150 | 120 | 90 | 120 | 90 | 60 |
| | 中桩 | 135 | 105 | 75 | 105 | 75 | 50 | 75 | 50 | 40 |
| | 低柱 | 105 | 75 | 45 | 75 | 45 | 20 | 45 | 20 | 20 |
| 桩径，cm | | 10～12 | 8～10 | 6～8 | 8～10 | 6～8 | 6 | 8 | 6 | 5～6 |
| 花盆尺寸（$\phi \times h$） | | 35×34 | 30×31 | 25×25 | 30×31 | 25×25 | 23×25 | 25×25 | 23×25 | 23×25 |
| 每桩叶丛数，个 | | 3 | | | 3 | | | 2～3 | | |
| 叶丛长，cm | | 10～15 | | | 15～25 | | | 25～30 | | |

注：形态特征：常绿乔木或灌木，叶簇生，叶片长椭圆状披针形，长 30～70 cm，宽 8～10 cm，最流行的品种为叶绿色中央有黄色条纹。此外还有绿叶白条纹，绿叶边缘有金黄色条纹等许多品种。喜温暖多湿和较强光照，忌阳光直晒，较耐肥。管理不寻，叶片易出现干尖或焦边现象。
同属还有：（1）龙血树；（2）白边千年木；（3）斑叶折密叶龙血树。

4.3.2　盆栽香龙血树（巴西木、巴西铁）（单桩型）（*Dracaena fragrans*）质量等级划分标准见表 3

**表 3　盆栽香龙血树（巴西木、巴西铁）（单桩型）（*Dracaena fragrans*）质量等级划分标准**

| 项目＼等级 | 一级 | | | | 二级 | | | | 三级 | | | |
|---|---|---|---|---|---|---|---|---|---|---|---|---|
| 桩高，cm | 120 | 90 | 60 | 30 | 120 | 90 | 60 | 30 | 120 | 90 | 60 | 30 |
| 桩径，cm | 12 | 10 | 8 | 6 | 10 | 8 | 6 | 5 | 8 | 7 | 6 | 5 |
| 花盆尺寸（$\phi \times h$），cm | 25×25 | 23×25 | 22×24 | 20×22 | 23×25 | 22×24 | 20×22 | 20×22 | 22×24 | 20×22 | 20×22 | 20×22 |
| 每丛叶丛数，个 | 3 | | | | 3 | | | | 2～3 | | | |
| 叶丛长，cm | 25～35 | | | | 15～25 | | | | 35～45 | | | |
| 注：同表2注 | | | | | | | | | | | | |

4.3.3　盆栽香龙血树（巴西木、巴西铁）（自根型）（*Dracaena fragrans*）质量等级划分标准见表4

**表 4　盆栽香龙血树（巴西木、巴西铁）（自根型）（*Dracaena fragrans*）质量等级划分标准**

| 项目＼等级 | 一级 | 二级 | 三级 |
|---|---|---|---|
| 株高，cm | 40～50 | 50～60 | 60～80 |
| 冠幅，cm | 40～50 | 50～60 | 50～60 |
| 花盆尺寸（$\phi \times h$），cm | 26×24 | 26×24 | 26×24 |
| 注：同表2注 | | | |

4.3.4　盆栽朱蕉（*Cordyline terminalis*）质量等级划分标准见表5

**表 5　盆栽朱蕉（*Cordyline terminalis*）质量等级划分标准**

| 项目＼等级 | 一级 | 二级 | 三级 |
|---|---|---|---|
| 株高，cm | 30～50 | 50～60 | 60～80 |
| 花盆尺寸（$\phi \times h$），cm | 26×24 | 26×24 | 26×24 |
| 注：形态特征：常绿灌木，主茎直立，丛生。叶革质，阔披针形至椭圆形，叶长 30～60 cm，宽 8～10 cm，叶色铜绿色，叶缘有玫瑰红色镶边，幼叶开花时变深红色，喜温暖湿润和明亮环境。<br>同种还有：（1）三色朱蕉；（2）亮叶朱蕉；（3）五彩朱蕉；（4）织锦朱蕉。<br>同属还有：（1）南朱蕉；（2）蓝朱蕉；（3）细叶朱蕉。 | | | |

4.3.5　盆栽马拉巴栗（发财树）（3～5鞭型）（*Pachira aquatica*）质量等级划分标准见表6

**表 6　盆栽马拉巴栗（发财树）（3～5鞭型）（*Pachira aquatica*）质量等级划分标准**

| 项目＼等级 | 一级 | | | | 二级 | | | | 三级 | | | |
|---|---|---|---|---|---|---|---|---|---|---|---|---|
| 株高，cm | 120 | 90 | 60 | 30 | 120 | 90 | 60 | 30 | 120 | 90 | 60 | 30 |
| 冠幅，cm | 40～50 | 30～40 | 30～40 | 20～30 | 40～50 | 30～40 | 20～30 | 15～20 | 50～60 | 50～60 | 40～50 | 30～40 |
| 花盆尺寸（$\phi \times h$），cm | 30×31 | 28×25 | 26×24 | 22×20 | 30×31 | 28×25 | 26×24 | 22×20 | 30×31 | 28×25 | 26×24 | 22×20 |

续表 6

| 项目 \ 等级 | 一级 | 二级 | 三级 |
|---|---|---|---|
| 冠形 | 圆球形 | 扁圆形 | 伞形 |
| 杆部状况 | 鞭花均匀、致密，各鞭粗细一致 | 鞭花较均匀、致密，各鞭粗细基本一致 | 鞭花较稀、不均匀，各鞭粗细不一致 |
| 注：形态特征：常绿乔木，树皮褐绿色，主干部膨大，掌状复叶互生，小叶 7～9 枚，椭圆或倒卵状椭圆形，全缘。适合在湿润和光照明亮处生长。 | | | |

### 4.3.6 盆栽马拉巴栗（发财树）（单株型）（*Pachira aquatica*）质量等级划分标准见表 7

**表 7 盆栽马拉巴栗（发财树）（单株型）（*Pachira aquatica*）质量等级划分标准**

| 项目 \ 等级 | 一级 | | | 二级 | | | 三级 | | |
|---|---|---|---|---|---|---|---|---|---|
| 株高，cm | 90 | 60 | 30 | 90 | 60 | 30 | 90 | 60 | 30 |
| 冠幅，cm | 40～50 | 30～40 | 20～30 | 50～60 | 30～40 | 20～30 | 60～70 | 40～50 | 25～35 |
| 花盆尺寸（$\phi\times$h），cm | 26×24 | 24×22 | 15×14 | 26×24 | 24×22 | 15×14 | 26×24 | 24×22 | 15×14 |
| 冠形 | 圆球形 | | | 扁圆形 | | | 伞形 | | |
| 注：形态特征：同表 6 | | | | | | | | | |

### 4.3.7 盆栽绿巨人（*Spathiphyllum floribundum* cv.*Maura Loa*）质量等级划分标准见表 8

**表 8 盆栽绿巨人（*Spathiphyllum floribundum cv.Maura Loa*）质量等级划分标准**

| 项目 \ 等级 | 一级 | 二级 | 三级 |
|---|---|---|---|
| 株高，cm | 50～60 | 40～50 | 60～70 |
| 叶部状况 | 叶色浓绿光亮、叶柄挺直，开张角度小于 45° | 叶色浓绿光亮、叶柄挺直，开张角度小于 45 ° | 叶柄较软弱，开张角度大于 45° |
| 花盆尺寸（$\phi\times h$），cm | 26×24 | 26×24 | 26×24 |
| 注：形态特征：常绿草本，具短根茎，叶片椭圆状披针形，叶脉明显，花葶直立，佛焰苞卵绿色白。喜温暖湿润和荫蔽的环境，忌阳光直晒，生长适温 22～28℃。<br>同属还有：（1）和平芋；（2）瓦氏白鹤芋。 | | | |

### 4.3.8 盆栽白鹤芋（*Spathiphyllum floribundum* cv.*Clevelandii*）质量等级划分标准见表 9

**表 9 盆栽白鹤芋（*Spathiphyllum floribundum cv.Clevelandii*）质量等级划分标准**

| 项目 \ 等级 | 一级 | 二级 | 三级 |
|---|---|---|---|
| 株高，cm | 20～25 | 15～20 | 25～30 |
| 分枝数，个 | 10～20 | 6～15 | 6～10 |
| 花盆尺寸（$\phi\times h$），cm | 24×22 | 22×20 | 22×20 |
| 注：形态特征：常绿草本，具短根茎，叶革质，长椭圆形或阔针形，叶面深绿色，有丝光，中部稍浅。喜半阴、温暖环境，能耐低光照。 | | | |

4.3.9 盆栽绿帝王（丛叶喜林芋）（*Philodendron wendlandii*）质量等级划分标准见表 10

**表 10 盆栽绿帝王（丛叶喜林芋）（*Philodendron wendlandii*）质量等级划分标准**

| 项目＼等级 | 一级 | 二级 | 三级 |
|---|---|---|---|
| 株高，cm | 40～50 | 50～60 | 50～60 |
| 花盆尺寸（$\phi \times h$），cm | 28×25 | 28×25 | 28×25 |
| 注：形态特征：喜林芋属直立种，叶长椭圆形至披针形，叶长 20～30 cm，宽 10～15 cm，叶质厚，中脉明显，叶柄膨大，肉质。喜温暖湿润，生长适温 20～28℃。忌阳光直晒。<br>同属还有：（1）大蔓绿绒；（2）小叶喜林芋。 | | | |

4.3.10 盆栽红宝石（红柄蔓绿绒）（*Philodendron erubescens* cv.*Red Emerald*）质量等级划分标准见表 11

**表 11 盆栽红宝石（红柄蔓绿绒）（*Philodendron erubescens cv.Red Emerald*）质量等级划分标准**

| 项目＼等级 | 一级 | | | 二级 | | | 三级 | | |
|---|---|---|---|---|---|---|---|---|---|
| 株高，cm | 150 | 120 | 90 | 150 | 120 | 90 | 150 | 120 | 90 |
| 花盆尺寸（$\phi \times h$），cm | 33×31 | 30×31 | 25×25 | 33×31 | 30×31 | 25×25 | 33×31 | 30×31 | 25×25 |
| 茎、叶部状况 | 茎叶生长旺盛，主蔓 3～5 根，顶尖高度距棕柱顶端 20～30 cm，叶片从上到下分布均匀，叶色浓绿、有光泽，基部叶片完整 | | | 茎叶生长正常，主蔓 3～5 根，顶尖高度距棕柱顶端平齐，叶片从上到下分布均匀，叶色浓绿、有光泽，基部叶片有少量脱落现象 | | | 茎叶生长较正常，主蔓 3～5 根，顶尖高度 超过棕柱顶端 15～20 cm，叶片从上到下分布均匀，基部叶片有脱落现象 | | |
| 注：形态特征：常绿蔓生种，茎粗壮，叶卵状心形，长 20～30 cm，宽 10～15 cm，薄革质，浓绿色有光泽，新叶苞片红色，叶柄长，红褐色。喜高温多潮湿和明亮的环境，生长适温 20～28℃。<br>同属还有：（1）绿宝石；（2）琴叶蔓绿绒；（3）心叶蔓绿绒；（4）圆叶蔓绿绒。 | | | | | | | | | |

4.3.11 盆栽花叶芋（*Caladium bicolor*）质量等级划分标准见表 12

**表 12 盆栽花叶芋（*Caladium bicolor*）质量等级划分标准**

| 项目＼等级 | 一级 | 二级 | 三级 |
|---|---|---|---|
| 株高，cm | 30～40 | 20～30 | 40～50 |
| 叶片数，个 | 7 片以上 | 5 片以上 | 5 片以上 |
| 花盆尺寸（$\phi \times h$），cm | 22×20 | 22×20 | 22×20 |
| 注：形态特征：多年生草本，块茎扁圆形，叶卵状三角形至心状卵形，表面绿色，具有白色或红色斑点。佛焰苞舟形，绿色白。喜温暖湿润环境，生长适温 22～26℃，喜明亮光，忌阳光直晒。<br>同属还有：（1）银斑芋；（2）花斑花叶芋；（3）孔雀花叶芋。 | | | |

4.3.12 盆栽绿萝（滕芋）（*Scindapsus aureus*）质量等级划分标准见表 13

**表 13　盆栽绿萝（滕芋）(*Scindapsus aureus*) 质量等级划分标准**

| 项目＼等级 | 一级 | | | 二级 | | | 三级 | | |
|---|---|---|---|---|---|---|---|---|---|
| 株高，cm | 150 | 120 | 90 | 150 | 120 | 90 | 150 | 120 | 90 |
| 花盆尺寸（$\phi \times h$），cm | 33×31 | 30×31 | 25×25 | 33×31 | 30×31 | 25×25 | 33×31 | 30×31 | 25×25 |
| 茎、叶部状况 | 茎叶生长旺盛，主蔓 3～5 根，顶尖高度距棕柱顶端 20～30 cm，叶片从上到下分布均匀，叶色浓绿、有光泽，基部叶片完整 | | | 茎叶生长正常，主蔓 3～5 根，顶尖高度距棕柱顶端平齐，叶片从上到下分布均匀，叶色浓绿、有光泽，基部叶片有少量脱落现象 | | | 茎叶生长正常，主蔓 3～5 根，顶尖高度 超过棕柱顶端 15～20 cm，叶片从上到下分布均匀，基部叶片有脱落现象 | | |
| 注：形态特征：常绿蔓生种，茎粗壮，叶卵状心形，绿色有光泽，还有鲜艳的黄白条斑，成年叶片边缘有轻微的裂口。喜高温、高湿和明亮的环境、忌强光照射。<br>同属还有：（1）白斑藤芋；（2）星点藤；（3）彩叶绿萝；（4）银叶彩绿萝；（5）褐斑绿萝。 | | | | | | | | | |

4.3.13　盆栽美叶芋（*Alocasia sanderiana*）质量等级划分标准见表 14

**表 14　盆栽美叶芋（*Alocasia sanderiana*）质量等级划分标准**

| 项目＼等级 | 一级 | 二级 | 三级 |
|---|---|---|---|
| 株高，cm | 30～40 | 40～50 | 40～50 |
| 花盆尺寸（$\phi \times h$），cm | 24×22 | 24×22 | 24×22 |
| 注：形态特征：常绿草本，茎粗壮，叶片盾状箭形，长 25～35 cm，宽 15 cm，边缘有浅裂，叶绿色，叶脉白色有光泽。喜温暖湿润和半阴环境，生长适温 20～25℃。<br>同属还有（1）黑叶观音莲；（2）大叶观音莲。 | | | |

4.3.14　盆栽金皇后（*Aglaonema commutatum* cv. *Pseudobracteatum*）和银皇后（*Aglaonema commutatum*）质量等级划分标准见表 15

**表 15　盆栽金皇后（*Aglaonema commutatum cv. Pseudobracteatum*）和银皇后（*Aglaonema commutatum*）质量等级划分标准**

| 项目＼等级 | 一级 | 二级 | 三级 |
|---|---|---|---|
| 株高，cm | 30～40 | 30～40 | 40～50 |
| 冠幅，cm | 大于 30 | 大于 30 | 在于 30 |
| 每盆株数 | 8 株以上 | 6～8 株 | 4～6 株 |
| 花盆尺寸（$\phi \times h$），cm | 24×22 | 24×22 | 24×22 |
| 注：形态特征：常绿草本，茎矮多分枝，株高 30～50 cm，叶椭圆状披针形，深绿色或灰绿色，有规则的亮绿或灰白色斑纹。喜温暖湿润和荫蔽的环境，生长适温 20～28℃。<br>同属还有：（1）玉皇后；（2）斑叶万年青；（3）箭羽亮丝草；（4）白脉亮丝草。 | | | |

4.3.15　盆栽大王黛粉叶（*Dieffenbachia amaena* cv. *Tropic*）质量等级划分标准见表 16

**表 16　盆栽大王黛粉叶（*Dieffenbachia amaena cv. Tropic*）质量等级划分标准**

| 项目＼等级 | 一级 | 二级 | 三级 |
|---|---|---|---|
| 株高，cm | 40～50 | 50～60 | 60～70 |
| 每盆株数，株 | 1～4 | 1～4 | 1～4 |
| 花盆尺寸（$\phi \times h$），cm | 26×24 | 26×24 | 26×24 |

注：形态特征：属多年生常绿草本，根状茎粗，叶矩圆披针形，革质，叶面侧面有乳白色斑条或斑点。喜温暖、湿润及半阴环境，忌强光。生长适温 25～30℃。
同种还有：（1）绿玉万年青；（2）白玉万年青；（3）喷雪万年青。
同属还有：（1）白黛粉叶；（2）乳肋黛粉叶。

### 4.3.16　盆栽变叶木（洒金榕）（*Codiaeum variegatum*）质量等级划分标准见表 17

**表 17　盆栽变叶木（洒金榕）（*Codiaeum variegatum*）质量等级划分标准**

| 项目＼等级 | 一级 | | | 二级 | | | 三级 | | |
|---|---|---|---|---|---|---|---|---|---|
| 株高，cm | 70～90 | 50～70 | 30～50 | 70～90 | 50～70 | 30～50 | 70～90 | 50～70 | 30～50 |
| 花盆尺寸（$\phi \times h$），cm | 24×22 | 20×17 | 18×16 | 24×22 | 20×17 | 18×16 | 24×22 | 20×17 | 18×16 |

注：形态特征：常绿灌木，全株具乳汁，单叶互生，厚革质，叶片形状变异很大，有广叶系、飞叶系、长叶系、等叶系等。叶片常具有白、黄、红、褐各色斑点或斑纹。不耐寒，在强光、高温、多湿条例下生长良好。

### 4.3.17　盆栽袖珍椰子（*Collinia elegans*）质量等级划分标准见表 18

**表 18　盆栽袖珍椰子（*Collinia elegans*）质量等级划分标准**

| 项目＼等级 | 一级 | | | 二级 | | | 三级 | | |
|---|---|---|---|---|---|---|---|---|---|
| 株高，cm | 40～50 | 30～40 | 20～30 | 40～50 | 30～40 | 20～30 | 40～50 | 30～40 | 20～30 |
| 每盆株数，株 | 3～6 | | | 3～6 | | | 3～6 | | |
| 花盆尺寸（$\phi \times h$），cm | 18×16 | 14×12 | 10×9 | 18×16 | 14×12 | 10×9 | 18×16 | 14×12 | 10×9 |

注：形态特征：常绿小灌木，茎细长，绿色有环纹羽状复叶，小叶 20～40 片，镰刀形，深绿色。喜温暖、湿润、半阴环境，在强光下叶色枯黄。
同属还有：（1）夏威夷椰子；（2）二裂坎棕。

### 4.3.18　盆栽散尾葵（*Chrysalidocarpus lutescens*）质量等级划分标准见表 19

**表 19　盆栽散尾葵（*Chrysalidocarpus lutescens*）质量等级划分标准**

| 项目＼等级 | 一级 | | | | 二级 | | | | 三级 | | | |
|---|---|---|---|---|---|---|---|---|---|---|---|---|
| 株高，cm | 120～150 | 100～120 | 80～120 | 60～80 | 120～150 | 100～120 | 80～120 | 60～80 | 120～150 | 100～120 | 80～120 | 60～80 |
| 每盆株数，株 | 10～15 | 10～15 | 7～10 | 4～7 | 10～15 | 10～15 | 7～10 | 4～7 | 10～15 | 10～15 | 7～10 | 4～7 |
| 花盆尺寸（$\phi \times h$），cm | 37×30 | 32×26 | 28×25 | 26×24 | 37×30 | 32×26 | 28×25 | 26×24 | 37×30 | 32×26 | 28×25 | 26×24 |

注：形态特征：丛生常绿灌木，茎绿色有环纹，叶羽状全裂，拱形，小叶披针形。喜温暖湿润和半阴环境。
同属还有：马达加斯加葵。

### 4.3.19 盆栽蒲葵（*Livistona chinensis*）质量等级划分标准见表 20

**表 20 盆栽蒲葵（*Livistona chinensis*）质量等级划分标准**

| 项目＼等级 | 一级 | | | 二级 | | | 三级 | | |
|---|---|---|---|---|---|---|---|---|---|
| 株高，cm | 100～120 | 80～100 | 60～80 | 100～120 | 80～100 | 60～80 | 100～120 | 80～100 | 60～80 |
| 花盆尺寸（$\phi \times h$），cm | 37×30 | 37×30 | 32×26 | 37×30 | 37×30 | 32×26 | 37×30 | 37×30 | 32×26 |
| 注：形态特征：常绿乔木，树皮棕灰色，有环纹和纵裂纹。叶大，扇形，革质，有折叠。喜温暖多湿的环境，并能耐左右的低温，好阳光，亦能耐阴。<br>同属还有：（1）圆叶蒲葵；（2）澳洲蒲葵；（3）矮蒲葵。 | | | | | | | | | |

### 4.3.20 盆栽棕竹（*Rhapis excelsa*）质量等级划分标准见表 21

**表 21 盆栽棕竹（*Rhapis excelsa*）质量等级划分标准见**

| 项目＼等级 | 一级 | | | 二级 | | | 三级 | | |
|---|---|---|---|---|---|---|---|---|---|
| 株高，cm | 120～150 | 100～120 | 80～100 | 120～150 | 100～120 | 80～100 | 120～150 | 100～120 | 80～100 |
| 每盆株数，株 | 15～25 | 15～25 | 10～15 | 10～20 | 10～20 | 8～15 | 8～15 | 8～15 | 6～10 |
| 花盆尺寸（$\phi \times h$），cm | 50×40 | 50×40 | 40×35 | 50×40 | 50×40 | 40×35 | 50×40 | 50×40 | 40×35 |
| 注：形态特征：丛生灌木，叶掌状深裂，裂片 5～10，条状披针形。喜温暖、湿润、阳光充足环境。<br>同属还有：（1）斑叶棕竹；（2）观音棕竹。 | | | | | | | | | |

### 4.3.21 盆栽南洋杉（*Araucaria cunninghamii*）质量等级划分标准见表 22

**表 22 盆栽南洋杉（*Araucaria cunninghamii*）质量等级划分标准**

| 项目＼等级 | 一级 | | | 二级 | | | 三级 | | |
|---|---|---|---|---|---|---|---|---|---|
| 株高，cm | 90～120 | 60～90 | 30～60 | 90～120 | 60～90 | 30～60 | 90～120 | 60～90 | 30～60 |
| 花盆尺寸（$\phi \times h$），cm | 28×25 | 24×22 | 22×20 | 28×25 | 24×22 | 22×20 | 28×25 | 24×22 | 22×20 |
| 注：形态特征：常绿乔木，树冠塔形，树皮灰褐色，横裂，大枝平展轮生，侧枝下坠。喜光，夏季宜置于半阴处，生长适温 10～25℃。<br>同属还有（1）异叶南洋杉；（2）灯台南洋杉；（3）大叶南洋杉；（4）智利南洋杉。 | | | | | | | | | |

### 4.3.22 盆栽孔雀竹芋（*Calathed makoyana*）质量等级划分标准见表 23

**表 23 盆栽孔雀竹芋（*Calathed makoyana*）质量等级划分标准**

| 项目＼等级 | 一级 | 二级 | 三级 |
|---|---|---|---|
| 株高，cm | 30～50 | 30～50 | 30～50 |
| 每盆株数，株 | 5～10 | 5～10 | 3～5 |
| 花盆尺寸（$\phi \times h$），cm | 24×22 | 24×22 | 24×22 |
| 注：形态特征：常绿草本，根茎肉质。叶丛生于基部，株高 30～60 cm。叶长椭圆形，有深绿与浅绿交织的各种斑纹或条纹。喜温暖多湿和半阴环境。不耐寒。<br>同属还有：（1）斑叶肖竹芋；（2）玫瑰竹芋。 | | | |

4.3.23　盆栽果子曼（*Guzmania* spp.）质量等级划分标准见表 24

**表 24　盆栽果子曼（*Guzmania spp.*）质量等级划分标准**

| 项目＼等级 | 一级 | 二级 | 三级 |
|---|---|---|---|
| 花序状况 | 花序直立，色泽艳丽，长度、大小能充分体现其品种特性，处于最佳观赏期 | 花序直立，色泽、长度、大小能充分体现其品种特性，处于观赏前期 | 花序直立，长度较正常，稍短、大小能充分体现其品种特性，处于观赏后期 |
| 花盆尺寸（$\phi \times h$），cm | 15 × 14 | 15 × 14 | 15 × 14 |
| 注：形态特征：多数为常绿附生草本，叶色丰富多彩，有红、黄、绿、粉等色，不少种类还具有纵向条纹和横向斑带，有的叶面覆有银色斑粉或绒毛，叶子弯曲作带状，革质。花茎从中央抽出，茎顶为穗状花序，不同种类花序颜色和形状均有较大差异。喜温暖湿润、光线明亮环境。 | | | |

## 5　检测方法

### 5.1　抽样方法

5.1.1　同一产地、同一品种、同一批次的产品作为一个检测批次。

5.1.2　样本应从提交的检查批中随机抽取，单位产品以盆计。

5.1.3　对成批的盆花产品进行检测时，整体效果、茎叶状况、病虫害、栽培基质，分别按 5.2.1，5.2.2 的规定，其检验样本数和每批次合格与否的判定，均执行 GB/T 2828—1987 中的一般检查水平Ⅰ，按正常检查一次抽样方案执行，其合格质量水平（AQL）为 15。见表 25

**表 25　抽样表**

| 批量范围 | 样本大小 | 合格判别定数 AC | 不合格判定数 RE |
|---|---|---|---|
| ＜25 | 3 | 1 | 2 |
| 25～50 | 5 | 2 | 3 |
| 51～100 | 5 | 2 | 3 |
| 101～150 | 8 | 3 | 4 |
| 151～280 | 13 | 5 | 6 |
| 281～500 | 20 | 7 | 8 |
| ＞500 | 32 | 10 | 11 |

### 5.2　检测

5.2.1　规格指标采用直接测量的方法进行。

5.2.2　品质指标通过专门技术人员目测确定。

中华人民共和国国家标准

# 主要花卉产品等级

## 第 5 部分：花卉种苗　　GB/T　18247.5—2000

**Product grade for major ornamental plants—Part 5:Youngplants**

**1　范围**

本标准规定了常见的切花种苗等级划分、检测方法和判定原则。

本标准适用于花卉生产及其贸易中的花卉种苗等级划分。

**2　引用标准**

下列标准所包含的条文，通过在本标准中引用而构成为本标准的条文。本标准出版时，所示版本均为有效。所有标准都会被修订，使用本标准的各方应探讨使用下列标准最新版本的可能性。

GB 6000—1999 主要造林树木种苗木质量分级。

**3　定义**

本标准采用下列定义。

3.1　**苗木种类** tape of youn gplant or seeding

根据培育、繁殖苗木使用的材料（种子、茎、叶、根）和方法划分的苗木群体，分为播种苗、扦插苗、嫁接苗、分株苗和组培苗。

3.2　**苗龄** age of young plant or seeding

苗木的年龄。以经历一个年生长周期作为一个苗龄单位。

3.3　**地径** stem base

地际直径，系指位于栽培基质表面处苗木的粗度。

3.4　**苗高** height of young plant

自地径至苗顶端的高度。

3.5　**根系长** length of root

自地径以下的长度。

**4　质量分级**

4.1　**苗木以地径、苗高为依据分为三级。**

4.2　**合格苗应具有发达的根系，苗干健壮、充实、通直，色泽正常，无机械损伤，无病虫害。具体规定见表 1、表 2、表 3。**

**表 1　一级花卉苗木质量表**

| 序号 | 种名 | 苗木种类 | 一级 | | | | |
|---|---|---|---|---|---|---|---|
| | | | 地径 | 苗高 | 叶片数 | 根系状况 | 其他 |
| 1 | 香石竹（石竹科，石竹属）<br>*Dianthus caryopy llus* L. | 扦插 | ≥ 0.6 | ≥ 15 | ≥ 14 | 完整新鲜 | 无病虫害 |
| 2 | 菊花（菊科，菊属）<br>*Dendranthema morifolium* Tz. | 扦插 | ≥ 0.7 | ≥ 10 | ≥ 10 | 完整新鲜 | 无病虫害 |
| 3 | 满天星（石竹科，丝石竹属）<br>*Gypsophila paiculata* L. | 扦插 | ≥ 0.8 | ≥ 15 | ≥ 16 | 完整新鲜 | 无病虫害 |
| 4 | 紫菀（菊科，紫菀属）<br>*Aster tataricus* L. f. | 扦插 | ≥ 0.7 | ≥ 20 | ≥ 16 | 完整新鲜 | 无病虫害 |
| 5 | 火鹤（天南星科，火鹤花属）<br>*Anthurium andraeanum* Lind. | 组培 | ≥ 0.8 | ≥ 20 | ≥ 12 | 完整新鲜 | 无病虫害 |
| 6 | 非洲菊（菊科，大丁草属）<br>*Gerbera jamesonii* Bolus. | 组培 | ≥ 0.7 | ≥ 20 | ≥ 6 | 完整新鲜 | 无病虫害 |
| 7 | 月季（蔷薇科，蔷薇属）<br>*Rosa chinensis* Jacg. | 嫁接 | ≥ 0.8 | ≥ 20 | ≥ 8 | 完整新鲜 | 无病虫害 |
| 8 | 一品红（大戟科，大戟属）<br>*Euphorbia pulcherrima* Willd | 扦插 | ≥ 0.8 | 中 ≥ 20<br>矮 ≥ 8 | 中 ≥ 8<br>矮 ≥ 5 | 完整新鲜 | 无病虫害 |
| 9 | 洋桔梗（龙胆科，草原龙胆属）<br>*Eustoma russellianum* L. | 播种或组培 | ≥ 0.3 | ≥ 5 | ≥ 8 | 完整新鲜 | 无病虫害 |
| 10 | 补血草（白花丹科，补血草属）<br>*Limonium sinuatum* L. | 播种或组培 | ≥ 0.3 | ≥ 5 | ≥ 6 | 完整新鲜 | 无病虫害 |

注：1. 所有种苗不含被检测的病虫害对象。
2. 一级的香石竹、菊花、满天星必须是脱毒苗。

**表 2　二级花卉苗木质量表**

| 序号 | 种名 | 苗木种类 | 二级 | | | | |
|---|---|---|---|---|---|---|---|
| | | | 地径 | 苗高 | 叶片数 | 根系状况 | 其他 |
| 1 | 香石竹（石竹科，石竹属）<br>*Dianthus caryopyllus* L. | 扦插 | ≥ 0.4 | ≥ 25 | ≥ 8 | 完整新鲜 | 无病虫害 |
| 2 | 菊花（菊科，菊属）<br>*Dendranthema morifolium* Tz. | 扦插 | ≥ 0.5 | ≥ 8 | ≥ 6 | 完整新鲜 | 无病虫害 |
| 3 | 满天星（石竹科，丝石竹属）<br>*Gypsophila paiculata* L. | 扦插 | ≥ 0.6 | ≥ 15 | ≥ 12 | 完整新鲜 | 无病虫害 |
| 4 | 紫菀（菊科，紫菀属）<br>*Aster tataricus* L. f. | 扦插 | ≥ 0.5 | ≥ 15 | ≥ 12 | 完整新鲜 | 无病虫害 |
| 5 | 火鹤（天南星科，火鹤花属）<br>*Anthurium andraeanum* Lind. | 组培 | ≥ 0.6 | ≥ 20 | ≥ 8 | 完整新鲜 | 无病虫害 |
| 6 | 非洲菊（菊科，大丁草属）<br>*Gerbera jamesonii* Bolus. | 组培 | ≥ 0.5 | ≥ 20 | ≥ 5 | 完整新鲜 | 无病虫害 |

续表 2

| 序号 | 种名 | 苗木种类 | 二级 | | | | |
|---|---|---|---|---|---|---|---|
| | | | 地径 | 苗高 | 叶片数 | 根系状况 | 其他 |
| 7 | 月季（蔷薇科，蔷薇属）<br>*Rosa chinensis* Jacg. | 嫁接 | ≥ 0.6 | ≥ 20 | ≥ 6 | 完整新鲜 | 无病虫害 |
| 8 | 一品红（大戟科，大戟属）<br>*Euphorbia pulcherrima* Willd | 扦插 | ≥ 0.6 | 中≥ 20<br>矮≥ 8 | 中≥ 6<br>矮≥ 4 | 完整新鲜 | 无病虫害 |
| 9 | 洋桔梗（龙胆科，草原龙胆属）<br>*Eustoma russe lli anum* L. | 播种或组培 | ≥ 0.3 | ≥ 5 | ≥ 6 | 完整新鲜 | 无病虫害 |
| 10 | 补血草（白花丹科，补血草属）<br>*Limonium sinuatum* L. | 播种或组培 | ≥ 0.3 | ≥ 5 | ≥ 5 | 完整新鲜 | 无病虫害 |

注：1. 所有种苗不含被检测的病虫害对象。
2. 一级的香石竹、菊花、满天星必须是脱毒苗。

**表 3　三级花卉苗木质量表**

| 序号 | 种名 | 苗木种类 | 三级 | | | | |
|---|---|---|---|---|---|---|---|
| | | | 地径 | 苗高 | 叶片数 | 根系状况 | 其他 |
| 1 | 香石竹（石竹科，石竹属）<br>*Dianthus caryopy llus* L. | 扦插 | ≥ 0.3 | ≥ 25 | ≥ 6 | 完整新鲜 | 无病虫害 |
| 2 | 菊花（菊科，菊属）<br>*Dendranthema morifolium* Tz. | 扦插 | ≥ 0.3 | ≥ 15 | ≥ 4 | 完整新鲜 | 无病虫害 |
| 3 | 满天星（石竹科，丝石竹属）<br>*Gypsophila paiculata* L. | 扦插 | ≥ 0.4 | ≥ 10 | ≥ 8 | 完整新鲜 | 无病虫害 |
| 4 | 紫菀（菊科，紫菀属）<br>*Aster tataricus* L. f. | 扦插 | ≥ 0.3 | ≥ 15 | ≥ 8 | 完整新鲜 | 无病虫害 |
| 5 | 火鹤（天南星科，火鹤花属）<br>*Anthurium andraeanum* Lind. | 组培 | ≥ 0.4 | ≥ 20 | ≥ 5 | 完整新鲜 | 无病虫害 |
| 6 | 非洲菊（菊科，大丁草属）<br>*Gerbera jamesonii* Bolus. | 组培 | ≥ 0.3 | ≥ 20 | ≥ 3 | 完整新鲜 | 无病虫害 |
| 7 | 月季（蔷薇科，蔷薇属）<br>*Rosa chinensis* Jacg. | 嫁接 | ≥ 0.4 | ≥ 20 | ≥ 4 | 完整新鲜 | 无病虫害 |
| 8 | 一品红（大戟科，大戟属）<br>*Euphorbia pulcherrima* Willd | 扦插 | ≥ 0.4 | 中≥ 20<br>矮≥ 8 | ≥ 4 | 完整新鲜 | 无病虫害 |
| 9 | 洋桔梗（龙胆科，草原龙胆属）<br>*Eustoma russellianum* L. | 播种或组培 | ≥ 0.2 | ≥ 5 | ≥ 6 | 完整新鲜 | 无病虫害 |
| 10 | 补血草（白花丹科，补血草属）<br>*Limonium sinuatum* L. | 播种或组培 | ≥ 0.2 | ≥ 5 | ≥ 5 | 完整新鲜 | 无病虫害 |

注：1. 所有种苗不含被检测的病虫害对象。
2. 一级的香石竹、菊花、满天星必须是脱毒苗。

## 5　检测方法及判定

检测方法及判定原则按 GB 6000—1996 中第 4 章、第 5 章的规定进行。

# 参考文献


［1］江胜德．景观花种的贮藏和寿命 [J]. 园艺家，2012（8）:58-59.

［2］葛红英，江胜德．穴盘种苗生产 [M]. 北京：中国林业出版社，2003.

［3］R. C. 斯泰尔，D. S. 科兰斯基．穴盘苗生产原理与技术 [M]. 北京：化学工业出版社，2011.

［4］江胜德．现代园艺栽培介质 [M]. 北京：中国林业出版社，2006.

［5］江胜德，包志毅．园林苗木生产 [M]. 北京：中国林业出版社，2004.

［6］王富刚，张静，周延娜．仙人掌类植物的嫁接方法及比较 [J]. 榆林学院学报，2010，20（4）:17-19.

［7］高俊平．观赏植物采后生理与技术 [M]. 北京：中国农业大学出版社，2002.

［8］云南省质量技术监督局．DB53/T 106—2003 花卉包装运输用纸箱 [S].